Por qué $E = mc^2$
La historia de una ecuación
que cambió el mundo

Alain Riazuelo

Por qué $E = mc^2$

La historia de una ecuación
que cambió el mundo

Postfacio de Étienne Klein
Traducción de Miguel Paredes Larrucea

 **Alianza** editorial
El libro de bolsillo

Título original: *Pourquoi E = mc²*

Diseño de colección: Estrada Design
Diseño de cubierta: Manuel Estrada

PAPEL DE FIBRA
CERTIFICADA

© Éditions humenSciences / Humensis, 2022
© de la traducción: Miguel Paredes Larrucea, 2025
© Alianza Editorial, S. A., 2025
   Calle Valentín Beato, 21
   28037 Madrid
   www.alianzaeditorial.es

ISBN: 978-84-1148-972-0
Depósito legal: M-3404-2025
Printed in Spain

Si quiere recibir información periódica sobre las novedades de Alianza Editorial, envíe un correo electrónico a la dirección: alianzaeditorial@anaya.es

La observación, a veces el azar, descubre los fenómenos; el método experimental los desarrolla y determina sus leyes físicas: pero el misterio último de las fuerzas elementales que los producen solamente puede ser revelado mediante la fuerza del pensamiento.

JEAN-BAPTISTE BIOT,
«Sur l'aimantation imprimée aux métaux par l'électricité en mouvement»,
Journal des Savans, abril 1821, p. 235

Índice

Agradecimientos

A Olivia Recasens, y sin ningún orden en particular, Laurent Vergne, Éric Gourgoulhon, André Brahic, Franck Beaudoin, Hubert Reeves, Serge Koutchmy, Serge Jodra, Serge Brunier, Jacqueline Zorlu, Leiji Matsumoto, Jean-Pierre Chièze, Gaston Leroux, Gary Gygax, Quentin Lazzarotto, Richard Stephenson, Nathalie Deruelle... y evidentemente a Albert Einstein.

Icónica, y sin embargo...

El objetivo de este libro es hablarles de la ecuación más famosa de la ciencia: $E = mc^2$. Se trata de una fórmula caligráficamente muy sencilla. Todos los caracteres que contiene son o números o letras o un signo matemático que todo el mundo conoce (el signo igual), por lo que cualquiera es capaz de pronunciarla. Pero su significado no salta a la vista, y es lógico: si no se sabe qué representan esa E, esa m y esa c, es imposible entender de qué nos está hablando. Sin embargo, esta ecuación está omnipresente en el mundo que nos rodea. De hecho es la cosa más indispensable para nuestra existencia, porque es lo que hace que brille el Sol y lo que hizo posible que las generaciones de estrellas que hubo en el pasado fabricasen los átomos de los que está constituida la Tierra y nosotros mismos. Pero para llegar hasta ahí tenemos naturalmente que explicar el contexto en el que apareció la ecuación y referirnos a su autor, del que el lector habrá oído hablar al menos una vez en su vida:

Albert Einstein. También hay que explicar sus consecuencias, algunas directas —la fuente de energía del Sol— y otras más inesperadas, como los agujeros negros o la historia del universo.

Es esta exploración la que he intentado emprender, teniendo siempre en cuenta el espíritu de la colección de la que la edición francesa forma parte («Comment a-t-on su?» de humenSciences), a saber, hablar de ciencia contando su historia, pero no de la manera erudita como lo haría un historiador, sino en el estilo más personal (y sin embargo riguroso) de un científico que utiliza estos conceptos en su trabajo diario. Y todo ello respetando la otra característica de la colección, a saber, que el libro no sea ni demasiado extenso ni demasiado complicado, para que sea accesible a todo el mundo. El resultado de este trabajo de equilibrista es lo que el lector tiene entre sus manos. Debido a la sutileza de algunos conceptos, habrá sin duda pasajes más difíciles que otros, pero espero que el conjunto esté al alcance del mayor número posible de personas; en todo caso es ese el objetivo declarado de la empresa. Y si por falta de espacio no he podido desarrollar algunos conceptos tanto como merecen, sepan que la intención no era privarle de ellos al lector, sino al contrario, despertar en él las ganas de saber más.

Introducción

El descubrimiento de la ecuación $E = mc^2$ es el episodio más célebre de la gran búsqueda científica encaminada a encontrar las leyes físicas que gobiernan nuestro mundo. Esta búsqueda ha existido sin duda desde tiempos inmemoriales, pero llevada a cabo racionalmente y acompañada de cierto éxito solamente a partir de la Antigüedad griega. Sin embargo, fue solo mucho más tarde, y tras largos periodos de estancamiento, cuando realmente emprendió el vuelo, gracias al que durante mucho tiempo fue considerado el más grande científico, Isaac Newton (1643-1727). Aunque siempre es difícil comparar épocas e individuos, probablemente solo haya otro hombre que pueda disputar ese estatus a Newton. Es el más famoso de todos, el único que puede presumir de ser universalmente conocido y reconocido: Albert Einstein (1879-1955). Como muchos de los lectores ya sabrán, es a Einstein a quien debemos la famosa —aunque algo misteriosa— fórmula $E = mc^2$ que revolucionó nuestra concepción del mundo, o al menos la concepción que los científicos de la época tenían de él. Pero lo que sin duda sabe menos la gente es que esta ecuación y las razones que llevaron a su descubrimiento apuntaban a un fallo en el notable edificio construido por Isaac Newton dos siglos antes. Este fallo indicaba que lo que el científico inglés había descubierto no era del todo exacto y que por tanto había que corregirlo. Lo que nadie sabía es hasta qué punto corregir lo que aparentemente era un defecto menor cambiaría de nuevo nuestra representación del mundo. El arquitecto fue una vez más Albert Einstein, y fue este logro, mucho más que su icónica $E = mc^2$, lo que le hizo célebre para siempre y por lo que es considerado el más grande de todos. Los destinos de Newton y Einstein están así indisolublemente unidos, a pesar de que vivieron con 250 años de diferencia. Pero en lo que concierne a este libro, toda nuestra atención se centrará en el segundo.

Einstein, personaje central en esta obra, no es sin embargo su único actor. En la historia que va a desplegarse ante los ojos del lector van a intervenir muchos protagonistas. Algunos serán figurantes efímeros, otros desempeñarán un papel importante y serán mucho más que dobles o comparsas. Porque lo más importante que quiero que recuerden es que la ciencia es ante todo una empresa altruista y colectiva. Quienes hacen posibles los mayores avances no son, sin embargo, infalibles. Ellos solos no pueden tener éxito en todo lo que emprenden ni tener siempre las intuiciones correctas. Einstein ofrecerá la quintaesencia de estas dos facetas, por sus inmensos logros, por supuesto, pero también porque ello no le impidió a veces verse sobrepasado por sus propias creaciones. Lejos de empañar su leyenda, estas (raras) malas decisiones darán más profundidad, más humanidad al personaje.

Pero más que los gloriosos o discretos logros de los unos y los otros, el aspecto que personalmente más me fascina de la ciencia es esa posibilidad que ofrece a sus protagonistas de dialogar a través de los siglos. Por supuesto, los muertos no hablan, pero los vivos escriben. El lector tendrá varias veces la oportunidad de ver cómo científicos de distintas épocas han intercambiado de algún modo ideas por encima y más allá de su breve existencia. Los científicos y las científicas de épocas pasadas legaron a sus sucesores observaciones o enseñanzas que estos utilizarían mucho tiempo después y que a su vez les darían un significado más amplio que el imaginado por sus predecesores. En algunos casos me tomaré la libertad de advertir al lector cuando sea así. En otros, le dejaré la sorpresa de descubrirlo.

En resumen, habrán comprendido que, en mi opinión, hablar de la ecuación $E = mc^2$ sin explicar de dónde viene o cuáles fueron sus consecuencias no tiene ningún sentido: en ciencia, como en muchos otros ámbitos, enunciar los hechos sin presentar su contexto no ayuda en nada a comprenderlos; al contrario, contribuye a dar una idea falsa de ellos, lo que sería el colmo en una obra de divulgación científica. La historia de $E = mc^2$ va por tanto a necesitar dar algunos rodeos indispensables antes de entrar en el meollo de la cuestión. Comienza así por un problema con el cual dicha ecuación solo guarda una relación en apariencia muy distante: la luz. En efecto, adelantándonos a lo que veremos después en el libro, la E en la ecuación $E = mc^2$ representa la energía y la m la masa. Ahora bien, la luz es un ente que ciertamente posee energía... pero que no tiene masa.

La relación entre la luz y la famosa ecuación parece por tanto muy débil a primera vista. Sin embargo, es a través de una sorprendente propiedad de la luz como se encontrará la famosa ecuación. Y es, por tanto, por ahí como comienza esta historia...

1. Todo comienza con la luz

¿Qué es la luz? Como suele ocurrir cuando se trata de cuestiones científicas fundamentales, las primeras reflexiones conseguidas se las debemos a los pensadores de la antigua Grecia. ¿Era un «fuego continuo» o una miríada de partículas elementales? ¿Surgía de los cuerpos incandescentes o era una propiedad que emanaba de nuestros ojos? ¿Se propagaba instantáneamente o a una velocidad finita? Fueron muchas las hipótesis, a menudo contradictorias, que se formularon sobre estas y muchas otras cuestiones. No todas eran correctas, ni mucho menos, pero el fermento intelectual de esta civilización empezó al menos a desbrozar la cuestión.

No es fácil detallar en pocas líneas todas las etapas a través de las cuales se elaboró la visión moderna del fenómeno de la luz, pero sí hay que mencionar algunos hitos esenciales. La cuestión de la velocidad de la luz fue la primera en quedar dirimida definitivamente. En 1676, el astrónomo de origen danés Ole Rømer (1644-1710) observó anomalías en el movimiento de los satélites de Júpiter. Aunque los movimientos de los satélites parecen extraordinariamente regulares, algunos eventos que pueden fecharse con gran precisión, como el momento en que un satélite iluminado por el Sol desaparece o sale de la sombra de Júpiter, no se producen a intervalos perfectamente regulares, y su cronología parece desplazarse unos diez minutos antes o después de la esperada. Rømer acaba por comprender que el motivo no había que buscarlo en el movimiento de los satélites, que se produce con una cadencia metronómica, sino en el tiempo que se tarda en observarlo. Si la luz viaja a una velocidad grande pero finita, lo que percibimos no es el reflejo del presente inmediato, sino el de un pasado más o menos lejano que vemos con un retardo tanto mayor cuanto más tiempo haya viajado la luz, es decir, cuanto mayor sea la distancia que nos separa del fenómeno que observamos. Júpiter y la Tierra giran alrededor del Sol siguiendo trayectorias aproximadamente circulares, pero a velocidades distintas y a distancias diferentes de nuestra estrella, por lo que la distancia entre la Tierra y Júpiter varía a lo largo del año. Si la luz viaja a una velocidad finita, entonces el baile de los satélites de Júpiter se verá desde una distancia mayor cuando la Tierra y Júpiter están en lados opuestos del Sol que cuando están en el mismo lado. Por tanto, el aparente adelanto o retardo de los fenómenos observados está ligado simplemente a la variación de la distancia entre estas configuraciones planetarias, es decir, al hecho de que, en palabras de Rømer, «la luz necesita tiempo» para recorrer esa distancia suplementaria. En la época de Rømer aún no se conoce bien el valor de la distancia entre la Tierra y el

Sol, y la precisión con la que se datan los fenómenos de los eclipses es también bastante incierta debido a las limitaciones de los relojes. Así pues, Rømer no se aventura a dar ningún valor. En un primer momento la velocidad de la luz se estimará en unos 200 000 kilómetros por segundo (km/s, símbolo que utilizaremos a menudo). Posteriormente se harán intentos de medida cada vez más precisos, en particular por parte de los franceses Hippolyte Fizeau (1819-1896) y después Léon Foucault (1819-1868) a mediados del siglo XIX. Los valores convergerán finalmente hacia un valor casi igual a 300 000 km/s. El valor exacto importa poco en lo que sigue, por lo que utilizaré sistemáticamente este valor aproximado de 300 000 km/s, aunque el verdadero valor difiere ligeramente de él[1].

Resuelta la cuestión de la velocidad de la luz, quedaba la de su naturaleza. ¿Era una entidad discreta, es decir, constituida por partículas, o una especie de medio continuo? El debate existía desde la Antigüedad y era similar al de la materia: ¿estaba formada esta por entidades elementales, los átomos (sobre los que volveremos), o por una sustancia divisible hasta el infinito? Para Platón (ca. 427-348 a. C.) por ejemplo, la materia y la luz eran entidades discretas, y la luz estaba formada por miríadas de diminutos tetraedros que se desplazaban por el espacio (si el lector se pregunta por qué demonios tetraedros, no se preocupe, pronto tendrá la respuesta). Pero en aquellos lejanos tiempos era im-

---

1. El valor exacto es de 299 792 458 metros por segundo o, si se prefiere, 299 792,458 km/s, suficiente para dar la vuelta a la Tierra más de siete veces en un segundo. Es fácil comprender por qué las observaciones sobre distancias astronómicas son más eficaces para poner de manifiesto la finitud de la velocidad de la luz.

posible zanjar la cuestión, y dos mil años después, a finales del siglo XVII, seguía existiendo un debate encarnizado entre los partidarios de la teoría corpuscular y los partidarios de una naturaleza ondulatoria, es decir, aquellos que defendían la idea de que la luz era una ondulación de algo que se propagaba progresivamente, como las ondas de agua cuando se arroja una piedra. Estos últimos estaban encabezados por el neerlandés Christiaan Huygens (1629-1695), y frente a él se hallaba el mayor científico de la época (y uno de los más grandes de la historia), Isaac Newton. Huygens era un óptico extraordinario. Perfeccionó el telescopio astronómico inventado por Galileo (1564-1642) hasta alcanzar un altísimo grado de precisión para aquellos tiempos. Gracias a sus instrumentos descubrió un satélite de Saturno, Titán. Mejoró también considerablemente la precisión de los relojes de su época, cosa de gran utilidad para el estudio de ciertos fenómenos astronómicos como la medición precisa de los movimientos de los satélites de Júpiter. Sus trabajos en el campo de la óptica le llevaron a explicar una ley empírica descubierta a principios de siglo por dos científicos, su compatriota Willebrord Snell (1580-1626) y el francés René Descartes (1596-1650). La ley en cuestión se refería a la refracción, es decir, al hecho de que la luz, al pasar de un medio a otro (por ejemplo, del aire al agua o viceversa), sufre un cambio de dirección. Es este fenómeno el que hace difícil estimar la profundidad de una piscina, que parece menos profunda cuando está llena que cuando está vacía, y es también gracias a él como funcionan muchos instrumentos ópticos, no en último lugar las gafas graduadas que el lector quizá lleve en la nariz: la luz se desvía al atravesar el vidrio o cualquier otro sólido transparente, lo que en el caso de las gafas graduadas sirve para corregir los defectos de la vista. Huygens demuestra que si la luz es una onda, entonces es posible explicar las leyes de la refracción. Pero a él se le opone Isaac Newton. Newton es conocido sobre todo por haber formulado en 1687 las leyes de la gravitación universal (volveremos sobre ello), que, como su nombre indica, son universales, porque explican tanto fenómenos de la vida cotidiana (el ejemplo más famoso es la famosa manzana caída del árbol) como los fenómenos celestes, desde la trayectoria de la Luna alrededor de la Tierra hasta el curso de los planetas alrededor del Sol. Newton estudió también la luz. Entre otras cosas logró demostrar que la luz producida por una fuente luminosa está muchas veces formada por multitud de luces elementales, cada una de ellas con un color específico. Las gotas de agua pueden descomponer de manera natural la luz en la suma de sus luces elementales: es el conocido fenómeno del arco iris, que nos dice que la luz solar que nuestros ojos perciben como blanca está compuesta en realidad por toda una gama de colores que van del rojo al violeta, pasando por el naranja, el amarillo, el verde y el azul. Newton, por su parte, está convencido de que la luz está formada por minúsculas partículas. No tiene pruebas concluyentes, ni siquiera convincentes, pero en cuanto a prestigio e influencia Newton supera con creces a Huygens y es su visión la que por tanto va a imponerse durante más de un siglo. Pero en ciencia, aunque quien habla más alto puede dirigir el cotarro durante un tiempo, siempre llega un momento en que gana quien tiene razón. En los capítulos que siguen veremos varios ejemplos de ello. Y aquí es Huygens quien acabará ganando, aunque solo sea a título póstumo... y solamente por un tiempo.

El golpe decisivo a las ideas de Newton sobre la luz lo asesta más de un siglo después un compatriota suyo, Thomas Young (1773-1829). Young, igual que todos los científicos de su época, sabe que cuando la luz pasa por una minúscula abertura, esta parece comportarse como una nueva fuente de luz: la luz, después de rebasar la abertura, en lugar de propagarse únicamente en la dirección definida por esta y la fuente luminosa, se esparce en un abanico de direcciones, y se esparce tanto más cuanto más pequeña es la abertura. Es el fenómeno de la difracción de la luz, el que hace que en las fotografías astronómicas se vean «cruces» en lugar de estrellas brillantes, o el mismo tipo de efecto que cuando se ve de noche el alumbrado urbano a través de un visillo muy fino. Sustituyendo la luz por agua, se puede reproducir el mismo fenómeno con las olas generadas en un lado de un estanque separado del otro lado por una pared vertical provista de una pequeña abertura. Cuando las olas pasan por la abertura, se esparcen en todas las direcciones. Las olas son ondas, es decir, un fenómeno que se propaga gradualmente mediante variaciones de tal o cual magnitud física (en este caso, la altura del agua), y por tanto difractan, igual que difracta la luz. Eso podía ser una indicación sobre la naturaleza de la luz, que podría muy bien ser una onda porque posee una propiedad parecida a otro tipo de onda. Pero esta semejanza no basta para demostrarlo. Al fin y al cabo, si la luz constara de minúsculos corpúsculos, al chocar estos con el borde de la abertura podrían también partir en todas las direcciones y causar el fenómeno de la difracción.

Alrededor de 1800 Young realiza sus propios experimentos. Hace pasar la luz a través de una placa provista no de uno sino de dos orificios, para luego proyectar el resultado sobre una pantalla. Si la luz estuviera compuesta de partículas, las zonas iluminadas que se verían en la pantalla serían la suma de las producidas por la luz al pasar por cada uno de los dos orificios estando el otro tapado. Pero no es eso lo que observa Young. Lo que ve en la pantalla es una alternancia de bandas claras y oscuras. Young comprende entonces que eso es la prueba de que la luz es una onda. En efecto, en ese caso los frentes de onda que pasan a través de un orificio son los mismos que los que pasan por el otro, de manera que los frentes de onda difractados (después de pasar por los orificios) no son independientes: guardan el recuerdo de su origen común. Debido a ello, los dos presentan simultáneamente una cresta (o un valle) si se observan cuando han recorrido la misma distancia, aunque sea por caminos diferentes. Y al proyectarlos juntos sobre una pantalla, se puede observar lo que ocurre en cada punto, cuando la diferencia de trayectos entre los dos frentes de onda nuevamente reunidos va cambiando progresivamente. Hay así zonas en las que los dos frentes de onda difractados son en ambos casos crestas o valles de la ondulación. Sus intensidades se suman y el resultado es una zona más clara. Si, por el contrario, los dos frentes de onda se reúnen en un punto donde la diferencia de distancias recorridas hace que uno esté en una cresta y el otro en un valle, entonces las amplitudes se cancelan y no se ve ninguna luz. La figura resultante en la pantalla es lo que se llama un patrón de interferencia: los dos haces de luz se han recombinado de una manera que en determinados puntos ha acentuado su efecto individual y en otros lo ha disminuido. El lector encontrará en la red diversos ejemplos gráficos de este fenómeno. No dude en consultarlos si fuese necesario; en el capítulo 3 volveremos a hablar un poco de ello. En cualquier caso, lo que aquí nos interesa es que Young demostró así de forma deslumbrante (por así decir) que la luz es una onda, conclusión a la que pocos años después llegaría el francés Augustin Fresnel (1788-1827) mediante otros experimentos publicados entre 1815 y 1818[2]. Señalemos de paso que si hiciese falta una prueba del prestigio de Isaac Newton, esta se encuentra en los artículos de Thomas Young, quien, viéndose obligado a contradecir las tesis de su eminente predecesor, da muestras de clara reverencia hacia él, como si le costara tener que llevar la contraria a su ilustre colega... y compatriota. Por su parte Fresnel, tal vez por ser francés, tiene menos remilgos a la hora de criticar el partido tomado por Newton (al fin y al cabo poco fundamentado) a favor de la naturaleza corpuscular de la luz. Así pues, victoria de Huygens... de momento. Porque la historia está lejos de haber terminado.

Los experimentos de Newton sobre la descomposición de la luz encontraban en este contexto una explicación sencilla. En efecto, para entonces se había comprendido que los fenómenos de refracción descritos por Snell y Descartes podían explicarse si la luz viajaba a velocidades diferentes en los dos medios considerados. Por ejemplo, la luz viaja un 25 % más despacio en el agua que en el aire[3]. Cuanto

2. De hecho, Fresnel, más que confirmar los resultados de Young, los redescubrió de forma independiente. En efecto, debido al conflicto entre la Francia napoleónica e Inglaterra, el bloqueo impuesto por Francia impidió durante muchos años que las ideas de los científicos del otro lado del Canal de la Mancha llegaran al continente.
3. A 225 000 km/s.

mayor es esta diferencia de velocidades, mayor es la refracción. Pero nada impedía que la velocidad de propagación de la luz en un medio distinto del aire no fuera exactamente la misma para la luz de colores diferentes. Así, partiendo de una mezcla de varias luces (es decir, compuesta de varios colores distintos) que se mueven todas juntas en la misma dirección, estas se desviarían en direcciones ligeramente dispares, mostrando así los componentes de la mezcla. Esto es exactamente lo que ocurre cuando la luz atraviesa gotitas de agua esféricas en las que se refracta dos veces (una al entrar y otra al salir de ellas), lo que explica en última instancia (y tras algunos cálculos, claro) la aparición de arcos de color concéntricos pero de tamaños diferentes: es decir, un arco iris.

Hasta aquí la explicación ondulatoria de la descomposición de la luz. Quedaba por comprender en qué se diferenciaban las ondas de un determinado color (rojo, por ejemplo) de las de otro color (azul). En cualquier fenómeno ondulatorio, las ondas pueden caracterizarse por su frecuencia (el número de veces que la ondulación se produce cada segundo en un punto determinado) o su longitud de onda (la distancia entre dos picos consecutivos de la onda en un instante dado). La frecuencia y la longitud de onda no son independientes. Cuanto menor es una, mayor es la otra, y viceversa. Si consideramos el sonido, que en realidad es una vibración del aire, lo que percibimos como un sonido grave está producido por ondas sonoras de baja frecuencia, es decir, de longitud de onda grande. En cambio, los sonidos agudos son ondas de mayor frecuencia y menor longitud de onda. Por eso, a igualdad de todos los parámetros, una cuerda en vibración producirá un sonido tanto más agudo cuanto más próximos estén sus dos extremos, ya que es la longitud de la cuerda la que determina la longitud de onda del sonido. Se reconocerá aquí el principio del funcionamiento de muchos instrumentos de cuerda: en una guitarra, por ejemplo, el sonido de una cuerda será tanto más agudo cuanto más cerca de la caja de resonancia esté el punto de apoyo sobre la cuerda, ya que la longitud de la cuerda que se pulsa se acorta en la misma medida. En el caso de la luz y del arco iris, el equivalente del «grave» es el rojo y los «agudos» están del lado del azul y el violeta. Y, al igual que ocurre con el sonido, no existe ninguna garantía de que todas las luces puedan ser percibidas por nuestros sentidos. Así como existen los infrasonidos (demasiado graves para ser audibles), también existe la luz infrarroja, y el equivalente luminoso de los ultrasonidos (demasiado agudos) se llama, lógicamente, radiación ultravioleta. Ambas habían sido descubiertas a principios del siglo XIX, los infrarrojos en 1800 por el científico británico William Herschel (1738-1822) (por cierto, más conocido por haber descubierto Urano en 1781, como veremos más adelante), y los ultravioleta apenas un año después, por Johann Ritter (1776-1810). Posteriormente se descubrieron otros tipos de luz, algunos con longitudes de onda aún más largas que los infrarrojos, como las microondas y las ondas de radio; y por supuesto hay luces con longitudes de onda más cortas que el ultravioleta: son los rayos X y, más allá, los rayos gamma.

Pero saber que la luz era una onda no permitía para nada conocer la naturaleza exacta de la ondulación. ¿Cuál era la entidad, la sustancia, la magnitud física que al propagarse gradualmente producía ese fenómeno perceptible para nuestros ojos que llamamos «luz»? En aquella época no había ningún experimento que permitiera averiguarlo, y fue por un camino indirecto como se dilucidó su naturaleza sesenta años después de Young, por un gran nombre de la ciencia, aunque relativamente poco conocido entre el gran público: James Clerk Maxwell (1831-1879). La rica carrera de Maxwell culminó a sus 30 años con el descubrimiento de la forma correcta de las leyes del electromagnetismo, que, como su nombre indica, constituyen la síntesis de los fenómenos eléctricos y magnéticos. Estos dos tipos de fenómenos eran conocidos desde hacía tiempo. Entre los fenómenos eléctricos están, por ejemplo, la electricidad estática (lo que se observa cuando frotamos una regla de plástico con un trapo) y el rayo. El fenómeno magnético más conocido es naturalmente el comportamiento de la brújula, que apunta siempre hacia el norte bajo la influencia del campo magnético de la Tierra. En la segunda mitad del siglo XIX se intuyó que los fenómenos eléctricos estaban producidos por las así llamadas cargas eléctricas, que generaban un campo eléctrico según una ley hallada empíricamente en 1785 por el francés Charles Augustin Coulomb (1736-1806). En cambio no existían cargas magnéticas aisladas, un fenómeno que todos conocemos: los imanes tienen siempre dos polos magnéticos; si rompemos un imán en dos, cada trozo se comporta como un nuevo imán, con dos polos magnéticos otra vez. Estos dos polos hacen que al aproximar dos imanes cambiando la orientación de uno respecto al otro, siempre haya posiciones en las que se atraen y otras en las que se repelen. Nunca hay imanes que se atraigan o se repelan en todos los casos, como puede ocurrir con las cargas eléctricas. Por otra parte, se había comprobado que las corrientes eléctricas (es decir, los desplazamientos de cargas eléctricas) generan campos magnéticos, a los que son sensibles las brújulas y todos los imanes. La ley que relaciona las corrientes eléctricas con los campos magnéticos es un poco más complicada y más difícil de demostrar que la de las cargas y los campos eléctricos, y por eso no es extraño que fuese descubierta más tarde, concretamente en 1820 por los franceses Jean-Baptiste Biot (1774-1862) y Félix Savart (1791-1841), para ser luego precisada por André-Marie Ampère (1775-1836). Retengamos bien el nombre de Jean-Baptiste Biot, que hacia el final del libro desempeñará, en un contexto completamente distinto, un papel tan inesperado como decisivo. Poco después se descubrió que los campos eléctricos y magnéticos no eran independientes: un campo magnético variable en el tiempo generaba un campo eléctrico. Es el fenómeno de la inducción, descubierto en 1831 por el inglés Michael Faraday (1791-1867), y una de cuyas aplicaciones esenciales en la vida cotidiana es el alternador: haciendo girar un imán (y produciendo por tanto un campo magnético variable) se crea un campo eléctrico que ejerce una fuerza sobre las cargas eléctricas y las pone en movimiento, generando así una corriente eléctrica que puede alimentar el faro de la bicicleta o cargar el smartphone en el coche.

Con todo, en tiempos de Maxwell este bello edificio solamente es elegante en apariencia, porque choca con otra ley bien establecida, la de la conservación de las cargas eléctricas. Sea cual sea su naturaleza, desconocida en aquel entonces, las cargas eléctricas no parece que aparezcan y desaparezcan espontáneamente. Si el número de cargas en una región determinada varía con el tiempo, es porque algunas han entrado o han salido de ella. Cabe compararlo con lo que ocurre en un estadio o en unos grandes almacenes. Si hay muchas idas y venidas y queremos saber cuántas personas hay dentro, no hace falta estar contándolas constantemente. Basta con contarlas una vez y luego hacer un seguimiento de las entradas y salidas. En un momento dado, el número de personas en el estadio o en la tienda será igual al número de personas contadas al principio, más el número de las que han entrado desde entonces, menos el número de las que han salido[4]. La cosa es bastante lógica, pero resulta que estas leyes que establecen la conservación de la carga son incompatibles con el conjunto de leyes que describen los fenómenos eléctricos y magnéticos, leyes establecidas mediante numerosos experimentos. La solución de esta paradoja se la debemos a Maxwell. En efecto, es él quien se da cuenta de que las leyes establecidas hasta entonces hacen que los campos eléctricos y los campos magnéticos desempeñen papeles un poco diferentes. Un campo magnético variable puede generar un campo eléctrico (es el fenómeno de la inducción), pero nunca se ha observado lo contrario, que un campo eléctrico variable genere un campo magnético. Ahora bien, observa Maxwell, si un campo eléctrico variable también pudiera generar un minúsculo campo magnético (aunque fuera demasiado pequeño para ser detectable), entonces las ecuaciones que describen a ambos serían mucho más elegantes, más simé-

---

4. Así pues, está prohibido que las mujeres embarazadas den a luz, o que los ancianos mueran y sean incinerados *in situ*: nada de generación o desaparición «espontánea» de individuos.

tricas y, además, ya no estarían en contradicción con el principio de conservación de la carga. Pero ¿cómo estar seguros de que esa es la solución correcta? Para ello sería necesario que los instrumentos fuesen capaces de detectar pequeñísimos campos magnéticos producidos por campos eléctricos ordinarios o que se pudiesen producir inmensos campos eléctricos rápidamente variables, pero ninguna de las dos posibilidades es viable con la tecnología de aquella época. Maxwell hace entonces una observación decisiva: si un campo magnético variable genera un campo eléctrico (el fenómeno de la inducción) y un campo eléctrico variable también puede generar un campo magnético (esa es la hipótesis de Maxwell), entonces ya no es necesario utilizar cargas y corrientes magnéticas para producir estos campos. Para ser más precisos, estos campos, una vez generados, pueden autorreproducirse y propagarse gradualmente en la forma de pequeñísimas ondulaciones. Maxwell comprende que si sus hipótesis son correctas, entonces deben existir *ondas electromagnéticas*, es decir, ondulaciones acopladas de un campo eléctrico y un campo magnético. Pero ¿a qué velocidad se propagan?

Maxwell calcula que la velocidad de propagación está ligada a la intensidad de los fenómenos eléctricos y magnéticos (la intensidad de un campo eléctrico producido por cargas y la de un campo magnético producido por corrientes). Estas intensidades son ya bien conocidas en aquella época, gracias en particular a las recientes mediciones de dos científicos alemanes, Rudolph Kohlrausch (1809-1858) y Wilhelm Weber (1804-1891), lo cual permite a Maxwell *predecir* la velocidad de las ondas electromagnéticas; y, como habrán adivinado, esta velocidad resulta ser aproximadamente igual a la velocidad de la luz. Dicho con sus propias palabras,

> la velocidad de las ondulaciones transversales [de los campos eléctricos y magnéticos] [...] calculada a partir de los experimentos electromagnéticos de los señores Kohlrausch y Weber concuerda hasta tal punto con la velocidad de la luz calculada por los experimentos ópticos del señor Fizeau, que difícilmente podemos evitar la inferencia de que *la luz consiste en las ondulaciones del mismo medio que es la causa de los fenómenos eléctricos y magnéticos.*

(El texto destacado en cursiva figura en el artículo de Maxwell). De hecho, el resultado no es completamente inesperado: combinando los diferentes parámetros de sus medidas, Kohlrausch y Weber ya habían observado que era posible derivar una cantidad que se podía identificar con una velocidad y cuyo valor (310 000 km/s) era sorprendentemente próximo a la velocidad de la luz medida por Fizeau (314 000 km/s en aquella época). Pero allí donde cabría no ver más que una curiosa coincidencia numérica, Maxwell va mucho más lejos: *demuestra* que efectivamente existe un fenómeno electromagnético que se propaga a esa velocidad de 310 000 km/s. La anterior cita de Maxwell forma parte de una serie de cuatro artículos publicados en 1861 y 1862. Luego publicaría resúmenes más completos en 1865 y 1873, razón por la cual son estas dos últimas fechas las que se dan a menudo como año de nacimiento de las leyes del electromagnetismo, pero el paso decisivo lo había dado Maxwell en 1861. Es en ese momento cuando se puede considerar que demostró, al menos a la manera de un teórico, que la luz es una onda electromagnética. Solo faltaba establecer una prueba experimental indiscutible, por ejemplo, produciendo en un medio controlado variaciones de campos eléctricos y magnéticos y observando a continuación que estas variaciones son detectadas a distancia después de haberse propagado de un lugar a otro. Esto es lo que hace Heinrich Hertz (1857-1894) en 1887, pocos años después de la muerte de Maxwell. Consigue producir ondas de radio y transmitirlas a unos metros de distancia. Y ante todo demuestra que estas ondas electromagnéticas poseen propiedades que ya se conocen en el caso de la luz: reflexión y refracción, entre otras cosas. La naturaleza de la luz está ahora aclarada.

2. ¿Creían que estaba ya todo comprendido? Pues no...

Las ecuaciones de Maxwell, con ser un edificio coherente y notable, poseían sin embargo una propiedad de lo más intrigante. La percepción que se tiene de un fenómeno electromagnético depende en parte del movimiento de quien lo observa. Imaginemos que tenemos delante de nosotros unas cargas eléctricas que están inmóviles con respecto a nosotros. Según las leyes sintetizadas por Maxwell, estas cargas generarán un campo eléctrico, pero como no se mueven, no generan ningún campo magnético. Si ahora nos movemos nosotros en relación con las cargas, entonces, desde nuestro punto de vista, son estas las que están en movimiento. Por tanto generan *también* un campo magnético. Así pues, estos dos entes, el campo eléctrico y el campo magnético, se transforman el uno en el otro según el punto de vista. Esta observación no plantea ningún problema en sí misma, pero según las leyes de Maxwell hay algo que no cambia: la intensidad de las fuerzas eléctricas y magnéticas.

Pero es esta intensidad la que determina la velocidad de propagación de las ondas electromagnéticas. Dicho de otra manera, las ecuaciones de Maxwell predecían esta extraña situación, a saber, que la velocidad a la que vemos pasar una onda electromagnética (es decir, la luz) será *siempre la misma* sea cual sea nuestro movimiento con respecto a la fuente luminosa. Se trata de una propiedad muy inesperada: si una fuente emite una señal luminosa que se aleja de aquella a 300 000 km/s, entonces un observador que se mueva hacia esa fuente debería ver pasar la luz emitida a una velocidad ligeramente superior, mientras que otro que se aleje de ella debería seguir viendo pasar la luz por delante de él pero a menor velocidad. Sin embargo, no es eso lo que indicaban las ecuaciones de Maxwell. Predecían algo diferente, algo que chocaba con el sentido común: que la luz debería verse siempre pasar a la misma velocidad, independientemente del movimiento del observador que la mide.

Curiosamente, para Maxwell y sus coetáneos esto no constituía ninguna paradoja. En efecto, en aquella época todo el mundo pensaba que así como el sonido necesita apoyarse en el aire para propagarse[1], la luz debería también apoyarse en algo para hacer lo propio. Esta interpretación «mecanicista» de los fenómenos electromagnéticos resulta evidente de la lectura de la breve cita de Maxwell que dimos en el capítulo anterior: «la luz consiste en las ondulaciones del mismo *medio* que es la causa de los fenómenos

---

1. El sonido no es otra cosa que vibraciones del aire que nos rodea. Por consiguiente, sin aire no hay sonido, mal que les pese a las ruidosas naves de *La guerra de las galaxias*, aunque surquen a toda velocidad una galaxia muy, muy lejana.

eléctricos y magnéticos», decía justo después de explicar su naturaleza. Así pues, se pensaba que la ecuaciones de Maxwell solo eran exactas si el observador estaba en reposo con respecto a ese medio y que debían modificarse (por lo demás de una manera bastante sencilla) si estaba en movimiento con respecto a él. Ese medio existía en todas partes, porque no se conocía ningún lugar donde la luz no se propagara. Los científicos decidieron llamarlo el *éter*.

El éter es un viejo concepto de la filosofía y merece la pena hablar de su origen. No por la idea retrospectivamente descabellada que llevó a su invención, sino por un razonamiento lógico que se aplicó por primera vez y del que veremos varios ejemplos en el resto del libro, en este caso muy fructíferos. Como muchas ideas científicas, esta se remonta a la Antigüedad griega. Entre las numerosas ideas barajadas en aquellos tiempos sobre la naturaleza de la materia, hay una que tuvo un éxito muy duradero: la teoría de los cuatro elementos. Esta teoría se remonta como mínimo a Empédocles (*ca.* 490-430 a. C.) y afirma que el mundo que nos rodea se compone de cuatro sustancias o elementos: fuego, tierra, agua y aire, que pueden transformarse unos en otros. La teoría de los cuatro elementos, muy frecuentada por Platón en su obra *Timeo*, es una teoría atomista: cada una de estas sustancias está compuesta de entidades elementales, que, teniendo en cuenta que nuestro mundo tiene tres dimensiones, son objetos tridimensionales. En el mundo griego ninguna ciencia era tan venerada como la geometría, de manera que Empédocles tuvo la idea de asociar las formas de las partículas de los elementos a formas geométricas simples, puras y, en una palabra, *elementales*. Así, propuso que estas formas fueran lo que más tarde se llamarían los sólidos platónicos, es decir, poliedros con todas sus caras iguales y con todos sus vértices compartidos por el mismo número de caras. El cubo es el sólido platónico más conocido: tiene seis caras cuadradas cuyos vértices son compartidos por tres caras. Una pirámide de base cuadrada no es un sólido platónico porque sus caras son triángulos y la base es cuadrada. En cambio, una pirámide de base triangular sí lo es, siempre que los cuatro triángulos que la forman sean equiláteros. Es lo que se conoce como un tetraedro regular (o tetraedro; en adelante omitiré el calificativo regular). En la época de Empédocles ya se conocían cuatro de los sólidos platónicos. Estaba el cubo, más el tetraedro, así como el octaedro y el icosaedro. El octaedro es relativamente fácil de visualizar: se toman dos tetraedros idénticos y se pegan por la base, obteniéndose así un sólido de ocho caras, todas compuestas por triángulos equiláteros. El icosaedro es un poco más difícil de visualizar, pero si el lector ha visto recientemente la serie *Stranger Things*, es ese extraño dado más bien redondo que los jóvenes protagonistas utilizan en sus partidas de *Dragones y Mazmorras:* un sólido con veinte caras triangulares cuyos vértices son compartidos por cinco caras. Si el lector no logra visualizarlo, no se preocupe, su buscador favorito estará encantado de ayudarle.

Quedaba por asociar cada uno de estos cuatro sólidos a los cuatro elementos. Pero ¿con qué criterios? La estabilidad de la tierra se asoció a la del cubo, y los otros tres sólidos se asociaron a los otros tres elementos por orden creciente de tamaño y densidad: el sólido más pequeño, el tetraedro, fue asociado al fuego; si el lector se preguntó antes por qué me tomé la molestia de decir que para Platón la luz estaba compuesta de pequeños tetraedros, aquí tiene la respuesta. El sólido más grande, el icosaedro, fue asociado al cuerpo más denso de los restantes, el agua, mientras que el aire se quedó con el octaedro. A partir de esta matriz, los cambios de un elemento en otro —por ejemplo, el agua que al evaporarse se transforma en aire— iban ligados a la manera en que las caras de estos sólidos se desprendían, se deformaban eventualmente y se juntaban entre ellas, como si fuese un juego de construcción gigante. ¿Y qué tiene que ver el éter con todo esto? Si el lector está familiarizado con el concepto de sólido platónico, sabrá quizá que esta construcción, sencilla pero elegante, tiene un fallo: los sólidos platónicos no son cuatro sino *cinco*, porque aunque Empédocles lo ignoraba, hay que añadir a los cuatro mencionados el dodecaedro, con sus doce caras pentagonales. Cabría pensar que el descubrimiento de este sólido suplementario después de Empédocles haría que se tambaleara todo el conjunto, pero, por el contrario, fue el acta de nacimiento de uno de los conceptos más fecundos de toda la ciencia: el ir y venir entre la realidad y su modelización. Lo que hace Empédocles con su teoría de los cuatro elementos es *modelizar* la realidad, que es compleja, mediante una representación más abstracta pero también más sencilla. Así, propone asociar a los cuatro elementos concretos del mundo real estos cuatro entes abstractos que son los sólidos platónicos, a partir de los cuales extrae una modelización que le parece bastante convincente porque los cuatro sólidos parecen poseer propiedades que los asocian elegantemente a las de sus *alter ego* del mundo real. Él o sus sucesores exploran luego el modelo, es decir, el *concepto* de los sólidos platónicos, y se dan cuenta de que no existen cuatro sino cinco. *Por tanto*, si el modelo es verdadero, *entonces* sugiere, indica, deja entrever que en el mundo real *no existen solamente cuatro elementos sino además un quinto*. Este quinto elemento, o quinta esencia, retomando la terminología de los alquimistas europeos de la Edad Media[2], había escapado hasta entonces a toda detección. Se trata por tanto de un elemento fino y sutil, inaccesible a la observación directa, pero que por fuerza existe, porque el modelo —cuya coherencia nos hace tener confianza en su validez— nos lo dice. Es lo que recibirá el nombre de *éter*, que, aunque indetectable, nada impedía que estuviese presente en todas partes. Para Aristóteles (384-322 a. C.) es en este éter en el que todo, incluso el universo entero, está inmerso, y el responsable del movimiento de los astros, como afirma en su tratado *Sobre el cielo:* «Es necesario que haya un cuerpo simple al que corresponda, de acuerdo con su propia naturaleza, desplazarse con movimiento circular... Aparte de los que aquí nos rodean, existe otro cuerpo, distinto de ellos, y que posee una naturaleza tanto más noble cuanto más alejado se halla de los de acá».

Esta visión puede que retrospectivamente parezca muy ingenua, al confundir la fase en la que se encuentra la materia (sólida, líquida, gaseosa) con su naturaleza: por ejemplo, el agua no es aire licuado, ni el aire está compuesto únicamente de vapor de agua. Pero lo esencial es otra cosa: es a partir de esta idea como se va a modelizar la realidad para poder estudiarla mejor mediante la exploración del modelo que se ha hecho de ella. En los capítulos que siguen vere-

---

2. Ese es origen de la palabra «quintaesencia», incorporada al lenguaje corriente.

mos muchos ejemplos de esta manera de proceder. Pero volviendo a los cuatro (o cinco) elementos del pensamiento griego, su predominio perduró hasta el siglo XVIII, cuando los químicos consiguieron demostrar que de hecho el aire está compuesto por diferentes gases y que hay otros que no están presentes en él. El dióxido de carbono fue descubierto en 1750 por Joseph Black (1728-1799), seguido del hidrógeno en 1766 por Henry Cavendish (1731-1810), el nitrógeno en 1772 por Daniel Rutherford (1749-1819), el oxígeno hacia 1774 por Carl Wilhelm Scheele (1742-1786) y Joseph Priestley (1733-1804) y el argón en 1785, de nuevo por Cavendish[3]... Atrás quedaban así el agua, el aire, la tierra y el fuego como elementos constitutivos del mundo que nos rodea y, por la misma razón, el éter. Pero algo menos de un siglo más tarde, las leyes del electromagnetismo lo resucitaron: hacía falta, se pensó, un medio en el que pudieran sustentarse los campos eléctricos y magnéticos, un medio que poseyera propiedades similares a las del antiguo éter (omnipresente, pero hasta entonces indetectable), por lo cual fue bautizado con el mismo nombre... para acabar corriendo idéntica suerte.

3. Fue el mismo Cavendish quien unos años más tarde consiguió «pesar la Tierra», de lo que luego dedujo la masa del Sol y de los demás planetas del sistema solar; véase *Por qué la Tierra es redonda*, Madrid, Alianza Editorial, 2025.

3. El fracaso «más fructífero de la historia de las ciencias»

A principios de la década de 1880, la historia parecía meridianamente clara: las leyes de Maxwell eran naturalmente coherentes con la existencia de ese misterioso éter. Las fórmulas encontradas por Maxwell solamente eran exactas cuando el observador estaba inmóvil con respecto al éter, y había que modificarlas ligeramente cuando aquel estaba en movimiento con respecto a él. Ahora bien, ese movimiento existe por necesidad: en su carrera alrededor del Sol, la Tierra cambia gradualmente de dirección. Aunque en un momento dado dé la casualidad de que se encuentra inmóvil en relación con el éter, se irá apartando de esa situación un poco más cada día. Y este movimiento tiene consecuencias observables. En efecto, si la luz viaja a la misma velocidad en todas las direcciones desde el punto de vista de un observador inmóvil con respecto al éter, para otro observador que esté en movimiento con respecto a él viajará a velocidades diferentes dependiendo de su dirección (si el lector no entiende por qué, no se preocupe, le daré un ejemplo en el párrafo siguiente). Por consiguiente, el éter podría detectarse indirectamente de esta forma. Las leyes del electromagnetismo quedarían confirmadas y todo iría bien en el mejor de los mundos científicos. Todo esto era evidente, y la única incógnita era el tiempo que se tardaría en poner de manifiesto el efecto de ese movimiento de la Tierra.

Este es el contexto en el que el norteamericano Albert Michelson (1852-1931) aborda el problema. Para ello inventa un aparato, el interferómetro, que quedará para siempre asociado a su nombre. El principio del interferómetro es sencillo: se envía un haz de luz oblicuamente hacia un espejo que tiene la propiedad de reflejar la luz solo parcialmente. Una parte del haz atraviesa el espejo sin cambiar de dirección, mientras que la otra se desvía tras reflejarse en él. Los dos haces viajan ahora en dos direcciones diferentes, a menudo perpendiculares (aunque eso no es indispensable), que componen los «brazos» del interferómetro. Después de recorrer cierta distancia, ambos haces se reflejan en sendos espejos, a los que llegan esta vez con incidencia normal, y vuelven en sentido opuesto, hacia el espejo semirreflectante. Allí cada haz se divide de nuevo en dos. Dos de ellos parten hacia la fuente de luz y dejan de tener interés. Son los otros dos los importantes. Un sencillo diagrama muestra que estos dos haces se combinan ahora en un único haz, que puede proyectarse en una pantalla. En otras palabras, un haz de luz se ha dividido en dos y luego se ha vuelto a unir, habiendo seguido las dos partes trayectorias diferentes. Esto es exactamente el tipo de experimento que había hecho Thomas Young ochenta años antes, y produce el mismo efecto: una vez proyectado en la pantalla, el haz recombinado muestra un patrón de interferencia. La distancia entre los espejos situados al final de los brazos puede ajustarse de modo que las dos trayectorias recorridas tengan exactamente la misma longitud. Pero ¿han sido recorridas en el mismo tiempo? Si suponemos que la luz viaja a una velocidad fija con respecto al éter, el tiempo que tarda en ir de un punto a otro situado a una distancia fija del primero depende tanto de la distancia que separa los dos puntos como de la velocidad de estos con respecto al medio en el que se propaga la luz. Se trata de un efecto bien conocido por quienes se divierten subiendo o bajando en sentido contrario unas escaleras mecánicas, o quienes intentan cruzar a nado un río que lleva una cierta corriente. Supongamos, por ejemplo, que nadamos a 2,5 km/h en un río que lleva una corriente de 1,5 km/h. En hacer el recorrido de ida y vuelta entre dos puntos situados a un kilómetro de distancia uno del otro aguas abajo y en el mismo lado de la orilla tardaríamos 1 hora y 15 minutos. Cuando vamos río abajo, nuestra velocidad con respecto a la corriente se suma a la del río. Nos desplazamos por tanto a 4 km/h con respecto a la orilla y solo tardamos 15 minutos en llegar a nuestro destino, un kilómetro más abajo. A la vuelta, las dos velocidades se restan: solo avanzamos a 1 km/h con respecto a la orilla, por lo que tardamos una hora en recorrer el kilómetro de vuelta, lo que hace un total de 1 hora y 15 minutos. Supongamos ahora que los dos puntos están a la misma altura del curso del río, pero en orillas opuestas, y que la anchura es de un kilómetro. Si intentamos nadar desde un punto de la orilla directamente hacia el punto situado justamente enfrente en la orilla opuesta, la corriente nos arrastrará. Ello no nos impedirá llegar a la otra orilla, pero llegaríamos a un punto situado 600 metros río abajo de donde queríamos ir (con los datos dados aquí). Para llegar a nuestro destino tenemos que hacer la travesía nadando hacia un punto situado 600 m río arriba para compensar la corriente del río. De ese modo, avanzaremos en la dirección deseada, pero a costa de movernos más despacio, en este caso a una velocidad de 2 km/h, por lo que recorreremos los dos kilómetros de ida y vuelta en exactamente una hora. Lo importante está ahí: este otro recorrido se cubre en menos tiempo que la hora y 15 minutos del primer trayecto, a pesar de que, visto desde la orilla, la distancia recorrida es la misma. Lo que ocurre para el nadador ocurrirá de la misma manera para la luz: comparándolo con nuestro ejemplo, la luz desempeña el papel del nadador y la corriente representa el desplazamiento relativo de la Tierra (la orilla) en relación con el éter (el agua).

Es ese efecto el que Albert Michelson quiere poner de manifiesto. En su interferómetro, uno de los brazos representa el trayecto de ida y vuelta río arriba y río abajo; el otro brazo corresponde a la travesía del río de una orilla a la otra. Ajustar el tamaño de los brazos del instrumento es como modificar la distancia entre los dos puntos río abajo y río arriba o bien la anchura del río. Al hacerlo, se puede siempre ajustar la una con respecto a la otra para que lo que permanezca idéntico no sean ya las distancias sino los tiempos de recorrido. En nuestro ejemplo, es lo que pasará si se disminuye la longitud del trayecto arriba-abajo en 200 metros, lo que hará que el tiempo del recorrido de ida y vuelta sea de 1 hora en lugar de 1 hora y 15 minutos. Eso es exactamente lo que permite hacer el interferómetro: los patrones de luz producidos en la pantalla por el haz recombinado permiten saber si los dos haces han viajado el mismo tiempo o no, y la longitud de los dos brazos se puede ajustar para que así sea. Imaginemos ahora que giramos el dispositivo un cuarto de vuelta. Eso equivale a intercambiar las dos distancias en el problema del río. Ahora solo tiene 800 metros de ancho y los dos puntos del primer recorrido siguen estando en la misma orilla pero espaciados 1 km. En otras palabras, hemos acortado uno de los trayectos y alargado el otro. Lógicamente, los tiempos necesarios para realizar los dos viajes de ida y vuelta ya no pueden ser los mismos. En nuestro ejemplo, el trayecto aguas arriba-aguas abajo dura 1 hora y 15 minutos, como en el primer ejemplo, y el trayecto de orilla a orilla 48 minutos. Lo mismo ocurrirá en el interferómetro: si se ajustan los dos brazos para que los tiempos de recorrido sean los mismos, al girar el aparato dejará de ser así, como indicarán los patrones del haz recombinado proyectado en la pantalla. El efecto solo se produce si hay corriente en el río: si no hay corriente, solo la distancia recorrida determina la duración de los trayectos, sea cual sea su orientación.

Albert Michelson es un experimentador meticuloso, cualidad indispensable para llevar a cabo este tipo de experimentos, muy sensibles a las perturbaciones externas como las corrientes de aire, las variaciones de temperatura en el laboratorio o, en aquella época, las vibraciones en el suelo provocadas por el golpeteo de los cascos de los caballos contra los adoquines. Primero él solo, y luego con la ayuda de su compatriota Edward Morley (1838-1923), lleva a cabo entre 1881 y 1887 numerosos experimentos, *todos* los cuales arrojan el mismo resultado: *en ningún caso* hay indicio alguno de un movimiento de la Tierra en relación con el éter, y ello a pesar de que el montaje experimental es más que capaz de ponerlo de manifiesto, porque la magnitud del efecto buscado es ya conocida. En efecto, depende únicamente de la velocidad de la luz, ya muy bien determinada en aquella época, y de la velocidad de la Tierra alrededor del Sol, también conocida con una precisión razonable desde hacía casi dos siglos...

Es importante hacer hincapié en que este resultado negativo no se debe a ningún problema experimental. No es que los instrumentos fuesen demasiado imperfectos para poner de manifiesto el movimiento de la Tierra con respecto al éter. En rigor, ese podría haber sido el caso en 1881, pero ciertamente no en 1887. Para entonces, Michelson y Morley dominaban perfectamente la técnica. No, lo que estaba sucediendo era realmente desconcertante. Todo sucedía como si la Tierra estuviera constantemente inmóvil en relación con el éter. En tiempos de Galileo, semejante idea habría sido sin duda perfectamente aceptable: la Tierra, creada por Dios y para la humanidad, se encontraba necesariamente en el centro del universo, y por tanto era necesariamente inmóvil[1]. Pero aquellos días pertenecían al pasado, y generación tras generación de científicos habían demostrado que solo la vanidad humana podía pretender que ocupamos un lugar tan privilegiado en el vasto universo. Aun así, el experimento de Michelson y Morley parecía demostrar de forma indiscutible que la luz viajaba a la misma velocidad en todas direcciones en relación con la Tie-

---

1. Como nunca se está mejor servido que por uno mismo, invito al lector a consultar mi anterior libro *Por qué la Tierra es redonda*, publicado en esta misma colección.

rra, que sin embargo estaba animada de un movimiento de revolución alrededor del Sol. El experimento de Michelson y Morley no había conseguido demostrar el efecto esperado; pero no era un fracaso, sino todo lo contrario. El experimento había conseguido mucho más, algo mucho mejor que eso: había dejado entrever que la naturaleza del mundo que nos rodea no era la que se había creído hasta entonces. Un fracaso fructífero, e incluso «el más fructífero de la historia de las ciencias», como lo describen ahora científicos e historiadores, porque hizo cambiar para siempre nuestra visión del mundo.

4. 1905, año milagroso

En ciencia, el juez último es el experimento. Eventualmente cabe dudar de un resultado muy inesperado si hay razones para pensar que el protocolo experimental utilizado es defectuoso; pero si existen todas las razones objetivas posibles para pensar que el dispositivo es robusto, entonces el veredicto emitido por el experimento, sobre todo si se repite varias veces, debe aceptarse. Según Michelson y Morley, aunque la Tierra se desplaza con respecto al éter, no hay nada que revele ese desplazamiento, cuando debería ser lo contrario. Como es inconcebible que la Tierra esté inmóvil y que por tanto no se mueva respecto al éter, la idea que surgió en la mente de diversos científicos fue pensar que el éter, lejos de ser un medio perfectamente neutro en el que estaba inmerso el universo, tenía una influencia real sobre este último. Por ejemplo, si los objetos se contrajeran en la dirección de su movimiento con respecto al éter, entonces la variación de la velocidad de la luz respecto al objeto podría ser exactamente compensada por el hecho de que la distancia a recorrer ha sido modificada por ese efecto de contracción. Esta es la hipótesis que formularon independientemente uno del otro el irlandés George Fitz-Gerald (1851-1901) y el neerlandés Hendrik Lorentz (1853-1928). Si la manera en que la contracción dependía de la velocidad obedecía a una determinada ley, entonces era posible explicar el incomprensible resultado de los experimentos de Michelson y Morley. Pero ¿era eso un éxito? En realidad no, porque no había nada que explicara por qué se producía ese fenómeno de la contracción. Por otro lado, ¿cómo explicar que el éter altera incluso la forma de los objetos sin trabar sin embargo su movimiento? Finalmente, todo aquello planteaba más preguntas que respuestas aportaba, señal quizás de que no era la explicación correcta. Dicho de otro modo, podía ser que las piezas del puzle estuviesen todas ahí, pero probablemente estaban mal ensambladas. Y es entonces cuando entra en escena un hombre que hasta entonces era desconocido, pero que no lo seguirá siendo durante mucho tiempo.

En un año, este hombre va a revolucionarlo todo. Y la expresión no es exagerada. En el espacio de apenas doce meses va ni más ni menos que a explicar la naturaleza de la luz y después la de la materia. Después va a explicar lo que nos interesa aquí: qué son el espacio y el tiempo y cómo, lejos de ser dos cosas independientes, se funden en un solo concepto. Y para terminar, explicará el nexo que existe entre la masa y la energía. Se van a redefinir, a reinventar casi todos los conceptos más elementales de lo que consideramos que es la realidad y que todo el mundo cree conocer. Nuestra comprensión de la naturaleza va a cambiar para siempre. El hombre que está en el origen de todas estas convulsiones lo conocen todos, es Albert Einstein. Y cosa extraordinaria, todo ello lo hace cuando es todavía muy joven[1] —ese año cumplió los 26— y sobre todo siendo totalmente desconocido en el mundo científico.

Sin embargo, hasta ese año Albert Einstein no ha mostrado predisposiciones que hicieran pensar que iba a transformar el mundo de la ciencia como nadie antes que él lo había hecho y como probablemente nadie lo volverá a hacer jamás. Nacido en 1879 en Ulm, Alemania, Einstein es un alumno bastante bueno pero se siente incómodo en el sistema educativo alemán, al que reprocha incitar a aprender en lugar de a comprender. El malestar es de hecho más profundo: Einstein es de origen judío y no puede soportar el antisemitismo, ya muy notable, de la sociedad alemana, que provocará su hundimiento algunas décadas después. Por esa razón decide a los dieciséis años proseguir sus estudios en el extranjero, concretamente en Suiza, en la Escuela Politécnica Federal de Zúrich (ETHZ), pero no logra pasar el examen de ingreso. Sin embargo, puede proseguir sus estudios en Aarau, al norte del país, donde por fin encuentra profesores que intuyen su potencial. Al segundo

1. Sin duda no es ocioso insistir en este punto: en el momento de sus más grandes descubrimientos Einstein es todavía joven: 26 años en 1905 y apenas diez años más cuando alcanza el apogeo de su carrera (véase el capítulo 10). Es cierto que la gran mayoría de las fotografías más conocidas fueron tomadas en el crepúsculo de su vida, lo que tal vez dé la falsa impresión de que revolucionó el mundo cuando era ya un sabio anciano. Pero, como ocurre con muchas otras grandes mentes, fue en sus años de juventud cuando alcanzó la plenitud de sus facultades. Dicho esto, no hace falta mirar mucho tiempo las fotografías de Einstein de joven para reconocer al personaje: el mismo bigote, la misma mirada, a menudo soñadora, a veces traviesa, y por supuesto el mismo muy... relativo cuidado de su peinado.

intento consigue ingresar en la ETHZ en 1896, año en que decide renunciar a la nacionalidad alemana. No obstante, sigue lejos de dar toda su talla y consigue por los pelos su diploma cuatro años más tarde, en 1900, después de haber trabajado mucho en plan autodidacta. En esas condiciones tiene dificultades para iniciar una carrera en el mundo académico, y a pesar de algunos artículos científicos publicados a partir de 1901 no logra encontrar un puesto de docente en la universidad. Decide entonces cambiar de rumbo y encuentra en 1902 un empleo en la oficina federal de patentes en Berna. Su trabajo consiste en evaluar la admisibilidad de las solicitudes de patente, un ejercicio intelectual que le va como anillo al dedo porque le permite estimular su ya aguda mente y sobre todo le deja tiempo suficiente para pensar en lo que le apasiona desde siempre: la naturaleza del mundo que nos rodea. Invita regularmente a su casa a algunos amigos cercanos, con los que discute ciertas ideas suyas que van a converger de manera espectacular en ese año de 1905.

El primer movimiento de esta sinfonía es la explicación de lo que se conoce como el efecto fotoeléctrico, fenómeno descrito en 1887 por el alemán Heinrich Hertz, a quien ya hemos mencionado: fue quien demostró que la luz era una onda electromagnética. Pero no es eso lo que nos interesa aquí. El mismo año en que confirma las predicciones de Maxwell, Hertz observa que algunos metales emiten destellos al iluminarlos, fenómeno que nadie en aquella época es capaz de explicar teniendo en cuenta cómo se produce. En efecto, el fenómeno se produce únicamente cuando la luz incidente posee una longitud de onda inferior a un cierto valor crítico, situado en el ultravioleta. Para las longitudes de onda superiores, y sea cual sea la intensidad de la luz incidente, no ocurre nada. En cambio, por debajo de un cierto umbral, el fenómeno se produce, y con una amplitud tanto más grande cuanto mayor es la intensidad de la luz. Este efecto umbral resulta difícilmente explicable con la interpretación entonces vigente de la luz. Si la luz es una onda, como indican multitud de experimentos, no puede haber diferencias fundamentales entre un haz luminoso muy intenso de una longitud de onda determinada y otro haz igual de intenso de longitud de onda apenas más pequeña. Los flujos de energía transportados por los dos haces deben ser casi idénticos, así que ¿cómo explicar que tengan un efecto tan diferente sobre la materia?

Einstein resuelve el problema con la idea genial de no tener en cuenta la *certeza* de que la luz es una onda. Si, liberados de ese postulado, imaginamos que la luz puede considerarse, al menos en algunos casos, como constituida por un sinfín de partículas y que cada una de ellas está dotada de una energía que viene determinada únicamente por la frecuencia de la luz, entonces el efecto fotoeléctrico se explica fácilmente: es la energía individual de estos granos de luz lo que va a determinar su capacidad para interaccionar o no con la materia. Si esa energía no es suficiente, entonces, sea cual sea el número de granos que se envíen al metal, no ocurrirá nada. Y a la inversa, si solo se envían unos cuantos granos, pero cada uno de ellos tiene suficiente energía, es posible que se produzca algo. A nivel macroscópico, imaginemos que lanzamos pelotas de tenis contra una plancha de contrachapado. Aunque las tiremos con todas nuestras fuerzas y a millares, las pelotas rebotarán todas en la plancha. En cambio, si disparamos una sola bala de fusil contra la plancha, la bala la atravesará sin dificultad. Dicho con otras palabras, y contrariamente a lo que ocurre en las sociedades humanas, el efecto colectivo de los proyectiles no importa absolutamente nada, la fuerza de los números no sirve de nada. Son las cualidades individuales las que priman.

Así, explica Einstein, parece verosímil que en ciertas condiciones la luz no se comporte como una onda sino como una colección de partículas, a las que en un primer momento llamará «cuantos de luz» o «cuantos de energía». Más tarde, en el transcurso de los años veinte, se impondrá el término *fotón* para describir estas partículas de luz. Al hacerlo, Einstein introduce una de las ideas más fructíferas de toda la física (y prevengo, no será la última): a nivel microscópico, una entidad (en este caso la luz) puede describirse, según las circunstancias, *bien* como un conjunto de partículas (en este caso los fotones), *bien* como una onda (las ondas electromagnéticas de Maxwell). Dicho de otro modo, Maxwell y después Hertz no habían *demostrado* que la luz fuese necesariamente y únicamente una onda: habían puesto de relieve que esa era una descripción satisfactoria *en determinadas condiciones*. Este punto no es en absoluto banal, porque ejemplifica una de las grandes dificultades de la ciencia. En física establecemos leyes que describen los fenómenos dentro de un determinado marco y las contrastamos también dentro de un determinado marco. Pero como no se puede contrastar todo, se formula la hipótesis de que lo modelizado y observado es posible *extrapolarlo* a condiciones en las que no se han contrastado explícitamente esas leyes. En muchas situaciones esta extrapolación no plantea ningún problema. Cuando Isaac Newton comprende que una manzana y la Luna están sujetas al mismo fenómeno (las leyes de la gravedad), hace casi de inmediato una generalización para decir que las leyes que ha deducido son también válidas para distancias inmensamente más grandes, como las que existen entre los planetas o las que median entre las estrellas en una galaxia, extrapolaciones que efectivamente se comprueba que son válidas. Pero nada garantiza que sea siempre así. La genialidad de Einstein consistió aquí en poner en tela de juicio un hecho que se había convertido en evidente porque parecía imposible que las pruebas que confirmaban su omnipresencia se viesen contradichas en un contexto diferente. Pero el efecto fotoeléctrico era justamente ese contexto diferente, porque lo que cuenta aquí no son ya las propiedades a gran escala de la luz, sino la manera en que esta interactúa a nivel microscópico con la materia, algo que hasta entonces nadie había visto que era muy diferente de todas las situaciones en las que se habían contrastado las leyes de la óptica.

En definitiva, la luz es una mezcla de ondas y partículas. En el enfrentamiento entre Huygens y Newton, Newton no ha perdido, pero tampoco ha ganado: la luz es, según las condiciones en que se manifiesta, o una onda o un conjunto de partículas. Einstein le salvó el pellejo a Newton. Pero, sin saberlo, algunos meses más tarde descubrirá algo que hará tambalearse LA gran obra del científico británico, sus leyes de la gravitación universal, aunque nadie lo sabe a la sazón, ni siquiera Einstein. De momento, lo que acaba de establecer lleva el germen de otra inmensa revolución conceptual, al ser el primer ejemplo de lo que pronto se llamará la «dualidad onda-corpúsculo», a partir de la cual se construirán las leyes que rigen el mundo microscópico.

Este conjunto de leyes, que será bautizado con el nombre bastante abstruso de mecánica cuántica, se descubrirá unos veinte años más tarde gracias al esfuerzo colectivo de varios investigadores. En 1905 Einstein da sin saberlo el pistoletazo de salida de esta búsqueda en la que curiosamente él mismo no participará, como veremos más adelante (concretamente en el capítulo 14). La principal consecuencia de estas leyes es que, a escala muy pequeña, *todas* las partículas conocidas, como los protones, los neutrones y los electrones que constituyen los átomos que conocemos, son también entidades que, según los casos, son partículas u ondas y que como tales no pueden estar perfectamente localizadas en el espacio. Pero antes de llegar ahí es preciso probar que la materia está efectivamente compuesta por estas entidades microscópicas elementales, los átomos. Y aquí es otra vez Albert Einstein quien va a desempeñar el papel decisivo... apenas algunas semanas después de haber dilucidado la naturaleza de la luz.

Más aún que la naturaleza de la luz, fue la de la materia la que dio lugar a numerosas reflexiones desde como mínimo la Antigüedad. Generalmente es a Demócrito (*ca.* 460-370 a. C.) o a su mentor Leucipo, a quien se atribuye la idea de que la materia no es indefinidamente divisible, sino que al final existen entidades elementales imposibles de dividir, que es de donde proviene el nombre de «átomo»[2]. Pero ¿cómo contrastar esa hipótesis? La dificultad estriba en que los átomos son pequeños, incluso muy pequeños, menos de una millonésima de milímetro, hasta

---

2. La palabra se deriva del verbo griego *tomein*, que significa cortar, precedido de un *a* privativo.

4. 1905, año milagroso

el punto de que a principios del siglo XX ningún microscopio estaba en condiciones de acercarse a un poder de aumento suficiente para ser capaz de distinguirlos[3]. La idea de Einstein para dilucidar la naturaleza microscópica de la materia fue utilizar una sonda intermedia. Esta consistirá en objetos suficientemente grandes como para ser vistos al microscopio y suficientemente pequeños como para ser sensibles a la naturaleza discreta de los átomos. Einstein no necesita descubrir él mismo esa sonda, porque ya había sido descubierta en la primera mitad del siglo XIX, y no por los físicos sino por los botánicos. La sonda se halla en el interior de los granos de polen. Estos objetos son ya pequeños (típicamente entre un veinteavo y un cincuentavo de milímetro), pero en aquella época ya era posible ver sus -detalles. Varios científicos, entre ellos el escocés Robert Brown (1773-1858), comunicaron haber distinguido en los granos de polen unas zonas probablemente llenas de líquido dentro de las cuales había minúsculas partículas animadas de un movimiento errático. Este movimiento estaba compuesto de secuencias rectilíneas y uniformes, salpicadas de bruscos cambios de dirección y velocidad. Estas observaciones no atrajeron en un primer momento la atención de los físicos, quizás porque procedían de estructuras biológicas y podrían ser específicas del mundo de lo viviente. Tuvieron que pasar varios decenios para que se comprendiera su aspecto fundamental. En efecto, estos movimientos no tienen realmente ninguna relación con la existencia de algún misterioso «impulso vital» que esté en

3. Por lo demás, tampoco es posible, por diversas razones derivadas de la mecánica cuántica.

el origen de toda forma de vida: de hecho se observan con todo tipo de partículas en suspensión en el agua y en muchos otros líquidos, siempre que las partículas sean suficientemente pequeñas y no se agreguen unas con otras ni se peguen a las paredes. Esa es la razón por la que no fue sino cincuenta años después de las observaciones de Brown cuando se comprendió su importancia, concretamente gracias al francés Louis Georges Gouy (1854-1926). Es él quien en 1888 insiste en la importancia de estas «trepidaciones», como él las llama, donde «todo ocurre, en una palabra, como si estuviesen sometidas a una serie de impulsiones absolutamente fortuitas, orientadas indistintamente en todos los sentidos».

Para explicar el movimiento browniano, como se lo llamó en honor de uno de sus descubridores, se barajaron muchas hipótesis. Podía tratarse de movimientos en el interior del fluido, como los que describen las partículas de polvo suspendidas en el aire que vemos en los rayos de sol entrando en una habitación oscura. O también podía tratarse de perturbaciones exteriores, vibraciones u otra cosa. Pero incluso en las condiciones de observación mejor controladas, este movimiento persistía sin que su amplitud pareciese depender de ningún factor externo. Estos movimientos revelaban nada menos que una *propiedad intrínseca* de la materia. Esta propiedad la venían tomando cada vez más en serio los químicos desde hacía un siglo: en numerosas reacciones químicas, la materia parecía comportarse como si estuviese compuesta de pequeñas entidades elementales —los átomos—, que las más de las veces se asociaban para formar otras estructuras sin duda ligeramente más grandes: las moléculas. Se había descubierto, por ejemplo, que el agua estaba probablemente compuesta por dos tipos de sustancias «elementales», el hidrógeno y el oxígeno, el primero de los cuales era numéricamente dos veces más abundante que el segundo, pero ocho veces inferior en masa[4]. Resultaba entonces tentador imaginar que estas dos sustancias, el oxígeno y el hidrógeno, estaban a su vez compuestas de entidades elementales (es decir, los átomos) y que a nivel microscópico el agua estaba compuesta por la unión de dos átomos de hidrógeno y un átomo de oxígeno (ese es el significado del H_2O que se utiliza como fórmula química suya), siendo la masa del átomo de oxígeno dieciséis veces mayor que la del átomo de hidrógeno. Con todos los demás gases conocidos se podía proceder de la misma manera, deduciéndose de ello una imagen bastante coherente pero no desprovista tampoco de zonas de sombra, como por ejemplo la misteriosa naturaleza de la unión entre los átomos. Y, sobre todo, nadie había sido capaz de identificar formalmente el más mínimo átomo.

Más tarde, varios físicos, entre ellos Ludwig Boltzmann (1844-1906), elaboraron una interpretación particular del comportamiento de los gases, pero siguiendo un enfoque completamente distinto. A lo largo de todo el siglo XIX había habido numerosos intentos de comprender la naturaleza del calor. El calor era evidentemente una forma de energía porque podía utilizarse para mover objetos, es decir, para producir lo que se llama energía mecánica. Pero ¿cuál era la naturaleza de la energía del calor? Boltzmann y otros, entre ellos James Clerk Maxwell, fueron formalizan-

4. Se trata de un resultado obtenido por Henry Cavendish, descubridor entre otras cosas del hidrógeno en 1776; véase el capítulo 2.

do poco a poco la hipótesis de que a nivel microscópico la materia estaba compuesta de esos átomos que en un gas estaban todos en movimiento. En general, estos desplazamientos son desordenados, y el calor refleja la intensidad media de esos movimientos erráticos e individualmente indistinguibles. Pero en determinadas condiciones se puede transformar una parte de estos movimientos caóticos en movimientos ordenados: el calor se transforma en energía mecánica. Eso es lo que hace una máquina de vapor, la misma que está en el origen de la revolución industrial que cambiará Europa en algunos decenios. Pero aunque la explicación parecía satisfactoria, faltaba de nuevo la prueba directa de la existencia de esos átomos, sobre todo porque, a pesar de su eficacia predictiva, la teoría atomista seguía teniendo muchos adversarios, aunque solo fuera porque se trataba de una idea muy antigua y, como tal, considerada por sus detractores como arcaica, simple y anticuada.

Al hacer que los físicos se fijaran en las observaciones de Robert Brown, Louis Georges Gouy tiende sobre todo un puente hacia las ideas de Boltzmann: es posible que los movimientos erráticos observados por Brown resulten del hecho de que si bien para un objeto de gran tamaño el número de átomos circundantes es tal que la proporción de los que chocan con él de un lado y de otro es idéntica, las cosas cambian cuando el objeto es suficientemente pequeño, porque llega un momento en que el número de átomos que chocan con él en cada instante es tan reducido que el objeto se verá zarandeado constantemente de un lado para otro, al son del azar. Un fenómeno hasta entonces inexplicable que podía ser interpretado por una hipótesis hasta entonces indemostrable: tal era la situación, alentadora e

incierta, a principios del siglo XX. Pero para establecer realmente el vínculo entre átomos y movimiento browniano
era todavía preciso probar que la agitación de los átomos
reproduce exactamente el comportamiento de las partículas microscópicas en un líquido.

Para comprender lo que ocurre, imaginemos un tipo de
movimiento en una sola dimensión, y supongamos que
para medirlo disponemos de una inmensa regla graduada
con un número arbitrariamente grande de graduaciones.
Imaginemos también que numeramos todas esas graduaciones asignando el 0 a la graduación central y añadiendo 1
a cada graduación a la derecha de esta y restando 1 a las de
la izquierda. Imaginemos luego que colocamos un objeto
en la graduación central, marcada con 0. Tomemos después una moneda y tirémosla al aire. Si sale cara, desplazamos el objeto una graduación hacia la derecha, y si sale
cruz lo desplazamos una graduación hacia la izquierda.
Después procedemos de la misma manera, desplazando el
objeto desde su nueva posición, y así sucesivamente. ¿Cuál
será a largo plazo el desplazamiento del objeto? El primer
reflejo es decir que el objeto va más o menos a oscilar alrededor de su posición de partida: si la probabilidad de que
salga cara o cruz es la misma, todo debería compensarse y
por término medio el objeto no debería desplazarse de su
punto de partida. Pero si el movimiento del objeto viene
dictado en cada paso por el azar, ese azar obedece a leyes
que no son necesariamente conformes con nuestra intuición. Si lanzamos dos veces la moneda (y el objeto se desplaza por tanto dos veces), la probabilidad de que se encuentre de nuevo en su posición inicial es del 50 %: de las
cuatro tiradas posibles, a saber, cara-cara, cruz-cruz, cara-

cruz y cruz-cara, solo las dos últimas generan tantos desplazamientos a la izquierda como a la derecha. La probabilidad de que el objeto no se haya desplazado al cabo de dos
tiradas es por tanto del 50 %. Pero cuanto más aumenta el
número de tiradas, más disminuye la probabilidad de que
haya *exactamente* tantas caras como cruces. Con diez tiradas, por ejemplo, la probabilidad de obtener 5 caras y 5
cruces, independientemente del orden en que salgan, cae
hasta algo menos del 25 % (252 tiradas de 1024 posibles, lo
pueden comprobar). Al cabo de 100 tiradas la cifra baja al
8 %, y a solo 2,5 % al cabo de 1000 tiradas. Aunque sea
poco intuitivo, resulta que si bien la *proporción* de caras y
cruces obtenidas tiene más posibilidades de tender a un
50 %-50 % a medida que se aumenta el número de tiradas,
la *diferencia* entre el número de cruces y el número de caras
va en cambio en aumento por término medio. Claro está,
el objeto no va a derivar sistemáticamente hacia la izquierda o hacia la derecha. Estará a veces a la izquierda de la posición de partida (aproximadamente la mitad del tiempo) y
a veces a la derecha (la otra mitad), pero si se considera la
distancia que lo separa de su posición de partida, esa desviación, aunque de cuando en cuando se anulará, tenderá
sin embargo a aumentar con el tiempo, y la probabilidad
de que el objeto vuelva a pasar por su posición de partida
disminuye a medida que pasa el tiempo, sin llegar nunca,
empero, a ser nula. Einstein calcula esas probabilidades. Y
luego las generaliza al caso en que el objeto puede desplazarse no ya únicamente a lo largo de una línea sino en las
tres direcciones del espacio. Dicho de otro modo, calcula
lo que ocurre si, a cada iteración, se lanzan tres monedas
en lugar de una: la primera determina el movimiento a lo

largo del eje izquierda-derecha, la segunda el movimiento en profundidad y la tercera en altura. Esta vez Einstein calcula que la probabilidad de que el objeto vuelva exactamente a su posición inicial es prácticamente nula. La distancia media aumentará con el tiempo, es verdad que lentamente, pero de manera inexorable. Finalmente, Einstein comprende que hace falta añadir un último ingrediente absolutamente crucial a su modelización: los objetos que modeliza son suficientemente pequeños para ser sensibles a las interacciones individuales con los átomos, pero también suficientemente grandes para experimentar el efecto colectivo del fluido en el que están inmersos. En particular, serán tanto más móviles cuanto menos viscoso sea el fluido. Einstein propone que es este conjunto de fenómenos lo que tiene que producirse para describir las trepidaciones de las partículas en los granos de polen si dichas trepidaciones son debidas a colisiones con los átomos, y de ello deduce cómo relacionar las características de las «trepidaciones» de Gouy con el tamaño y la masa individual de los átomos o moléculas del líquido.

En rigor, Einstein no explica el movimiento observado, porque no dispone de datos precisos compilados por quienes lo han observado. Tampoco puede verificarlo experimentalmente, porque trabaja en solitario, en su tiempo libre y sin los mínimos medios económicos para efectuar cualquier experimento. Pero determina cuáles son las características esperadas del fenómeno, dejando a otros, mejor equipados y más familiarizados con las técnicas experimentales necesarias, que comprueben si sus predicciones son correctas. Su artículo no es por tanto tan definitivo como el del efecto fotoeléctrico, pero en cierto sentido es aún mejor: en lugar de explicar un fenómeno cuyas características ya conoce, *predice* los detalles de un proceso cuyas propiedades precisas desconoce. Y en ciencia siempre es más convincente lograr predecir algo aún no observado que explicar lo que ya lo ha sido. Quien se encargará de la verificación experimental es el francés Jean Perrin (1870-1942) en una serie de experimentos realizados entre 1907 y 1909. Así pues, la aportación de Einstein a la cuestión de la naturaleza de la materia solo fue reconocida con un poco de retraso, pero fue una aportación absolutamente decisiva. Hasta aquí, en lo que hace a la naturaleza de la materia. Y eso no es todo, porque lo mejor —que además es el objeto de este libro— está por llegar.

5. La relatividad especial

Sus dos primeros artículos del año 1905 habrían bastado de sobra para asegurar a Einstein un puesto en el Gotha científico, pero el espectáculo no ha terminado. Porque después de la materia y la luz, Einstein aborda lo que hará que entre para siempre en el panteón de las ciencias: el espacio y el tiempo. A principios de 1905 es ya un hecho establecido que la luz parece moverse siempre a 300 000 kilómetros por segundo, sea cual sea la velocidad relativa entre quien efectúa la medida y la fuente luminosa. No hay ninguna demostración sencilla capaz de explicar esta peculiaridad, tan contraria al sentido común. Si un viajero dentro de un tren, que se mueve digamos a 100 km/h, camina a buen paso (a 5 km/h) dentro de los vagones en dirección a la cabecera del tren, es evidente que verá pasar el paisaje a 105 km/h; o bien a 95 km/h si camina hacia la cola del tren: cuando las dos velocidades —la del tren respecto al paisaje y la del viajero respecto al tren— están alineadas, la velocidad relativa resultante —la del viajero respecto al paisaje— se deduce por adición o sustracción de las dos velocidades. Por lo mismo, el jefe de estación que ve pasar el tren delante de él concluirá que el viajero se mueve respecto a él a 95 o a 105 km/h. Pero en el caso de la luz, las cosas no ocurren así: si el viajero está quieto dentro del vagón y envía un haz luminoso hacia la parte delantera del tren, los pasajeros sentados dentro de él dirán que el haz luminoso se mueve a 300 000 km/h, pero el jefe de estación determinará que el haz, desde su punto de vista, *también* se mueve a 300 000 km/h. Eso es lo que dicen de manera cierta los experimentos de Michelson y Morley. ¿Cómo consigue entonces la luz realizar ese milagro?

Hasta entonces, las tentativas de explicación de FitzGerald y Lorentz se basaban en que la luz se mueve «naturalmente» a 300 000 km/h cuando está inmóvil respecto al éter; en que esta velocidad es diferente desde el punto de vista de un observador en movimiento respecto al éter, pero que, «por un milagro», un objeto que se mueve respecto al éter se deforma (se contrae en la dirección del movimiento), de manera que si el objeto es una regla, nuestra percepción de las longitudes se ve distorsionada (la regla se deforma) y la luz *parece* moverse a 300 000 km/h cuando en realidad no es ese el caso. Si el lector se ha perdido, sepa que lo mismo les ocurrió en aquella época a muy grandes cabezas. Para resolver el problema, Einstein, en un chispazo de genialidad (el término no es ninguna exageración), comprende entonces que la explicación dada por FitzGerald y Lorentz era puramente operativa: permitía *dar cuenta* de los fenómenos, pero *no explicaba* estrictamente nada. Sin embargo, señala sobre todo Einstein, esta interpretación implica que el éter es una entidad totalmente indetectable: no existe *ningún* modo de identificar su desplazamiento respecto a nosotros, pues afecta la estructura de los objetos que se mueven en su seno... a fin de crear la perfecta ilusión de que no se mueven dentro de él. En un determinado momento, prosigue Einstein, se pensó, como parecía natural, que el éter existía porque era necesario algún medio en el que se propagara la luz. Pero finalmente es imposible detectar ese éter. Por consiguiente, ¿qué sentido tiene pensar que una cosa existe cuando, por construcción, es absolutamente indetectable? Einstein llega a la conclusión de que no existe *ninguna razón objetiva* para pensar que el éter existe, y por tanto puede ser que pura y simplemente no exista. Einstein parte así en una dirección totalmente nueva e inexplorada: eliminado el éter, pensemos que la luz puede muy bien propagarse sin sustentarse en absolutamente nada. ¿Por qué no? Pero eso sigue sin explicar por qué su velocidad es siempre la misma sea cual sea el movimiento de la fuente de luz respecto a quien la observa. Einstein vuelve a abordar el problema desde un ángulo radicalmente diferente. Considera esta invariancia de la velocidad de la luz como un *hecho observacional* que revela algo sobre la naturaleza del mundo e intenta ver lo que se puede *deducir* de esta observación en lugar de intentar *explicarla*. Señala entonces —y es ahí donde reside el nudo del problema— que cuando hemos calculado la velocidad del viajero respecto al jefe de estación, conociendo la velocidad del tren respecto a este último y la velocidad del viajero respecto al tren, hemos hecho una hipótesis implícita, incluso tan implícita que nadie hasta entonces la ha discutido o siquiera observado: hemos supuesto que el *tiempo* que transcurre para el viajero que se desplaza en el tren es el *mismo* que el que transcurre para otro viajero inmóvil y sentado en el tren, y que estos dos tiempos (que pensamos que son el mismo) son también los mismos que el tiempo del jefe de estación. Pero si no fuese así, ¿qué ocurriría? Einstein comprende entonces que no hay nada que *obligue* a establecer esa hipótesis y que es posible explorar, con ayuda de ecuaciones por lo demás relativamente sencillas, qué se puede decir de esos tres tiempos basándose solamente en el hecho observacional de que la velocidad de la luz es siempre la misma. Einstein llega finalmente a la conclusión de que *si* la velocidad de la luz no depende de la velocidad de quien la mide, entonces *el tiempo discurre necesariamente de manera distinta* para dos observadores dotados de velocidades diferentes. Y no solo llega a esa conclusión, sino que además *demuestra* que solo existe una fórmula que relacione todos esos tiempos entre sí.

Es importante insistir en este punto: la afirmación de que el tiempo no discurre de la misma manera para observadores en movimiento mutuo *no es una hipótesis:* es una *necesidad*, implicada por la observación —sorprendente, pero indiscutible— del hecho de que la luz se mueve siempre a 300 000 km/s. No puede ser de otra manera. Esta idea de los tiempos relativos (porque es así como se dice en el lenguaje corriente) no es una oscura elucubración hecha por una mente desconectada del mundo real. Al contrario, es una *descripción precisa* de la realidad, una descripción ciertamente muy poco intuitiva, pero tan pertinente como eficaz.

¿Por qué hasta entonces nadie había, no ya pensado, sino simplemente *constatado* que el tiempo no discurre siempre al mismo ritmo? Por una simple razón, responde Einstein: porque mientras las velocidades que se hallan en juego sean muy pequeñas, esas diferencias en el transcurrir del tiempo son totalmente imperceptibles. Pensemos por ejemplo en un tren que recorre un circuito cerrado a una velocidad constante de 100 km/h. Antes de que arranque el tren, el conductor y el jefe de estación comprueban que sus relojes (rigurosamente idénticos) señalan la misma hora. Después el tren recorre un circuito cerrado de mil kilómetros y vuelve diez horas más tarde al punto de partida, habiéndose movido siempre a la velocidad constante de 100 km/h. Una vez efectuado el recorrido, el jefe de estación y el conductor comparan la hora indicada en sus relojes. ¿Será la misma? En apariencia sí, pero en realidad el reloj del conductor estará muy (muy, muy) ligeramente atrasado en comparación con el del jefe de estación: concretamente 0,15 milmillonésimas de segundo. Es una diferencia totalmente imperceptible para nuestros sentidos e imposible de medir con la tecnología de principios del siglo xx, pero Einstein sabe que la diferencia necesariamente existe. Otra consecuencia inmediata de sus cálculos es que esas diferencias en el transcurrir del tiempo repercuten en las velocidades relativas. Cuando el viajero anda a 5 km/h hacia la cabecera del tren, que a su vez se mueve a 100 km/h respecto al andén, el viajero y el jefe de estación no tendrán una velocidad relativa de 105 km/h, sino muy (muy, muy) ligeramente inferior: algo así como 104,9999999999998 km/h, una diferencia totalmente imperceptible también. Las diferencias únicamente aumentan y se hacen perceptibles cuando las velocidades en juego son mayores. Imaginemos un tren ficticio (o verdaderamente muy futurista) que se desplaza a 10 800 km/h y un viajero biónico que realmente tiene mucha prisa y que se desplaza a esa misma velocidad hacia la parte delantera del tren. La lógica diría que el viajero se mueve respecto al jefe de estación a la velocidad de 21 600 km/h; pero no es verdad. El jefe de estación lo verá avanzar no a 21 600 km/h, sino a 21 599,999998 km/h. No demasiado espectacular de momento, dirá el lector. Si multiplicamos por diez las velocidades del tren y del viajero (108 000 km/h, suficiente para dar la vuelta a la Tierra en menos de media hora), la velocidad relativa no es de 216 000 km/h, sino de 215 999,998 km/h. Se necesitan ya menos decimales para expresar la diferencia, lo cual es buena señal. Volvamos a multiplicar las dos velocidades por diez (1 080 000 km/h). Esta vez la velocidad relativa no es 2 160 000 km/h, sino 2 159 998 km/h.

El lector quizá se pregunte por qué he elegido esa cifra un poco peculiar de 10 800 km/h. La razón es en realidad bastante simple. Cuando se consideran grandes velocidades, la unidad de kilómetros por hora no resulta cómoda, porque las velocidades grandes expresadas en estas unidades comportan muchas cifras. Es más sencillo razonar en kilómetros por segundo. Así, 10 800 km/h equivalen a 3 kilómetros por segundo, una formulación que permite fácilmente comparar la velocidad en cuestión con la de la luz: es 100 000 veces más pequeña. La velocidad más grande mencionada en el párrafo anterior (1 080 000 km/h) equivale a 300 km/s, que es una milésima parte de la velocidad de la luz. Continuemos ahora con nuestra exploración. El tren y el viajero dentro del tren se mueven ahora otras diez veces más deprisa, o sea a 3000 km/s (una centésima parte de la velocidad de la luz); la velocidad del viajero respecto al jefe de estación no es de 6000 km/s, sino «solamente» de 5999,4 km/s. Otro (gran) acelerón para alcanzar los 30 000 km/s (una décima parte de la velocidad de la luz) y la velocidad relativa difiere ahora claramente de los 60 000 km/s esperados: es de 59 406 km/s. Multipliquemos esta vez las velocidades no por diez, sino por ocho: 240 000 km/s, es decir, 80 % de la velocidad de la luz. ¿Cuál es la velocidad relativa? No 480 000 km/s, sino... 292 683 km/s.

Se producen aquí dos cosas: primero, que la velocidad relativa se aleja cada vez más del valor esperado, pero sobre todo que se aproxima a los 300 000 km/s de la velocidad de la luz, sin nunca sobrepasarla. Y no es una casualidad. Porque Einstein demuestra que cuanto más se acercan las velocidades a la de la luz, más se acerca la velocidad relativa a la de la luz, en lugar de ser igual a la suma de las dos velocidades. Si suponemos que el tren y el viajero del tren tienen una velocidad igual al 99 % de la de la luz (es decir, casi igual a ella), entonces el jefe de estación verá que el viajero se mueve, no al 198 % de la velocidad de la luz (es decir, casi al doble), sino al 99,995 % de esta.

He ahí el resultado más fascinante obtenido por Einstein: a partir del momento en que se observa que existe algo que se propaga siempre a la misma velocidad (en este caso la luz, pero en realidad no importa qué cosa sea), independientemente del movimiento del observador respecto a la fuente que ha «emitido» ese algo, *nada* puede moverse más rápido que la cosa en cuestión. Existe un límite absoluto, insuperable, definitivo, para la velocidad de todo desplazamiento, velocidad límite que, como nos revela la observación, resulta ser igual a la de la luz. Esta aseveración vuelve a ser muy poco intuitiva. Tendríamos ganas de decir: si me muevo al 99,9999 % de la velocidad de la luz y acelero lo suficiente, ¿qué me puede impedir alcanzar o sobrepasar la velocidad de la luz? En efecto, se sabe que cuanto más tiempo se acelera, más aumenta la velocidad. El lector quizá recuerde haber aprendido en el instituto o en la universidad que si experimentamos una aceleración constante, nuestra velocidad aumenta linealmente con el tiempo. Por ejemplo, si nos tiramos desde lo alto de un puente para hacer *puenting*, tras un segundo de caída habremos alcanzado una velocidad de 35,3 km/h, atraídos por la Tierra. Un segundo después, la velocidad será de 70,6 km/h, y otro segundo después 35,3 km/h más que el segundo anterior, es decir, 105,9 km/h. En cuanto a lo que ocurre un segundo después, más vale que la goma elástica empiece a frenar la caída, de lo contrario nos espera un choque muy violento contra el suelo en el mejor de los casos... Pero si no, si continuamos con nuestro experimento mental (o si el puente es realmente muy alto), la velocidad será de 141,2 km/h y así sucesivamente: cada segundo aumenta en 35,3 km/h. Así, cabría pensar que, si esperamos lo suficiente, la aceleración debería acabar por hacer que alcanzásemos la velocidad de la luz y poco después que la superáramos; pero no es así. De entrada, no esperéis hacer el experimento: al cabo de algunos segundos, si no es la cuerda elástica o el suelo lo que nos va a frenar más o menos bruscamente, es el rozamiento con el aire el que se encargará de hacerlo. Quienes practican el salto con paracaídas saben bien que más allá de algunos segundos la velocidad de caída se estabiliza alrededor de los 200 km/h. Pero imaginemos, en aras del argumento, que estamos a bordo de un cohete en el vacío espacial y que este cohete posee una muy hipotética fuente de energía que le permite producir un empuje suficiente para mantener una aceleración constante durante un tiempo arbitrariamente largo (mientras que los motores de los cohetes reales solo funcionan durante apenas diez minutos). Supongamos en fin que la aceleración constante del cohete es de 1 g, es decir, una fuerza suficiente para hacernos sentir el equivalente de nuestro propio peso sentido aquí en la Tierra. Es la misma aceleración que, en el ejemplo anterior, hacía que la velocidad aumentara 35,3 km/h por cada segundo de caída libre. Ese aumento ¿se producirá indefinidamente? No, responde Einstein. Cuanto más rápido vayamos, más difícil es ir aún más deprisa. Pero para darse cuenta de ello es necesario ir verdaderamente deprisa, y con el empuje al fin y al cabo muy modesto de nuestro cohete la cosa llevará su tiempo: entre seis meses y un año. En efecto, al cabo de un mes, allí donde un simple cálculo indica que nuestra velocidad debería alcanzar el muy respetable valor de 91,44 millones de kilómetros por hora (lo que nos permitiría hacer el trayecto Tierra-Sol en menos de 1 hora y 40 minutos), Einstein predice que nuestra velocidad será más bien de 91,33 millones de kilómetros por hora. Al cabo de seis meses, la dificultad de aumentar se hace creciente, y no vamos «más que» a 506 millones de kilómetros por hora en lugar de los 549 millones esperados. Con una aceleración constante, nuestra velocidad debería alcanzar la de la luz en algo menos de 355 días, y la sobrepasaría (en un 3 %) al cabo de un año. Pero en realidad en ese momento será un 23 % inferior. Y al cabo de cuatro años, allí donde Isaac Newton habría predicho que deberíamos ir algo más de cuatro veces más deprisa que la luz, nuestra velocidad seguirá siendo inferior a ella, aunque por poco, aproximadamente un 0,05 % menos. Y ya podemos acelerar un año más, o diez años, diez siglos o incluso diez mil millones de años, que nuestra velocidad *jamás* será *exactamente* igual a la velocidad de la luz. Es un límite absoluto, insuperable. ¿Pero por qué? Cuando un objeto está dotado de una cierta velocidad, posee una cierta energía que se denomina energía cinética. Esta energía aumenta con la velocidad, aumenta incluso cada vez más deprisa, pero no demasiado: al doblar la velocidad, la energía cinética se multiplica por cuatro. Nada impide *a priori* invertir suficiente energía para alcanzar o incluso sobrepasar la velocidad de la luz. Pero Einstein demuestra que la fórmula utilizada hasta entonces para la energía cinética es solo una aproximación. Mientras la velocidad considerada sea «pequeña», es decir, pequeña comparada con la de la luz, la fórmula funciona, efectivamente. Pero cuando la velocidad es mayor, es necesario reemplazarla por una nueva fórmula que Einstein deduce a partir de la manera en que el discurrir del tiempo varía con la velocidad, variación a su vez condicionada por la sola observación de que la luz se propaga siempre a la misma velocidad. La fórmula está establecida, por tanto, de manera cierta. Con su nueva fórmula, hacer que un objeto de masa no nula alcance la velocidad de la luz requiere una cantidad *infinita* de energía. Pero si aceleramos uniformemente un objeto, la cantidad de energía que necesitamos cada segundo es siempre finita: imposible de comunicarle una energía infinita en un tiempo finito. Así pues, el objeto no alcanzará jamás la velocidad de la luz, QED. Pero ¿por qué la luz va más deprisa que cualquier objeto dotado de masa? Porque las entidades que componen la luz, los fotones cuya existencia

Einstein había demostrado siquiera algunas semanas antes, son objetos... sin masa. Cualquiera que sea su energía, su velocidad es siempre la misma, igual a la velocidad límite que los objetos con masa nunca alcanzarán. Cambiar la energía de un fotón no cambia su velocidad. Cambia otra de sus propiedades, su frecuencia, o si se prefiere, su color.

El artículo de Einstein, igual que los dos que lo preceden en ese año de 1905, es extraordinariamente claro y conciso. No hay en él consideraciones superfluas ni hipótesis atrevidas. Si se exceptúan algunos términos técnicos que han cambiado desde entonces y algunas notaciones que ya no están en boga (por ejemplo, designa la velocidad de la luz con una V mayúscula, mientras que actualmente se la designa universalmente con una c minúscula, como por ejemplo en $E = mc^2$), un buen estudiante de nivel universitario no tendría ninguna dificultad para comprenderlo sin siquiera haber seguido previamente un curso especial. Estos artículos tienen un aspecto casi intemporal. Leerlos es embarcarse en un razonamiento elegante e implacable, es tener la revelación de la ineluctabilidad de las leyes de la física. Pero no hay nada de penoso en todo ello. Al contrario, la exposición es extraordinariamente fluida. Todo parece fluir de manera natural. Los artículos nos muestran lo que Galileo describió poéticamente como «[ese] gran libro del universo [que] permanece constantemente abierto ante nuestra mirada admirativa y asombrada», un libro que no puede comprenderse, explicaba él tres siglos antes, a menos que se comprenda su lenguaje, a saber, las matemáticas, y a menos, cabría haber añadido, que se comprenda cuál es la manera correcta de abordar el problema. Pero esas matemáticas son finalmente bastante sencillas (del nivel de primer ciclo universitario) y el razonamiento que permite comprender qué herramientas matemáticas hay que utilizar también lo es. Tras la lectura de estos artículos la naturaleza no parece más compleja, sino todo lo contrario, más sencilla, más legible, más coherente. La fuerza de estos artículos es la de mostrar ese contraste sorprendente, incluso casi desconcertante, entre explicaciones ingeniosas —porque a nadie se le habían ocurrido hasta entonces— y el hecho de que, una vez conocidas, parecen algo así como evidentes. Lo único que a decir verdad no es evidente es ese nombre bastante curioso que Einstein pone a esta nueva visión del mundo: la relatividad especial. Paciencia, explicaré más tarde de dónde proviene.

Dejando aparte el nombre, las características del artículo —importancia y concisión— habrían sido más que suficientes para singularizarlo, pero lo que lo distingue aún más es un punto, este sí, verdaderamente único. Lo que lo diferencia de los demás artículos científicos es lo que no se encuentra en él. De ordinario, un artículo científico crea un conocimiento nuevo que se construye a partir de otros artículos ya publicados. Los nuevos artículos son así piedras suplementarias aportadas a un edificio en perpetua construcción. Si leemos un artículo científico nos damos enseguida cuenta de que no se comprende bien a menos que se conozca el estado de la cuestión, cosa que no se recapitula en el propio artículo (o solo de manera sucinta). Por esa razón, el artículo va siempre acompañado de una bibliografía a la que se remite al lector si quiere conocer el origen de tal o cual resultado a partir del cual se trabaja. Todos los artículos científicos están construidos de esa manera. Casi todos, porque los tres primeros de Einstein publicados ese año no forman parte de ellos. En ningún momento se basan en otros artículos. Tampoco retoman hipótesis ya formuladas o cálculos aún no terminados. Parten de cero. El artículo sobre la relatividad es en ese sentido edificante. Einstein no hace referencia a las explicaciones operacionales de FitzGerald o Lorentz, no cita ningún otro artículo. A lo más hay en él una frase sibilina, la última del artículo: «Para terminar quiero señalar que mientras yo trabajaba en el problema tratado aquí estuvo fielmente a mi lado mi amigo y colega M. Besso, a quien debo algunas valiosas sugerencias». En vano buscaremos a un tal M. Besso entre los autores de artículos científicos aparecidos en aquella época o entre el personal docente de las universidades europeas o de otros países. Y con razón, porque Michele Besso (1873-1955) no es un investigador, sino un amigo íntimo de Einstein. Forma parte de un pequeño grupo de amigos con los que se reunía de vez en cuando para hablar de ciencia. Los dos se conocían desde hacía varios años, desde la llegada de Einstein a la ETHZ, donde se conocieron en 1897. Einstein tenía entonces 17 años y Besso 23. Posteriormente, Besso, que estudió ingeniería, logró obtener, gracias a la mediación de Einstein, un puesto en la oficina de patentes de Berna, donde trabajaron juntos de 1904 a 1908. Besso es más que un amigo para Einstein, es un confidente. Es a él a quien Einstein se confía algunos años más tarde en relación con su matrimonio, que hace aguas, o con los problemas con sus hijos. Pero Besso es aún más que eso. Es a la vez su contradictor y un comentarista avezado de las ideas que le somete su amigo. Einstein dirá de él muchos años más tarde que era «la mejor caja de resonancia de Europa». Einstein le calificó también de «eterno estudiante», término que podría considerarse desdeñoso, pero que en realidad es muy elogioso: un estudiante que se interesa por lo que se le dice, que reacciona, que plantea preguntas y obliga a su interlocutor a precisar su pensamiento. Eso es todo lo que necesita Einstein en 1905, él, que no dispone de colegas con los que discutir sus ideas y con los que quizá se habría sentido más inhibido que con un verdadero amigo. Besso no tuvo nunca la pretensión de ser un buen investigador. Pero trabó con Einstein una relación particular de la que surgió una química única sin la cual Einstein no habría probablemente sabido elaborar con tanto talento y rapidez todo lo que hizo en 1905.

6. Notoriedad e incredulidad

El tiempo es relativo. Afirmación misteriosa y fascinante que ha pasado al lenguaje corriente. No es una hipótesis, sino un *hecho*. Sin embargo, un hecho tan inesperado, tan reñido con la intuición, que suscita desde el principio una especie de estupor que nunca acaba de desaparecer. No en el mundo científico, o en todo caso no entre los físicos y matemáticos, porque la demostración de Einstein no admite la mínima contestación, pero fuera de ese mundo persiste una especie de confusión. Todos tenemos una relación personal con el tiempo. Todos sabemos que nuestra percepción depende del contexto, que los buenos momentos pasan demasiado deprisa y que los penosos o dolorosos parecen no tener fin. Pero sabemos que si dejamos de lado las emociones, los sentimientos, el tiempo «verdadero», el que indican los relojes, es estable, inmutable, único. Nuestros sentidos pueden mentir, pero los relojes no mienten. Por lo tanto, si los relojes concuerdan siempre unos con

otros, el tiempo no puede ser relativo, nos dice el sentido
común, la intuición, la evidencia. Einstein echa por tierra
todo eso. Y con ello modifica para siempre esta noción tan
elemental sobre la que construimos nuestras representacio-
nes del mundo. Hoy día, la idea de que el tiempo es relativo sigue siendo chocante, pero la aceptamos porque *sabemos* de manera más o menos confusa que es un hecho
probado, que generaciones enteras de científicos no han
puesto en tela de juicio la infalible demostración de Einstein. Es decir, aunque no entendamos necesariamente los
porqués, el hecho de saber que la gente que ha reflexiona-
do sobre la cuestión están todos de acuerdo nos lleva a
aceptar el hecho, aunque sea con algunas reticencias. Pero
en 1905 la situación es diferente. Decir de la noche a la mañana que el tiempo no es, que ya no es y que no será nunca
lo que uno imaginaba que era representa un trastorno conceptual y filosófico tan considerable que es difícil de imaginar. El lector comprenderá por tanto fácilmente que los trabajos de Einstein produjeran en ciertos círculos intelectuales
una deflagración inmensa, como la que Charles Darwin
(1809-1882) pudo provocar algunas décadas antes con su
teoría de la evolución.

El ejemplo más emblemático de esta relatividad del tiempo lo dio algunos años más tarde, en 1911, el físico francés
Paul Langevin (1872-1946). Imaginemos, dice, dos personas de la misma edad, dos gemelos por ejemplo. El hecho de que las dos personas sean gemelas no es necesario,
pero hace que el ejemplo sea aún más llamativo. Supongamos que tenemos un cohete futurista, capaz de alcanzar velocidades muy grandes. (Las cifras elegidas por Langevin
no son exactamente las mismas que las que damos aquí,

pero eso no cambia en nada la conclusión del experimento.) Nuestro cohete es capaz por ejemplo de alcanzar un 99,87 % de la velocidad de la luz en algunos segundos y, dicho sea de paso, de conseguir que su ocupante sobreviva a semejante aceleración (lo cual no es posible, pero olvidemos aquí ese «detalle»). Ponemos a uno de los dos gemelos en el cohete y lo enviamos a un viaje de ida y vuelta en dirección a la estrella Arturo, una de las dos más brillantes del cielo de verano en nuestras latitudes, a 37 años luz de distancia[1]. Durante ese tiempo, su hermano permanece en la Tierra. Para el hermano sedentario, las cosas son muy simples. Como la estrella está a 37 años luz, un cohete que vaya casi a la velocidad de la luz necesitará dos veces 37 años para hacer el viaje de ida y vuelta, es decir, 74 años. Pero para el otro gemelo, el que está en el cohete, las cosas son muy diferentes. A la velocidad a la que se mueve, el tiempo transcurre veinte veces más lento que para su hermano inmóvil. Para él, el viaje de ida y vuelta no dura más que algunos años. Cuando se baja del cohete de vuelta a la Tierra, es apenas un poco más viejo que cuando partió. Su hermano, en cambio, es un anciano casi centenario. Los viajes forman la juventud, decía Montaigne. No sabía la razón que tenía. Langevin explica que hacen más lento el envejecimiento... siempre que se vaya realmente muy deprisa y que por tanto se disponga de una energía considerable. ¡La juventud tiene un precio!

Esta descripción provocará quizá en el lector un fruncir del ceño. Si bien el gemelo hace el viaje de ida y vuelta a

---

1. Un año luz es, como su nombre indica, la distancia recorrida por la luz en un año. Equivale aproximadamente a 10 billones de kilómetros.

Arturo en algunos años, no es menos cierto que recorre dos veces 37 años luz. Su velocidad es por tanto, desde su punto de vista, muy superior a la de la luz. ¿No hay ahí una contradicción? De hecho no, dicen las ecuaciones descubiertas por Einstein, porque la manera en que se define o en que se mide una *distancia* entre dos puntos depende también del hecho de que uno esté o no en movimiento respecto a ellos. La noción de distancia que nos es familiar es la distancia entre dos puntos que medimos cuando estamos efectivamente inmóviles respecto a esos dos puntos. Esa distancia se define por ejemplo a partir del tiempo que tarda la luz en efectuar un trayecto de ida y vuelta. Si envío un haz de luz hacia Arturo y un hipotético observador lo reenvía con un espejo, mediré un tiempo de ida y vuelta igual a 74 años y deduciré de ello una distancia de 37 años luz. Pero si los dos puntos, el punto de partida (la Tierra) y el punto de llegada (Arturo), se mueven respecto a mí, entonces mi percepción de las distancias se verá también modificada. Si el gemelo viajero solo necesita algunos años para hacer el viaje de ida y vuelta (3,7 años con la velocidad indicada anteriormente), es porque para él Arturo y la Tierra están separados solamente 1,85 años luz. Dicho de otro modo, cuanto más deprisa nos movemos, más distorsionada se ve nuestra percepción de las distancias, menor que el valor que mediría un observador inmóvil en relación con los dos puntos cuya distancia se quiere medir.

Esto quizá le diga algo al lector. Se parece vagamente a la hipótesis formulada por FitzGerald y Lorentz, según la cual los objetos se contraen en la dirección de su movimiento con respecto al éter. Efectivamente hay puntos en común con lo que dice Einstein, porque los dos enfoques tenían por objeto explicar un mismo fenómeno, a saber, la invariancia de la velocidad de la luz. Pero, en el plano conceptual, lo que hace Einstein no tiene nada que ver con sus predecesores. Allí donde ellos pensaban que, por una misteriosa razón, una sustancia indetectable alteraba la forma, la estructura de los objetos que se mueven en ella, Einstein es a la vez más conservador y más radical: no hace falta que los objetos se deformen (ese es el aspecto conservador), en cambio se modifica la percepción que se tiene del espacio y del transcurrir del tiempo (el aspecto radical, incluso revolucionario del enfoque). Este enfoque es mucho más elegante que el de FitzGerald y Lorentz: no necesita de la presencia del éter y, sobre todo, explica por qué todo el mundo verá alterada su percepción del espacio de la misma manera. En efecto, para FitzGerald y Lorentz no solamente el éter debía contraer los objetos en la dirección de su movimiento (sin que esa deformación parezca desprenderse lógicamente de ningún principio físico subyacente), sino que además dicha deformación debía ser rigurosamente la misma para cualquier objeto, independientemente de su composición o estructura. Para Einstein, las cosas son más simples: todo el mundo ve el mismo espacio, así que todo el mundo tendrá de él una percepción alterada de la misma manera.

Pero volvamos al experimento de Langevin y a su gemelo viajero, para quien la Tierra y Arturo están separados por 1,85 años luz en lugar de los 37 estimados por su hermano sedentario. ¿Cuál es el valor «correcto» de la distancia? Depende del punto de vista. Si se considera que la distancia es la distancia que nos es familiar, el valor «correcto» es el medido cuando se está inmóvil respecto a lo que se mide, es decir, 37 años luz para la distancia Tierra-Arturo. Dicho con otras palabras, aunque la noción de distancia es relativa, es inseparable del movimiento de quien la mide. ¿Y para el tiempo? Es exactamente parecido. El tiempo que tarda el viajero en hacer el viaje de ida y vuelta Tierra-Arturo depende del movimiento de quien lo mide. Hay tantos valores posibles como trayectorias diferentes. Pero hay uno que es específico del observador que efectúa el trayecto: es el valor vivido por ese viajero. Así, se puede definir lo que se llama el *tiempo propio* de un observador. Es ni más ni menos que el tiempo que indica el reloj o el cronómetro que lleva consigo cuando efectúa ese movimiento. Durante el viaje, el tiempo propio del gemelo viajero aumenta en 3,7 años, el de su hermano, en 74 años. El primero no es que sea mejor que el segundo, está simplemente *adaptado* al gemelo viajero, igual que el segundo está adaptado al sedentario. El tiempo y el espacio son entidades percibidas de manera diferente en función de las trayectorias de cada individuo, pero las diferencias no se crean de manera independiente; la percepción de estas magnitudes se altera siempre de manera que haya una cosa que no varía jamás: la velocidad a la que uno ve propagarse la luz. Ese es el sentido de ese término de «espacio-tiempo» que va asociado a los trabajos de Einstein: la fusión de dos entidades distintas, el tiempo y el espacio, que no se conciben ya sino como dos partes de un todo.

Todo esto, explicado sin ecuaciones, puede parecer desconcertante, y es posible que el lector, haciendo tal o cual experimento mental, tenga la impresión de que ha detectado una incoherencia en lo que antecede. Pero, lo crea o no, no hay ninguna. Sin embargo, para convencerse de ello, o si uno no quiere fiarse de la palabra de los científicos, no hay otra alternativa que la de estudiar en detalle las ecuaciones en que se basa todo ello. No es una tarea insuperable, porque el nivel es el de primer o segundo año de universidad; pero si los estudios le quedan ya al lector un poco lejos, o si no ha hecho estudios de ciencias, le costará un poco lograrlo. La comprensión fina de las leyes de la física tiene también un precio...

Por ello, ha habido más de un no científico que se ha quedado estupefacto ante ese experimento mental. El caso más conocido es el del filósofo francés Henri Bergson (1859-1941). Durante una visita a París en abril de 1922 Einstein conversa brevemente con él. Pero pese a la pedagogía y la innegable paciencia de la que hace gala Einstein, Bergson pura y simplemente no acepta la idea, como atestigua una obra que publica ese año titulada *Duración y simultaneidad. A propósito de la teoría de Albert Einstein*. Dedica páginas y páginas a discutir la paradoja de los gemelos, pero resulta difícil ver a dónde quiere llegar. Allí donde algunas páginas habrían bastado para explicar la situación, sobre todo si se añaden algunas ecuaciones, Bergson da en realidad la extraña impresión de dar vueltas en círculo, sin llegar nunca de verdad al fondo de sus pensamientos. Y sin admitir tampoco su miedo, sin embargo evidente, de que los científicos estuviesen quizá desposeyendo a los filósofos de una especie de derecho inalienable a ser los únicos autorizados para discurrir sobre ciertos conceptos pertenecientes no se sabe por qué a su dominio reservado. Como prueba de su ambivalencia, sugiere la idea de que la relatividad sería quizá «una metafísica injertada en la ciencia, [y que] no es ciencia», pero afirma más adelante que «la teoría de la Relatividad no puede expresar toda la realidad», concediendo sin embargo de inmediato, con la boca pequeña, «Pero es imposible que no exprese alguna realidad»... Sin duda se toca aquí el límite de lo que decía Galileo. El gran libro de la naturaleza solo se puede leer si se domina su lenguaje, a saber, las matemáticas. Sin eso, terminaba diciendo Galileo, «estamos condenados a errar en un negro laberinto». Bergson es el ejemplo más famoso. Su incredulidad, comprensible, incluso excusable, junto con su falta de dominio de las matemáticas, le condenan a ello. Si hubiera sido matemático, al comprender la demostración habría exclamado: «Lo veo, pero no lo creo». Pero al final lo habría aceptado, aunque fuese a regañadientes, porque se habría dado cuenta de que era cierto. Hay muchos ejemplos de matemáticos que han reaccionado así ante resultados inesperados en su disciplina. Pero sin poder *ver* el resultado y sin estar predispuesto a aceptarlo, Bergson solo puede decir: «No lo veo, *por tanto* no lo creo y no lo acepto». Afortunadamente, la incredulidad y la actitud del filósofo son minoritarias, y la mayoría de los contemporáneos de Bergson no son muy clementes con él. En 1923, por ejemplo, el matemático belga Charles-Jean de La Vallée Poussin (1866-1962) fue el autor de una crítica tan cortés como mordaz a Bergson: «El ilustre académico comete varios errores de principio en su interpretación de la Relatividad especial... A pesar de toda la inspiración que nos inspira el gran talento del Sr. Bergson y del respeto que profesamos a su autoridad indiscutible, nos es imposible aceptar ninguna de sus tesis sobre la Relatividad».

Bergson, que murió en 1941, no tuvo la oportunidad de saber que se acababa de lograr la verificación experimental directa del experimento de los gemelos de Langevin. Por supuesto, el experimento no se hizo con seres de carne y hueso, sino con entes mucho más pequeños. Pero conceptualmente era el mismo: observar que estos entes que se mueven a velocidades muy elevadas (es decir, muy próximas a la de la luz) eran capaces de recorrer distancias mucho mayores que las que su esperanza de vida debería haberles permitido recorrer según un razonamiento simplista. Los entes en cuestión son los muones. Descubiertos en 1936, los muones son como primos hermanos de los electrones. Tienen la misma carga eléctrica, pero difieren de ellos en dos aspectos importantes. En primer lugar, son mucho más masivos (unas 207 veces más) y, sobre todo, son inestables. Su esperanza de vida media es de apenas 2,2 millonésimas de segundo. Con una existencia tan corta, la lógica diría que incluso viajando a una velocidad cercana a la de la luz apenas podrían recorrer más de 600 o 700 metros. Pero la realidad es bien distinta. En 1912, el físico austriaco Victor Hess (1883-1964) descubre, durante un vuelo en globo a 5 300 metros de altura, que la proporción de átomos de la atmósfera terrestre desprovistos de uno o varios electrones es tres veces mayor que a nivel del mar. De ello deduce que la causa son unas partículas energéticas cuya naturaleza desconoce: al chocar con los átomos de la atmósfera, los despojan ocasionalmente de uno o más electrones. Y si el fenómeno es tanto más frecuente cuanto más alto se asciende, esto demuestra que la radiación procede del espacio exterior. Estos «rayos cósmicos», como se los llama entonces, son en realidad en su mayoría pequeños átomos (principalmente de hidrógeno) desprovistos de sus electrones y, sobre todo, dotados de una energía muy, muy elevada. En cuanto penetran en la alta atmósfera interaccionan violentamente con los átomos que se encuentran allí y se desintegran, formando todo un abanico de partículas diversas de muy alta energía, entre ellas los muones. A diferencia de los rayos cósmicos que los han producido, los muones tienen la propiedad de interactuar muy poco con la atmósfera, por lo que pueden atravesarla sin ningún daño... hasta el nivel del suelo, es decir, varios kilómetros por debajo de la zona donde se produjeron, una distancia muy superior a la que debería poder recorrer un objeto con una esperanza de vida de 2,2 millonésimas de segundo. La solución de esta paradoja —que por lo tanto no lo es en absoluto— reside en el doble fenómeno de la dilatación del tiempo y de la contracción de las longitudes, consustancial a la relatividad especial: para un observador situado en la superficie de la Tierra, el tiempo «vivido» por estos muones muy rápidos parece transcurrir más lentamente, lo que les confiere una esperanza de vida correspondientemente más larga, suficiente para alcanzar el suelo; para los propios muones, es la distancia entre la alta atmósfera y el suelo la que se reduce, lo que les permite alcanzar la superficie de nuestro planeta en el tiempo disponible. El primero de estos dos fenómenos fue comprobado en una serie de experimentos realizados a principios de los años cuarenta por el físico estadounidense de origen italiano Bruno Rossi (1905-1993). Logró medir, con una precisión excelente para la época, tanto la energía de estos muones como la disminución de su flujo a medida que disminuye la altitud, para luego deducir a partir de ahí tanto la masa de los muones como el hecho de que su esperanza de vida en función de su velocidad se alargaba según la ley predicha décadas antes por las leyes de la relatividad especial.

Nadie puede decir cómo habría reaccionado Bergson si hubiera tenido conocimiento de este experimento. Pero, en cualquier caso, para los físicos la situación es muy diferente. Por muy revolucionarias que fueran las ideas de Einstein, los razonamientos que expone son clarísimos y dejan poco margen para la hipótesis de que podrían estar equivocados, sin tener siquiera que esperar 35 años a la verificación de Bruno Rossi. Si sus otros dos artículos no lo habían hecho ya, este nuevo texto proporcionó a su autor renombre internacional en el mundo académico. Curiosamente, sin embargo, Einstein no consiguió de inmediato un empleo en el mundo académico y siguió trabajando como si nada en la oficina de patentes hasta 1908, cuando (¡por fin!) obtuvo un puesto de *Privatdozent* (el nivel más bajo en la jerarquía universitaria) en la Universidad de Berna, lo cual le daba derecho a enseñar en la universidad... pero sin garantía de salario: con este estatuto, la remuneración del profesor era exclusivamente lo que sus alumnos estuvieran dispuestos a pagarle y nada más. Afortunadamente, un año más tarde obtuvo un puesto universitario más decente en Zúrich, antes de pasar luego de universidad en universidad en función de sus preferencias personales y el interés de las ofertas que recibía. Pero antes tiene que cerrar este año de 1905 descubriendo la más famosa de todas las fórmulas científicas. Se trata, como habrán adivinado, de la célebre $E = mc^2$.

7. Y por tanto... $E = mc^2$

Y así llegamos al último capítulo de este año de locura. Al explicar que el tiempo no fluye de la misma manera para todo el mundo, Einstein no hace más que esbozar las leyes de la relatividad especial. No tiene tiempo de extraer todas las consecuencias, cosa que él y algunos otros investigadores, entre ellos Hermann Minkowski (1864-1909), harían en los años siguientes. Fue Minkowski, y no Einstein, quien acuñó el término «espacio-tiempo» para describir la entidad resultante de la relatividad especial: el espacio y el tiempo no son entes independientes e inmutables; forman un todo que no puede separarse en dos nociones distintas, conclusión que resumió en 1908 en una famosa frase tan pertinente como elegante: «En lo sucesivo, el espacio por sí mismo y el tiempo por sí mismo están condenados a desvanecerse en meras sombras, y solo una especie de unión de ambos conservará una realidad independiente». Pero a finales de 1905 quedaban por explorar muchas de las consecuencias de la relatividad, y fue una de ellas la que Einstein sacó a la luz en un artículo con un título un tanto abstruso para los no iniciados (como tantas veces): «¿La inercia de un cuerpo depende de su contenido de energía?». Pasando del título, la primera frase ya es más legible: «Los resultados [...] publicados por mí recientemente en esta revista científica conducen a una interesante conclusión que voy a detallar aquí». Veamos más de cerca esta «interesante conclusión»...

Lo que Einstein va a detallar es la consecuencia, dentro de su nueva teoría, de lo que desde hace tres siglos se conoce como el principio de relatividad. Este principio es obra de Galileo, quien, al preguntarse sobre la existencia o no de un movimiento de la Tierra alrededor del Sol, rebate los argumentos esgrimidos por Aristóteles para demostrar que la Tierra es inmóvil[1]. Señala que si estamos en el fondo de la bodega de un barco, es imposible saber si el barco está parado (amarrado al muelle, por ejemplo) o si se desplaza a una velocidad constante, impulsado por el viento. Si el barco cambia de velocidad (porque choca con un obstáculo, por ejemplo), lo notaremos, pero mientras su velocidad sea constante, no podremos determinar si está parado o no con respecto a la orilla, ni, en caso afirmativo, a qué velocidad se mueve con respecto a ella. En términos técnicos, Galileo está diciendo que no hay forma de detectar una especie de movimiento «absoluto» de los objetos en relación con un hipotético espacio de referencia. Por tanto, los movimientos solo pueden interpretarse unos *en relación* con otros. Esta idea había acompañado todos los desarrollos de la física desde entonces... hasta que las ecuaciones

1. Véase *Por qué la Tierra es redonda*.

de Maxwell hacen pensar que existe de hecho un espacio absoluto, el del éter, en el que se sustentan los campos eléctricos y magnéticos para propagarse. Nada de eso, responde Einstein unos cuarenta años más tarde, el éter no existe, y no hay espacio absoluto. Con ello coloca el principio de relatividad en el lugar que le corresponde y reafirma un resultado fundamental ya enunciado por Galileo, a saber, que un objeto no sometido a ninguna fuerza está animado de un movimiento de velocidad y dirección constantes, tanto en valor como en dirección —un movimiento rectilíneo y uniforme, en la terminología de los físicos—. Es a estas consideraciones, que se remontan a casi tres siglos, a las que debe su nombre la expresión «relatividad especial»: «relatividad», porque no existe el espacio absoluto (ni el tiempo absoluto, añade Einstein), y «especial» porque los trabajos de Einstein solo consideran determinadas situaciones, sin tener en cuenta los fenómenos gravitatorios, por ejemplo. Pero esa es otra historia que trataremos más adelante. De momento, en el otoño de 1905, Einstein constata que al demostrar que el paso del tiempo y la percepción del espacio no son nociones absolutas, la expresión matemática del principio de relatividad de Galileo debía ser reexaminada y posiblemente modificada. Fue en este contexto en el que hace uno de sus más famosos «experimentos mentales», como él los llamaba.

La idea de Einstein es un poco más compleja que lo que sigue a continuación, pero sus consecuencias se pueden describir valiéndonos de una situación más común. Supongamos que tenemos un cañón y que este cañón dispara un proyectil en una dirección. Supongamos que el sistema que propulsa la bala no es una reacción química sino un simple resorte, de modo que no hay ningún gas que escapa del sistema durante el lanzamiento y por tanto ninguna pérdida de materia en el proceso. Las leyes de la inercia, esbozadas por Galileo y formalizadas por Newton, establecen que el cañón retrocederá en sentido contrario al del proyectil. Este es el principio de los cohetes: al expulsar los gases hacia abajo a gran velocidad, el cohete se eleva hacia arriba. Los físicos llaman a esto la conservación de la cantidad de movimiento. La cantidad de movimiento, también conocida como «momento», es lo que determina la dificultad de cambiar la velocidad de un objeto. Evidentemente es más fácil cambiar la dirección de una canica que se mueve a 5 km/h, por ejemplo, que cambiar la dirección de un tren que viaja a la misma velocidad: el momento no solo depende de la velocidad, sino también de la masa del objeto. Decir que el momento se conserva es decir que, partiendo de un cañón cargado e inmóvil, si el proyectil se mueve en una dirección (y por tanto adquiere momento), el arma se moverá en el sentido contrario (porque debe tener el momento opuesto). Pero, al ser más masivo, retrocederá mucho más lentamente.

Compliquemos un poco el problema y supongamos ahora que dos cañones, colocados como quien dice espalda con espalda, disparan simultáneamente dos proyectiles idénticos a velocidades idénticas pero en sentidos opuestos. Esta vez los dos efectos de retroceso se cancelarán exactamente y los cañones permanecerán inmóviles. Además, la masa del sistema formado por los dos cañones y los dos proyectiles se conserva (lo que ya ocurría con un solo cañón y un solo proyectil). Es decir, los dos cañones antes y después de disparar sus respectivos proyectiles tendrán exactamente la misma masa, ya que no se ha perdido ninguna forma de materia en el proceso. Hasta aquí no ha ocurrido nada de particular. Einstein imagina entonces el mismo experimento pero esta vez desde el punto de vista de un observador que se mueve de forma rectilínea y uniforme con respecto al cañón. En cierto sentido imagina una variante del experimento de los pasajeros que se desplazan en el tren: el tren es sustituido por los dos cañones, y los proyectiles reemplazan a los pasajeros que se mueven uno hacia delante y el otro hacia atrás en el tren. La principal diferencia es que los proyectiles no se apoyan en el suelo del tren como los pasajeros, pero aparte de eso no hay nada radicalmente nuevo. Según Galileo y Newton, si se supone por ejemplo que el conjunto formado por los dos cañones se mueve a 100 km/h con respecto al observador y que los dos proyectiles son expulsados a 300 km/h con respecto a los cañones, el observador, que se supone que se mueve a lo largo del eje definido por los dos proyectiles, los verá moverse, uno a 200 km/h en un sentido y el otro a 400 km/h en sentido contrario. En otras palabras, las dos velocidades diferirán de la velocidad de los dos cañones *de forma perfectamente simétrica*, puesto que ese era ya el caso cuando los dos cañones estaban inmóviles. Pero Einstein comprende que en el contexto de la relatividad especial ya no sería exactamente así: como los tiempos de cada proyectil difieren entre sí y del de los dos cañones, las velocidades no estarán distribuidas de forma *exactamente* simétrica a ambos lados de la del cañón. Sin embargo, conociendo estas velocidades y las masas implicadas, podemos calcular la cantidad de movimiento de cada uno de los objetos del sistema: la de cada proyectil y la de los dos cañones. Y como la cantidad de movimiento se conserva, sabemos que su suma es igual a la cantidad de movimiento inicial. La cantidad de movimiento de los dos proyectiles es fácil de calcular. La fórmula difiere ligeramente de la conocida en la época de Galileo y Newton, pero en su artículo anterior Einstein ha demostrado en cuánto difiere. Así que en ese aspecto no hay ninguna arbitrariedad. La novedad viene justo después: al restar estas dos cantidades de movimiento de la inicial (el conjunto de los dos cañones más los dos proyectiles antes del lanzamiento, todos ellos dotados colectivamente de una misma velocidad de 100 km/h), *deducimos* la de los dos cañones una vez que han lanzado su proyectil. Ahora bien, como acabo de decir, la cantidad de movimiento de un objeto solo depende de dos cosas: su masa y su velocidad. La velocidad de los dos cañones es conocida: sigue siendo la que tenían antes de disparar los proyectiles, es decir, 100 km/h. Queda por tanto su masa, que se deduce de la cantidad de movimiento y de la velocidad. Y aquí Einstein llega a un resultado de lo más sorprendente: *la masa de los cañones ha disminuido* en el instante de lanzar su proyectil. Atención, de nuevo, no se trata de una pérdida de materia: es un sistema puramente mecánico (de resortes) el que lanza los proyectiles. Por tanto, la cantidad de materia es *exactamente la misma*. Pero *no* la masa.

El experimento de Einstein es ligeramente distinto del anterior, pero quizá aún más sorprendente. En lugar de imaginar que los proyectiles disparados por los cañones son objetos dotados de una cierta masa, supone que se trata de dos fotones, partículas sin masa cuya existencia él mismo había demostrado hacía solo unos meses. Y encuentra exactamente el mismo resultado: la masa del dispositivo que produjo estos dos fotones en direcciones opuestas ha disminuido. ¿Y en cuánto? El resultado no le sorprenderá al lector: la disminución de la masa del sistema (que llamaremos... m) viene dada por la energía de los dos fotones (que llamaremos E), dividida por la velocidad de la luz (convencionalmente designada por c) multiplicada por sí misma (c por c, que se designa por c^2, si se recuerdan las clases de matemáticas en la escuela). En otras palabras, $m = E/c^2$. La fórmula se resume en una frase, casi desprovista de signos matemáticos: «La masa de un cuerpo es una medida de su energía; si su energía cambia en E, su masa cambia del mismo modo en E/c^2». Efectivamente, la inmortal $E = mc^2$ *no aparece* en el artículo. ¡Es $m = E/c^2$ lo que aparece allí escrito! Pero da igual, significa exactamente lo mismo, porque basta con multiplicar o dividir cada miembro de la igualdad por c^2 para pasar de una forma a otra. Einstein observa también que, teniendo en cuenta que la velocidad de la luz es muy grande, incluso una variación muy grande de la energía da lugar a una variación minúscula de la masa. Por lo tanto, precisa que habría que probarlo en cuerpos «cuyo contenido de energía varíe en muy alto grado», es decir, algo que produzca una enorme cantidad de energía para una masa dada. Tales objetos se conocían desde hacía poco: son las sustancias radiactivas, en particular el radio citado por Einstein, que había sido descubierto unos años antes por Pierre y Marie Curie (1859-1906, 1867-1934). Aunque aún no hay pruebas de la exactitud de su ecuación, Einstein sabe que no tardarán en llegar.

8. El fuego de las estrellas

El mayor superventas de la divulgación científica es *Breve historia del tiempo* (1988), de Stephen Hawking[1]. En esta obra bastante ardua, que trata de las leyes de la gravitación y la historia del universo, Hawking procura no dar nunca ecuaciones. «Por cada ecuación que añada, el número de lectores se reducirá a la mitad», le dijo en esencia (y con razón) su editor. Pero aun así Hawking hizo una excepción a este mandato: mantuvo $E = mc^2$. En primer lugar, porque esta ecuación «no cuenta». En efecto, todo el mundo la conoce ya. Es solo un recordatorio, no una novedad. Pero, en un plano más fundamental, porque es realmente difícil hablar de astronomía sin hacer referencia, de cerca o de lejos, a esta ecuación. Porque es omnipresente. Basta con salir a la calle y levantar la mirada al cielo. Sea de día o de noche, veremos esta ecua-

1. Disponible en esta colección bajo el título *Historia del tiempo: Del «big bang» a los agujeros negros*, Madrid, Alianza Editorial, 2019.

ción delante de nosotros. Tanto si vemos las estrellas (de noche) como el Sol (de día), tenemos la prueba visual de esta ecuación: el Sol y las estrellas brillan gracias a $E = mc^2$, y, por cierto, la vida existe gracias a esta misma ecuación.

Lo que dice $E = mc^2$ es que la masa puede representar energía y que es posible transformar masa en energía, incluso en mucha energía. Para los físicos, la energía se mide en julios. Un julio es la energía necesaria para levantar diez centímetros un objeto de un kilogramo de peso (o un metro un objeto de cien gramos de peso, etc.; lo que cuenta aquí es el producto de la masa por la altura). También es la energía que se puede recuperar si dejamos caer esos objetos desde esas alturas. Es el principio de las centrales hidroeléctricas: el agua fluye desde el embalse hasta la central situada abajo, y la energía que adquiere en la caída se utiliza para hacer girar una turbina que produce electricidad (mediante el fenómeno de la inducción descubierto por Faraday, ¿recuerdas?). Utilizar un salto de agua para producir energía es sencillo y no contamina, pero es muy poco eficaz: si se intenta recuperar la energía de un litro de agua (correspondiente a una masa de un kilogramo) con una tubería de agua de 100 metros de altura, solo se recuperarán 1000 julios, apenas suficientes para hacer funcionar un horno microondas de 1000 vatios durante... un segundo. La hidroelectricidad solo funciona porque se dispone de gran cantidad de agua: un litro por cada segundo de cocción de vuestro alimento preferido si la altura de la presa es de 100 m.

Las energías fósiles producen su energía de otra manera, a través de una reacción química que destruye el combustible, generalmente produciendo dióxido de carbono (o CO_2) y vapor de agua, así como otros residuos más o menos tóxicos que no intervienen en la discusión que sigue. A igualdad de masa, la energía producida por estas reacciones químicas es considerablemente mayor que la producida por una presa. El gas natural produce unos 50 megajulios (es decir, 50 millones de julios) por kilogramo. Es decir, unas 50 000 veces más energía por unidad de masa que la hidroelectricidad, pero, por supuesto, a costa de producir una masa de CO_2 aproximadamente tres veces mayor que el gas de partida, cuya acumulación en la atmósfera es responsable de la catástrofe climática que se avecina. Los demás combustibles fósiles son un poco menos buenos, pero del mismo orden. El carbón tiene unos 30 megajulios por kilogramo, la madera algo menos de 20. En cuanto al famoso TNT, se trata de un explosivo muy potente, pero francamente menos bueno: poco más de 4 megajulios por kilogramo. La cifra puede sorprender porque el TNT se asocia a algo muy violento y por tanto, aparentemente, muy energético. Pero no debemos confundir la energía *total* que se puede recuperar a través de una reacción química con el *ritmo* al que la reacción produce esa energía. La combustión de la madera o el carbón es lenta, porque necesita el aporte de oxígeno del aire para arder, por lo que solo puede tener lugar en la superficie del combustible. A menos que el combustible se disgregue en forma de polvo o de gotitas (como en un motor de combustión interna), la combustión no puede producirse rápidamente. Por el contrario, el TNT, como cualquier otro explosivo, no necesita oxígeno para consumirse... porque ya lo contiene. En consecuencia, la reacción es mucho más rápida y por tanto más violenta, pero también menos eficaz. Una de las razones es que, como ya hemos dicho, el oxígeno necesario para la reacción ya está contenido en el reactivo. El TNT tiene un bajo rendimiento porque, por así decir, está en desventaja, debido a que este oxígeno ya forma parte del balance de masa, mientras que cualquier combustible fósil «hace trampa» al tomar el oxígeno del aire (razón por la cual la masa de CO_2 producida es mayor que la del combustible quemado). La otra razón es que el TNT no contiene suficiente oxígeno para una autocombustión completa, con lo cual parte del carbono que contiene no reacciona (o no lo hace instantáneamente).

¿Y qué pinta $E = mc^2$ en todo esto? La fórmula nos dice inmediatamente que a un kilogramo de materia se le puede asociar una energía de casi... cien mil billones de julios, un 1 seguido de diecisiete ceros, si se prefiere. Es una cifra incomparablemente mayor que la correspondiente al gas natural, casi dos mil millones de veces mayor. Nos dice que las reacciones químicas son muy poco eficientes para producir energía en comparación con el valor último que representa $E = mc^2$, y este resultado abre numerosas posibilidades: en particular permite explicar la fuente de energía de las estrellas. Para ello retrocedamos un poco hasta finales del siglo XIX. En aquella época, en la que nadie sabía qué era $E = mc^2$, los geólogos y los astrónomos, e incluso los naturalistas como Charles Darwin, se hacían una pregunta fundamental: ¿cuál es la fuente de energía del Sol? El problema es bastante sencillo. Gracias a las leyes de la gravitación conocemos la masa del Sol. ¿Su valor? Astronómico, por supuesto: 2 mil cuatrillones de toneladas (un 2 seguido de 27 ceros). Y conociendo el flujo de energía que nos envía, podemos calcular la potencia que emite en forma de luz y calor. La cifra es, también en este caso, astronómica: 400 cuatrillones de vatios (un 4 seguido de 26 ceros).

Estas dos cifras son muy grandes, impresionantes, incluso medio abstractas, pero combinándolas obtenemos otra cifra mucho más conmensurable y que revela un punto esencial. Si dividimos la segunda por la primera, podemos determinar la potencia irradiada por el Sol por unidad de masa. El veredicto: 0,2 vatios por tonelada. Cuando en un curso de máster uno de mis profesores, Jean-Pierre Chièze, mencionó esta cifra, añadió, reprimiendo una sonrisa: «Coges un gramo de Sol y no tienes ni para cocer un huevo». El resultado puede que sorprenda. El Sol está caliente, incluso muy caliente: casi 5500 °C en la superficie y mucho más en el centro, por lo que una tonelada de material solar, incluso de la superficie, contiene una cantidad considerable de calor y por tanto de energía, más que suficiente para cocer un huevo e incluso unas cuantas tortillas. Entonces, ¿qué significan esos 0,2 vatios por tonelada? No se trata de la energía *almacenada* en el Sol (que efectivamente es muy grande, porque está muy caliente), sino de la energía que *produce* cada segundo para mantener su temperatura. Como el Sol está caliente, irradia calor. Si no ocurriera nada más, se enfriaría «lentamente», en el sentido astronómico del término, es decir, en algunas decenas de millones de años. Para mantener la temperatura necesita por tanto una fuente de energía que produzca la energía que pierde en la superficie cada segundo. Cabría pensar que como la superficie del Sol es inmensa, se necesita mucha energía para mantener la temperatura. Es cierto, pero como el Sol es muy grande, también es muy masivo. En ese aspecto, la energía que hay que producir para mantener la temperatura aumenta ciertamente con el tamaño, pero la energía que hay que producir por unidad de masa disminuye.

Por ejemplo, cuando aumentamos el tamaño de un objeto por un factor de 2, su superficie aumenta por un factor de 4, pero su volumen aumenta aún más rápido, por un factor de 8. A densidad constante, el volumen y por tanto la masa aumentan más rápido que la superficie, y la energía que hay que producir por unidad de masa disminuye, de manera que para el Sol se llega a esa cifra bastante baja de 0,2 vatios por tonelada.

Esta cifra significa que, cada segundo, una tonelada de material solar tiene que producir 0,2 julios para mantener la temperatura. Puede que parezca muy poco, pero en realidad es mucho. Supongamos que el Sol obtiene su energía de reacciones químicas. Como dijimos en el párrafo anterior, esta clase de reacciones pueden producir algunas decenas de megajulios por kilogramo, o si se prefiere, varias decenas de miles de millones de julios por tonelada. Si el Sol regula su producción a razón de 0,2 julios por tonelada y por segundo, podrá brillar durante un tiempo que viene dado por la cantidad disponible (las decenas de miles de millones de julios por tonelada, digamos que veinte mil millones) dividida por el ritmo al que la utiliza (0,2 julios por tonelada por segundo). Resultado: cien mil millones de segundos. En órdenes de magnitud, un año equivale a 30 millones de segundos, por lo que un siglo equivale a 3000 millones de segundos. La esperanza de vida del Sol sería por tanto de algunos miles de años como máximo. Tal resultado hace sin duda las delicias de los creacionistas que afirman que la Tierra solo tiene algunos miles de años, *dixit* la Biblia; pero desde hace más de dos siglos los científicos vienen encontrando en la superficie terrestre huellas de diversos procesos (fósiles, formaciones geológicas, etc.) que indican que la Tierra tiene, como mínimo, varias decenas de millones de años. De ahí la paradoja: tenemos pruebas de que la Tierra es al menos entre 1000 y 10 000 veces más antigua que la edad del Sol, deducida esta a partir de la hipótesis de que produce su energía mediante reacciones químicas. Pero solo es una paradoja si son efectivamente las reacciones químicas lo que hace brillar al Sol. Una fuente de energía mucho más eficaz en términos de energía producida por unidad de masa significa que la edad de nuestra estrella puede aumentar en la misma proporción. Y esta energía, como habrá adivinado el lector, si es que aún no lo sabía, viene dada por la fórmula $E = mc^2$, que va a encontrar su quintaesencia en la física nuclear.

La materia está formada por átomos, nos explicó Einstein en 1905. Poco después, el físico británico Ernest Rutherford[2] (1871-1937) demostró que los átomos están formados por un núcleo extremadamente pequeño (una billonésima de milímetro) rodeado de una zona mucho más extensa donde se encuentran los electrones. Aunque es tentador imaginar a los electrones dispuestos alrededor del núcleo como los planetas alrededor del Sol, la imagen es falsa, ya que los electrones son difícilmente localizables en un instante dado[3]. Pero es lo mismo, porque lo que nos interesa aquí son los núcleos. Estos están formados por dos tipos de partículas, protones y neutrones, siendo el número de protones idéntico al de electrones de la periferia. Los neutrones y los protones pueden pegarse unos a otros para formar

2. Ninguna relación con el Daniel Rutherford del capítulo 2, descubridor del nitrógeno.
3. Esto es consecuencia de las leyes de la mecánica cuántica que rigen su comportamiento en torno a los núcleos atómicos, véase el capítulo 4.

núcleos atómicos. Sin embargo, no todas las configuraciones son posibles. Para un número dado de protones, no debe haber ni demasiados neutrones ni demasiado pocos. Lo que determina las propiedades químicas de un átomo es la configuración de sus electrones, que a su vez viene dictada por su número, que es idéntico al de protones del núcleo. Por tanto, la naturaleza de un átomo viene determinada por el número de protones, denominado número atómico. Así, el hidrógeno es un átomo con un protón, el helio tiene dos protones, y así sucesivamente hasta llegar al uranio, que tiene 92 protones. Varias de las propiedades del protón y del neutrón son bastante similares. En particular tienen masas bastante parecidas y netamente superiores a la del electrón: 1836 y 1838,6 veces la del electrón, respectivamente. Aisladamente, el protón es una partícula estable: nunca se transformará espontáneamente en otra cosa. El neutrón, en cambio, es una partícula inestable mientras no se combine con otros protones y neutrones. En poco menos de un cuarto de hora por término medio, un neutrón aislado se desintegra en un protón, un electrón y una partícula de masa despreciable llamada antineutrino.

Al leer esta última frase, puede que el lector haya fruncido el ceño durante una fracción de segundo. Si este antineutrino tiene una masa despreciable, entonces las cuentas no salen en lo que a la masa se refiere. Como vimos antes, el neutrón por sí solo supera en masa a sus productos de desintegración. Pero si no he sido demasiado torpe, el lector habrá entendido a dónde quiero llegar: si la masa ha desaparecido, es debido a la inevitable $E = mc^2$, que dice que se ha *convertido en energía*. Durante la desintegración del neutrón, el electrón y el antineutrino salen despedidos a gran velocidad y por tanto están dotados de una cierta cantidad de energía (la energía cinética que mencionamos antes). Es esta energía la que compensa la pérdida de masa. Si hacemos un balance a escala macroscópica, la energía así producida es gigantesca: suponiendo que dispusiéramos de un kilogramo de neutrones (cosa imposible en la práctica, pero es igual) y esperando unas horas para que los más resistentes de ellos se desintegren, tendríamos una energía de... 127 millones de megajulios, es decir, dos millones y medio de veces más de lo que podríamos obtener con la combustión de una masa idéntica de gas natural. Este es el secreto de la longevidad del Sol: con una capacidad energética millones de veces superior a la obtenida con simples reacciones químicas, la esperanza de vida del Sol puede contarse no por miles, sino por miles de millones de años, lo suficiente para que la vida apareciese, se diversificara y colonizara toda la superficie del planeta. El Sol y las estrellas brillan y, gracias a ello, la vida puede existir en la Tierra gracias a $E = mc^2$.

Entrando en detalles, no es la desintegración del neutrón lo que hace que brille el Sol, y es lógico: con una esperanza de vida de quince minutos de media, ningún neutrón que hubiera estado presente en el nacimiento del Sol podría haber sobrevivido hasta ahora; se habría liberado un inmenso chorro de energía en unas horas, y después nada. Lo que realmente hace que brille el Sol es la *fusión* nuclear entre varios de sus componentes. Antes dije que los neutrones y los protones podían pegarse unos a otros. El término «pegarse» es por supuesto metafórico, pero significa que una vez pegadas estas partículas se necesita una gran cantidad de energía para separarlas. Ahora bien, como la energía es una magnitud que a escala microscópica se conserva en casi todos los casos, si hay que gastar energía para despegarlas es porque el proceso de pegado va acompañado de una liberación de energía. Esto no significa que el proceso tenga lugar sin ninguna dificultad. Para que los neutrones y protones se aproximen lo suficiente como para poder pegarse unos a otros, tienen que estar moviéndose muy rápido, es decir (como Boltzmann había comprendido, véase el capítulo 4), tiene que haber mucho calor. Por eso estos procesos nucleares, que es como se llaman, no tienen lugar a temperatura ambiente, sino en el núcleo de las estrellas. No tenemos aquí espacio suficiente para describir en detalle el funcionamiento de las estrellas, así que me limitaré a dar el principal resultado[4]. En la inmensa mayoría de los casos, lo que hace brillar las estrellas es la conversión de hidrógeno en helio. Para ser más concretos, a partir de cuatro protones y dos electrones se forma un núcleo de helio-4, es decir, un núcleo compuesto por dos neutrones y dos protones. De forma esquemática: por dos veces un electrón y un protón se fusionan para formar un neutrón, y los dos neutrones así formados se unen a los dos protones restantes para formar el núcleo de helio-4. En la práctica, las reacciones no se producen en este orden y se descomponen en varias etapas, pero en lo que se refiere al balance de masa es así como funcionan las cosas. Inicialmente, los cuatro protones y los dos electrones tienen una masa combinada igual a 7346 veces la de un solo electrón. La masa del núcleo de helio no es igual a la suma de sus constituyentes, debido a

---

4. Véase *Pourquoi le Soleil brille*, de Roland Lehoucq, Éditions humenSciences / Humensis.

la energía producida durante su fusión. Finalmente es 7294 veces la del electrón. Por tanto, el proceso ha reducido la masa en aproximadamente un 0,7 %. Es un proceso incluso más eficaz que la desintegración del neutrón, cuyo rendimiento era unas cinco veces menor.

Es esta fracción de masa perdida la que se convierte en energía, y eso supone una cantidad enorme: a igualdad de masa, es ahora doce millones y medio de veces mayor que la del gas natural, más que suficiente para hacer que el Sol brille durante más de diez mil millones de años. De hecho, el Sol tiene material suficiente para brillar durante mucho más tiempo, pero no basta con que el material esté presente para que sea aprovechable: debe poder migrar hacia el centro, el único lugar suficientemente caliente para que se produzcan las reacciones. Ahora bien, mientras que en la superficie la materia solar «bulle» como el agua calentada en una cacerola, a mayor profundidad no existen tales movimientos en el Sol. Así que una parte de la materia de la periferia solar nunca será utilizada. Pero da igual, porque los diez o doce mil millones de años de que dispone el Sol al nacer son más que suficientes para permitir la emergencia de seres más o menos racionales y razonables, capaces de captar las leyes que rigen este mundo y de comprender que nuestra existencia, y la de todas las formas de vida, solo es posible gracias a $E = mc^2$, la única fuente de energía lo suficientemente perenne como para ofrecer a la Tierra la eternidad —o casi— que hizo posible nuestra aparición. «Si coges un gramo de Sol, no tienes ni para cocer un huevo», decía el Sr. Chièze, pero luego añadía, no sin tomarse el tiempo de constatar con malicia el efecto que había producido: «El truco está en que hay muchos gramos». Y que por tanto la parsimonia del proceso permite producir energía durante mucho tiempo. Como lo vamos a necesitar más adelante (al final del capítulo 18), propongo un último pequeño ejercicio de cálculo. Tomemos la potencia radiada por el Sol: 400 cuatrillones de vatios. Es la energía producida por nuestra estrella en un segundo. Dividamos esta cifra por el cuadrado de la velocidad de la luz (expresada en metros por segundo, es decir, unos 300 000 000) y obtendremos aproximadamente la cifra inicial con diecisiete ceros menos, es decir, 4 000 millones. Según $E = mc^2$, esta cifra no es otra que el número de kilogramos que el Sol ha perdido cada segundo, o 4 millones de toneladas si se prefiere, una cifra que, como suele ocurrir en astronomía, es a la vez enorme según los baremos terrestres, pero ridículamente pequeña en comparación con la masa del Sol: incluso en diez mil millones de años, es insuficiente para reducir su masa en un 0,1 %.

Y, claro está, es imposible terminar este capítulo sin mencionar el uso que el hombre ha hecho de la energía nuclear: la energía atómica y las armas atómicas. La energía contenida en la materia es tal que una cantidad muy pequeña de combustible nuclear puede liberar enormes cantidades de energía. Esto puede hacerse de forma pacífica, con las centrales nucleares, o trágicamente, con las armas nucleares. El principio en ambos casos es el mismo, solo cambia la velocidad a la que se libera la energía: a lo largo de varios años en una central, casi instantáneamente en el caso de una bomba. La diferencia con el Sol es que no se fusionan núcleos (en algunas armas sí, pero no en la mayoría); lo que se hace es romper (fisionar) núcleos pesados. Hay muy pocos núcleos atómicos que permitan iniciar este proceso; el más conocido es el uranio. Enviando un neutrón a gran velocidad contra un núcleo de uranio-235 (con 92 protones y 143 neutrones, de ahí el número 235, que es la suma de los dos), el núcleo se rompe en varios fragmentos, emitiendo por añadidura tres nuevos neutrones, que a su vez acabarán rompiendo otros núcleos de uranio, y así sucesivamente. Este es el fenómeno de la reacción en cadena, que solo se produce si hay una concentración suficientemente alta de uranio-235. Si no es así, escaparán demasiados neutrones y no habrá reacción rápida en cadena. Por tanto, se necesita una masa suficientemente grande de uranio, concretamente de uranio-235, y ello en el menor volumen posible. Aquí es donde radica la diferencia entre una central y un arma nuclear: en el primer caso, el combustible nuclear está configurado de forma que los núcleos de uranio pueden fisionarse lentamente y la energía de los neutrones producidos puede recuperarse y convertirse en calor y luego en electricidad. En el otro caso, se produce una reacción en cadena que destruye instantáneamente todos los núcleos y libera la energía de golpe, devastando todo cuanto se encuentre en las inmediaciones. Y las cifras, aunque ya no astronómicas, siguen siendo asombrosas. La potencia de una bomba es tal que se la compara con miles de toneladas —o kilotoneladas— de TNT equivalente. En otras palabras, no se habla de la masa de combustible utilizada, sino de la masa equivalente de TNT que se necesitaría para producir esa cantidad de energía. La eficacia (si se puede decir así) de la fisión del uranio es inferior a la de la fusión del hidrógeno. Es alrededor del 0,1 % de la masa lo que se convierte en energía: a partir de un kilogramo de uranio se obtienen 999 gramos de productos de fisión, y el gramo restante produce, siempre según $E = mc^2$, una energía de cien millones de megajulios, es decir, el equivalente de 25 000 toneladas de TNT, o 25 kilotones. ¿La potencia de la bomba de Hiroshima? Alrededor de 15 kilotones, es decir, un volumen de TNT igual al de un cubo de 20 metros de lado. La inmensa devastación que causó, con 70 000 civiles muertos instantáneamente, fue el resultado de una reacción en cadena en la que solo intervinieron 600 o 700 gramos de uranio y de la desaparición de menos de un gramo de esta materia.

Para terminar este capítulo en clave menos siniestra, señalemos que la masa puede convertirse *por entero* en energía. Para ello hay que utilizar la antimateria. La antimateria es una especie de *alter ego* de la materia. Existen antielectrones, antiprotones y antineutrones. Su masa es la misma, pero si entran en contacto con la materia ordinaria, se aniquilan mutuamente, produciendo (casi) únicamente luz, es decir, fotones. Por tanto, toda su masa desaparece. La única dificultad es que prácticamente no hay antimateria en el universo, y por una razón muy simple: cualquier partícula de antimateria que pudiera haber estado presente al nacer el universo habría desaparecido hace mucho tiempo, ya que inevitablemente habría entrado en contacto con la materia. Sin embargo, nada impide intentar fabricar antimateria. Y para ello se necesita energía, mucha energía, al menos la correspondiente a $E = mc^2$, e incluso más, ya que aunque se puede producir un poco de antimateria a partir de materia, el rendimiento no puede ser muy elevado en la práctica. Así que tranquilos, ningún científico loco ni grupo terrorista fanático hará volar jamás el planeta con una terrible bomba de antimateria como la descrita en el libro de Dan Brown *Ángeles y demonios:* esa gente se habría arruinado mucho antes con las facturas de electricidad. Por eso, en el libro, la bomba de antimateria se la roban al CERN, el mayor centro de investigación de física de partículas del mundo, que puede fabricar (muy) pequeñas cantidades de antimateria... y con un consumo anual de electricidad suministrado por las centrales nucleares francesas situadas en las inmediaciones. Así pues, ¡$E = mc^2$ que se ha transformado en $E = mc^2$!

9. Si $E = mc^2$, entonces Newton estaba equivocado

De ordinario, una teoría física se construye para explicar un fenómeno para el que aún no se ha encontrado explicación o que no cuadra con las teorías existentes. Pero en todos los casos nos basamos en fenómenos, observaciones y experimentos. Fue así como Isaac Newton construyó sus leyes de la gravitación basándose en la observación de los movimientos de los planetas, o como Einstein descubrió la relatividad especial a partir de la observación de que la velocidad de la luz es siempre la misma.

Pero una vez elaboradas las leyes de la relatividad especial, que en sí mismas formaban un conjunto notablemente coherente, Einstein, y sin duda muchos de sus contemporáneos, se dieron cuenta de que esas leyes no estaban de acuerdo con otro edificio que había resistido la prueba del tiempo: las leyes de la gravitación universal de Newton. La razón es muy sencilla: si nada puede moverse más rápido que la luz, entonces no puede haber acción instantánea a distancia. Las leyes de Newton estipulaban que la atracción gravitatoria ejercida por un astro (el Sol, por ejemplo) sobre otro (la Tierra) estaba en un instante dado determinada por la posición de los dos astros *en ese mismo instante.*

El propio Isaac Newton se había percatado de que ese punto era poco satisfactorio. ¿Podía ser que la posición de la Tierra influyera en la trayectoria de una estrella situada a billones de kilómetros? Cuanto mayor era la distancia, más extravagante resultaba esa afirmación. Es cierto que la Tierra es muy poco masiva, por lo que su influencia gravitatoria sobre esa estrella lejana es irrisoria. Pero existe. Este experimento mental tenía en principio un aspecto chocante.

Además, ese no era, en 1906, el único problema de la teoría de Newton. Porque esta teoría tiene una formulación que depende de manera crucial de la distancia que separa los objetos: si la Tierra estuviera el doble de lejos del Sol, sería atraída cuatro veces menos por él, y así sucesivamente. Pero ¿de qué distancia estamos hablando? Según Einstein, la noción de distancia depende del observador. Entonces, ¿qué distancia hay que considerar? ¿La que se mide desde el punto de vista del Sol, porque está más o menos inmóvil en el sistema solar? ¿O la de los planetas que se mueven a su alrededor? La cosa resultaba enojosa, y en cualquier caso sugería que las leyes de Newton eran inexactas o incompletas. Pero ¿cómo saber cómo modificarlas o con qué sustituirlas?

Por primera vez en la historia de la ciencia, los científicos estaban ante un problema cuya razón de ser no estaba relacionada con una observación o con un experimento cuyo resultado discrepase de lo que se sabía (o se creía saber), sino que tenía que ver con una razón puramente formal. Así que, por primera vez, iban a tener que resolver un problema estando sumidos en la más absoluta oscuridad. Y quien iba a encontrar la luz sería la misma persona por la cual había llegado la oscuridad: Albert Einstein.

10. La otra relatividad

La fórmula $E = mc^2$ se asocia a menudo con la encarnación del genio y por tanto con Albert Einstein. Pero sin duda él mismo no compartía esa opinión. Su contribución a la elaboración de esta fórmula fue fruto de un feliz azar. De mis tiempos de estudiante recuerdo que uno de mis profesores atribuyó a Einstein la siguiente frase: «En 1905 los tiempos estaban maduros para encontrar las leyes de la relatividad especial [y por tanto para que se dedujera de ellas la famosa $E = mc^2$]. Se habría acabado por encontrarlas sin mí». Y habría añadido: «Pero en cuanto a la relatividad general, ahí estoy menos seguro». A pesar de mis pesquisas, no he logrado comprobar la autenticidad de esta cita, pero es indudable que, aunque no lo dijera así, Einstein lo pensaba. Porque la gran obra de la vida del científico no fue esa fórmula tan emblemática, ni siquiera ese «año milagroso» que fue 1905 para la ciencia; no, esa obra —incluso esa obra maestra— es lo que tuvo que encontrar después para reconciliarla con la teoría de Newton. Esta nueva teoría, a la que Einstein decidió bautizar, de manera quizá poco feliz, con el nombre poco clarificador de «relatividad general», le tuvo ocupado durante ocho años, desde 1907 hasta 1915. Como ya vimos, esta búsqueda tuvo lugar en medio de la niebla: no había ninguna observación que pudiera servirle de guía. Además, era imposible adivinar qué herramientas matemáticas iban a ser necesarias para construir la nueva teoría. Tal vez Einstein ya las conociera y solo tuviera que comprender que contenían la clave del misterio para poder aplicarlas y construir la teoría. También podía ser que esas herramientas existieran ya pero que él no las conociera. En ese caso la tarea sería mucho más ardua: ¿cómo «adivinar» que era necesario utilizar objetos matemáticos cuya existencia desconocía? Peor aún, podía ser que las herramientas matemáticas necesarias para formular su teoría estuviesen aún a la espera de ser descubiertas... y, por tanto, que Einstein tuviera que comprender qué tipo de nuevas matemáticas iba a tener que desarrollar para resolver el problema que tenía delante. En la historia de la ciencia no escasean las situaciones de ese género: a finales del siglo XVII, Isaac Newton tuvo que inventar múltiples herramientas matemáticas para expresar las leyes de la gravitación universal, y a principios del siglo XIX el francés Joseph Fourier (1768-1830) tuvo que idear otras (más tarde llamadas las series de Fourier) para describir las leyes de la propagación del calor. En ambos casos, los científicos de turno pagaron el precio de ser primerizos: obligados a familiarizarse con objetos que nadie había conocido antes que ellos, tuvieron luego que convencer a sus contemporáneos de la necesidad de dominar esas herramientas y, sobre todo, de que las habían elaborado con suficiente rigor para que su adecuación a la descripción del mundo fuese convincente. En el caso de Einstein no había que descartar que el problema que tenía delante le acarreara los mismos problemas...

¿Por dónde comenzar entonces? En ausencia de apoyo experimental es difícil abordar un problema nuevo, de manera que Einstein permaneció durante mucho tiempo a la expectativa hasta que comprendió que a pesar de todo existía un hecho experimental que podía servirle de ayuda, pero un hecho tan trivial que ni él ni nadie le había prestado ninguna atención. Las leyes de Newton se llaman, con razón, las leyes de la gravitación universal. ¿Por qué *universal*? Porque la experiencia demuestra que todos los objetos caen de la misma manera en el campo gravitatorio terrestre. Este resultado se le atribuye generalmente a Galileo, y la leyenda cuenta que lo estableció dejando caer objetos desde la torre inclinada de Pisa. La historia es sin duda inventada, porque aunque Galileo vivía cerca de Pisa y pudo haber pensado en hacerlo, debió darse cuenta enseguida de que la resistencia del aire afectaría a los resultados. Más verosímil es que realizara los experimentos haciendo rodar esferas de diferentes composiciones sobre planos inclinados. Sea como fuere, lo cierto es que, tomando suficientes precauciones, resulta que todos los objetos caen de la misma manera en un campo gravitatorio. David Scott, uno de los astronautas norteamericanos de la misión Apolo 15, hizo una buena demostración de este fenómeno hace unos cincuenta años. Justo al final de su estancia en la Luna aprovechó los pocos minutos que le quedaban para hacer el experimento, porque la superficie lunar se presta perfectamente a ello: al carecer de atmósfera, nuestro satélite es el lugar ideal para estudiar la universalidad de la caída de los cuerpos sin que el aire circundante los frene. David Scott apareció ante la cámara (la secuencia se retransmitió en directo en todo el mundo) con, en la mano derecha, un martillo de un kilo y 320 gramos que había utilizado para tomar muestras de rocas lunares, y en la derecha una hermosa pluma de halcón, en alusión al nombre del módulo lunar, *Falcon*, que le había llevado a la Luna. Tras rendir homenaje a Galileo, el precursor del experimento, soltó, con los brazos extendidos hacia adelante, los dos objetos, que, acelerando ambos del mismo modo, cayeron simultáneamente al suelo. «El señor Galileo tenía razón», exclamó el explorador en una conclusión que era evidente: si los dos objetos hubieran caído a velocidades diferentes, ello habría significado retrospectivamente que la trayectoria del cohete Saturno V que lo había arrancado de la gravedad terrestre, y luego la del módulo de mando que lo había llevado a la Luna, también se habrían desviado de las predicciones de la teoría de Newton... y David Scott se habría perdido en el espacio interplanetario, si es que no se hubiera estrellado en la Luna. En cualquier caso, el experimento de David Scott no deja de ser visualmente bastante desconcertante: aunque los dos objetos caen a la misma velocidad, la pluma cae sorprendentemente deprisa —para ser una pluma—, mientras que el martillo cae sorprendentemente despacio —para ser un martillo—. La explicación de esta doble paradoja es sencilla: en primer lugar, el experimento se realizó en la Luna, donde el campo gravitatorio es débil. Por tanto, los objetos caen más despacio que en la Tierra, como es el caso del martillo. Y la pluma, en ausencia de resistencia del aire, cae mucho más deprisa que una pluma terrestre, a pesar de que el campo gravitatorio en la Tierra es más fuerte. Estos dos fenómenos contribuyen a dar un aire casi irreal al experimento, como ocurre también con los movimientos de los astronautas sobre el suelo lunar.

Sesenta años antes, Einstein no tenía en la cabeza esas imágenes de la vida en el espacio que ahora nos son familiares. De hecho, muy pocos tenían una idea concreta de qué pasaría con un astronauta en estado de ingravidez. Por ejemplo, en su libro *Alrededor de la Luna*, Julio Verne se equivoca en este punto. Al describir la vida cotidiana de los tres viajeros instalados en el proyectil hueco enviado a la Luna, dice que, cerca de la Tierra, sienten la atracción terrestre y por tanto hacen pie en la parte del habitáculo orientada hacia nuestro planeta, mientras que cuando se acercan a la Luna es en el lado opuesto donde encuentran apoyo. El novelista piensa también, erróneamente, que los protagonistas solo se sienten realmente ingrávidos durante el breve período en que su trayectoria se aproxima al punto donde las atracciones de la Tierra y de la Luna se contrarrestan exactamente. En realidad, los tres hombres se encontrarían en estado de ingravidez desde el instante siguiente al lanzamiento (muy brutal, por cierto).

Es a partir de 1907, a raíz de un acontecimiento bastante insignificante, cuando Einstein comprende lo que realmente ocurre en estado de ingravidez. Todo el mundo conoce la anécdota de la manzana que Newton vio caer un día de 1665 o 1666, dándose entonces cuenta, en un destello de genialidad, de que era atraída hacia la Tierra en virtud del mismo fenómeno que hacía que la Luna se mantuviera en órbita alrededor de nuestro planeta. Pero menos conocido es el hecho banal, aunque trágico, que sirvió de inspiración a

Einstein: el de un techador o pintor de fachadas que, según leyó en el periódico, se había matado al caer desde lo alto del edificio donde trabajaba. Einstein se dio cuenta en ese momento de que el desafortunado obrero, aunque atraído irresistiblemente hacia el suelo, no debió de sentir su propio peso durante la (breve) caída: al no haber ningún soporte sólido que obstaculizara la caída, para él todo sucedió como si la Tierra y su campo gravitatorio no existieran. Einstein vio también que si el hombre hubiera soltado sus herramientas al caer, estas le habrían acompañado en la caída a la misma velocidad. Es decir, utilizando sus propias palabras, durante la caída «este hombre puede considerarse "en reposo"», antes, claro, de estrellarse contra el suelo para experimentar otro tipo de reposo, en este caso eterno.

Dejando a un lado el trágico destino de este hombre que acababa de servirle de inspiración, Einstein quedó profundamente marcado por las consideraciones anteriores. Un hombre que cae al suelo siente lo mismo que otro que se encuentra aislado en el espacio lejos de cualquier masa. Consideremos ahora, continúa Einstein, un explorador dentro de un cohete (atrevido experimento en aquellos tiempos, cuando tales artefactos, cuando se construían, no llegaban ni a un metro de longitud y solo podían transportar unos cuantos kilos). Si el cohete está en el suelo, el hombre sentirá evidentemente su propio peso. Si el cohete acciona ahora los motores para flotar justo por encima del suelo sin moverse (como un helicóptero en vuelo estacionario), el piloto sentirá exactamente el mismo peso, ya que lo único que cambia es el soporte (el suelo o el piso del cohete). Pero entre un cohete que, como en el caso del techador, detuviera sus motores y cayera a tierra y un cohete en vuelo estacionario solo hay una diferencia: el empuje del cohete no es el mismo. En este contexto, imaginando ahora al astronauta en su cohete lejos de la Tierra, si pone en marcha los motores sentirá los mismos efectos que el astronauta en vuelo estacionario. Einstein va aún más lejos: si el cohete no tiene ventanillas, el astronauta que está dentro y que siente su propio peso es imposible que sepa si 1. el cohete está en reposo sobre la superficie de la Tierra; o si 2. tiene en marcha los motores mientras permanece en vuelo estacionario a ras del suelo; o si 3. tiene en marcha los motores mientras acelera en el espacio interplanetario. En otras palabras, concluye Einstein, un fenómeno puramente *cinemático* (el movimiento del cohete) es *indistinguible* de un fenómeno puramente *gravitatorio* (la sensación de gravidez). Y esta observación es, como decía Newton, universal: todos los objetos sienten el mismo campo de gravedad, por lo que en el experimento mental del cohete da igual que este sea de madera, de metal o de cualquier otra cosa: si a igualdad de masa el cohete aplica el mismo empuje, su trayectoria será la misma. Ahora bien, prosigue Einstein, el fenómeno cinemático que simula la atracción gravitatoria es de naturaleza puramente geométrica: solo depende de la trayectoria del cohete. Y es aquí donde a Einstein se le ocurre lo que llamó «la idea más feliz de toda mi vida», afirmación que, teniendo en cuenta de quien proviene, ¡no debería tomarse a la ligera! Dice Einstein: si un fenómeno cinemático, por tanto de naturaleza geométrica, es indistinguible de un fenómeno gravitatorio, entonces esto —quizás— sea la manifestación de que la *gravitación es, intrínsecamente, ¡un fenómeno geométrico!* He aquí, pues, la brillante intuición alrededor de la cual todo va a girar: la gravitación no es, como las fuerzas eléctricas o magnéticas, una «fuerza» que actúa *en* el espacio. Es una manifestación de la estructura geométrica o de propiedades geométricas *del* espacio.

Esa es la esencia de la gravitación: lo que pensamos que es una fuerza ejercida por la gravedad es una manifestación de un espacio «curvo» o «deformado» por la acción de la materia. Esto cabe resumirlo en una sola frase: la materia dicta al espacio cómo deformarse, y el espacio deformado dicta a su vez a la materia cómo moverse en él.

Cabría pensar que una vez dejada atrás la genial intuición, el resto se deduciría de ella rápidamente. Pero curiosamente ocurrió todo lo contrario. Durante cuatro largos años Einstein apenas se dedica nunca a la gravitación. ¿Piensa simplemente en ella? No es nada seguro, porque ni en su correspondencia privada ni en la mantenida con sus colegas hay nada que indique que esté interesado en el problema. Su principal tema de preocupación es en ese momento la mecánica cuántica, cuyas bases había sentado involuntariamente en 1905, a lo que se añaden por supuesto algunos otros artículos notables, como uno sobre un fenómeno asombroso llamado la opalescencia crítica... pero que no tiene absolutamente nada que ver con $E = mc^2$ y del que no hablaremos por falta de espacio. No es por tanto hasta 1911 cuando consagra toda su energía a la gravitación. Porque está lejos de haber terminado con ella. Le queda ahora por resolver la parte difícil del problema: traducir su idea rectora a una forma concreta, rigurosa, es decir, en términos de ecuaciones. De los dos enigmas que tiene planteados Einstein (cómo la materia deforma el espacio y cómo el espacio le dice a la materia cómo moverse), el segundo es, con mucho, el más fácil. Cuando el espacio no está deformado, la trayectoria que sigue un objeto no sometido a ninguna fuerza para ir del punto A al punto B es la línea recta. Si el espacio es curvo —podemos tomar el ejemplo de una esfera, la Tierra, sobre la cual nos movemos, o mejor aún, por encima de cuya superficie vuelan los aviones—, el concepto mismo de línea recta ya no existe. Por supuesto, siempre podríamos decir que el camino más corto de París a Nueva York es a través de un túnel recto que atravesara el planeta cientos de kilómetros por debajo del océano Atlántico; pero si se impone la condición de permanecer pegados a la superficie (o de volar justo por encima de ella), ¿cuál sería la mejor aproximación a una «línea recta»? La respuesta es muy sencilla: como se dice generalmente, el camino más corto de un punto a otro es la línea recta. Este principio (que resulta ser de sentido común) es el que vamos a aplicar a nuestro espacio curvo: vamos a sustituir el concepto de línea recta, que ha perdido su significado, por el concepto, aún válido, de camino más corto, que siempre podemos definir. En el caso de la Tierra es algo realmente muy fácil de llevar a la práctica. Para determinar el camino más corto de París a Nueva York clavamos sobre un globo terráqueo un alfiler en cada una de las dos ciudades y estiramos una goma elástica entre los dos alfileres, dejando que se ajuste a la longitud más corta. Tras unos cuantos intentos, nos daremos cuenta rápidamente de que el camino más corto es el correspondiente a la intersección de la superficie terrestre con el plano que pasa por el centro de la Tierra y las dos ciudades. Aparte de algunos ajustes técnicos, se trata de la ruta más rápida y económica que puede seguir un avión. Por supuesto, si visualizamos las cosas en

un mapamundi, el trayecto resultará sorprendente: para ir
de París a Nueva York, que está más al sur, la trayectoria
más corta lleva al avión globalmente hacia el oeste, pero
también ligeramente hacia el norte después de despegar,
pasando por encima del extremo sur de Irlanda para, después de cruzar el Atlántico, tocar el continente americano
del lado de Terranova, más al norte que París. Sobre el mapamundi no es el camino más corto. Para un viaje de París
a Tokio, el efecto es aún mayor: aunque Tokio está situado
más al sur que Nueva York, a la capital japonesa se llega
más rápidamente si se pasa al norte del círculo polar, por
encima de Rusia. Estas trayectorias, que resultan descon-
certantes sobre un mapamundi (porque es una representación plana y por tanto deformada de la forma curvada de
nuestro planeta), se imponen como evidentes si utilizamos
un globo terráqueo: se denominan, de manera bastante lógica, «geodésicas», palabra derivada del griego *geodaisia*,
que significa «división de la tierra».

Encontrar el camino más corto entre dos puntos de una
esfera es relativamente fácil porque la curvatura de la esfera es la misma en todas partes. Pero en una superficie más
irregular la tarea es un poco más complicada. Por ejemplo,
el camino más corto entre dos puntos de un balón de rugby
no viene dado por la intersección de la superficie del balón
con el plano que pasa por los dos puntos y por el centro del
balón[1]; se trata de un problema que ya fue abordado, al
menos desde la primera mitad del siglo XVIII, por uno de

1. El autor declina toda responsabilidad por los balones de rugby que los
lectores o lectoras dañen, pinchen o rasguen en el intento de verificar este
punto.

los más grandes matemáticos de la época, Leonhard Euler (1707-1783), y que posteriormente ocupó a varios de los grandes nombres de las matemáticas del siglo XIX. Einstein se encontraba por tanto en terreno relativamente conocido, y la fórmula matemática para calcular el camino más corto entre dos puntos, cualquiera que sea la forma de la superficie sobre la que estén situados, era conocida, al menos en la mayoría de los casos. Pero quedaba el otro problema: ¿cómo determinar la forma en que la materia deforma el espacio? Y para empezar, ¿cuáles son las magnitudes que, en concreto, determinan la «forma» de un espacio curvo? Si consideramos una esfera, solo interviene una: su radio. Pero en cuanto la superficie es más complicada (un balón de rugby, por ejemplo), necesitamos más de un número, porque desde un punto dado la curvatura de la superficie no es la misma en todas las direcciones. Además, concebir una esfera es fácil: es una superficie curva que, en la práctica, visualizamos en el espacio tridimensional en el que vivimos. Pero si la intuición de Einstein es correcta, es nuestro propio espacio tridimensional lo que se deforma, no solo la superficie de nuestros globos, que son bidimensionales. Y en realidad la cosa es aún peor: justo antes de su inmortal $E = mc^2$ Einstein demostró que el espacio por sí solo no es una entidad independiente, sino que forma parte de esa estructura mayor que es el espacio-tiempo. Así que también el tiempo debe experimentar los efectos de la deformación provocada por la materia. Con todo, Einstein no tarda en comprender algunos aspectos de esta deformación del tiempo, entre ellos uno: el tiempo discurre más despacio en las proximidades de los objetos masivos. Si vives en el sótano de tu casa, envejecerás un poco más despacio que en el ático, porque estás un poco más cerca del centro de la Tierra. Pero no esperes igualar los 122 años vividos por Jeanne Calment, la decana de la humanidad: dos personas, una viviendo en el sótano de un bloque de pisos y otra en la quinta planta, veinte metros más arriba, verían que sus relojes difieren en bastante menos de una millonésima de segundo al cabo de un año. Por ínfimo que sea este efecto en la superficie del planeta, recordémoslo bien, porque lo vamos a necesitar dentro de algunos capítulos. Hasta ahí en lo que concierne al tiempo. Pero para el espacio, ¿qué diablos puede significar todo esto? No es difícil de comprender: si bien es un fenómeno corriente (la caída de los cuerpos) lo que dio a Einstein la intuición de la naturaleza geométrica de la gravitación, esa intuición se volvía rápidamente inoperante para describir todo ello en detalle. Solo el formalismo matemático podía ser de alguna ayuda. Y ese formalismo Einstein no lo conoce.

Por primera vez en su vida de científico va a recabar Einstein la ayuda de un colega, y también amigo, como lo era Besso. Se trata de Marcel Grossmann (1878-1936). Los dos se conocen desde sus estudios en la ETHZ, donde habían sido compañeros de clase. A diferencia de Einstein, Grossmann es matemático. Es él quien va a guiarle en el aprendizaje de las herramientas geométricas necesarias para describir la gravitación como una deformación del espacio-tiempo. Las herramientas no son nuevas. Ya han sido desbrozadas por el alemán Bernhard Riemann (1826-1866) y el italiano Gregorio Ricci (1853-1925). Pero la tarea es ardua, y Einstein tiene que hacer frente a otros problemas, en este caso personales. Atraviesa un periodo complicado de su vida, marcado por el divorcio de su esposa Mileva

Marić (1875-1948), a quien también conoció en la ETHZ, y por la separación de sus hijos, que quedan con su madre. Por todo ello, el avance de los dos hombres es lento. Finalmente, en 1914, Einstein firma junto con Grossmann un artículo en el que desvela las primicias de lo que será su nueva teoría, a la que califica de *Entwurf*, o «esbozo». No todo está finalizado, pero los conceptos geométricos que van a ser necesarios están identificados. A partir de ese momento, el éxito es solo cuestión de tiempo. Sin embargo, debido a su (relativa) falta de dominio de las herramientas matemáticas que necesita, Einstein alberga aún algunas dudas y siente la necesidad de convencer a otro colega de la solidez de su planteamiento. Esta vez no será un amigo, sino el mayor matemático de su época, David Hilbert (1862-1943). A lo largo de 1915 los dos discuten las ideas de Einstein. En junio y julio de ese año, Hilbert invita a Einstein a Gotinga, donde trabaja, para hablar de su teoría, aún incompleta. Para Einstein es el momento de la verdad intelectual: tiene que convencer a Hilbert. Y lo convencerá, incluso más allá de lo que esperaba Einstein. «Estoy realmente encantado con Hilbert», dirá en resumen a un amigo. Y el encanto es recíproco, hasta el punto de que Hilbert se muestra interesado en trabajar en el *Entwurf* de Einstein. El anuncio le perturba en alto grado: Hilbert, más cómodo que él en el uso de las herramientas matemáticas, ¿no amenaza con adelantársele?

De encantado, Einstein pasa a estar ansioso, incluso preocupado, sobre todo porque hay otro plazo que se le echa encima a pasos agigantados: quizá por exceso de optimismo, ha anunciado que desvelaría su teoría en el transcurso de cuatro conferencias impartidas todos los jueves de noviembre en la Academia Prusiana. Siguen entonces semanas de durísimo y angustioso trabajo, perturbadas por sus problemas personales. A medida que profundiza en el *Entwurf*, descubre fallos que no había advertido hasta entonces, hasta el punto de que, al llegar la primera conferencia de noviembre, simple y llanamente no ha completado todavía las etapas finales. Gana un poco de tiempo en esta primera disertación hablando del camino que le había llevado a dirigir su investigación hacia esa interpretación geométrica de las leyes de la gravitación, pero admite que a esas alturas todavía no ha encontrado la forma final de las ecuaciones. En ese mes de noviembre, Einstein mantiene una importante correspondencia con Hilbert. En una de las cartas, en la que pregunta por el progreso del trabajo de su colega, Einstein se esfuerza por ocultar su preocupación de que Hilbert se le estuviera adelantando. «La curiosidad me dificulta el trabajo», le confiesa. Se esfuerza por averiguar hasta dónde ha llegado su colega. Y prefiere anunciar a Hilbert que ha descubierto errores en su *Entwurf* antes que esperar a que este le diga que los ha descubierto él: le vale todo cuanto pueda ser prueba de la anterioridad de sus reflexiones, aunque sea admitiendo errores. Y en una carta a Hilbert la mañana de su tercera conferencia, Einstein señala: «El sistema que usted propone está completamente de acuerdo —hasta donde yo puedo juzgar— con lo que he descubierto en estas últimas semanas». Estas tres últimas palabras no son baladíes. «Estas *últimas* semanas» es una forma de decir que ya lo sabía, que lo había descubierto antes de que Hilbert le escribiera...

En realidad no hay tanta razón para preocuparse. Hilbert no pretende disputar a Einstein la anterioridad de nada. Sabe muy bien que sin Einstein no estaría donde estaba. Pero cualquier investigador preferirá siempre explorar él mismo las ideas comunicadas por sus colegas que no esperar de brazos cruzados a que estos le informen del progreso de sus reflexiones. Así que sería un error decir que no hubo una carrera desenfrenada entre los dos. De hecho, fue Hilbert el primero en enviar a una revista científica las ecuaciones correctas derivadas del *Entwurf* ya corregido (en este terreno, la anterioridad se concede por la fecha en que la revista recibe el manuscrito, no por la de su publicación). Pero no las envía sino después de que el propio Einstein las encontrara él mismo —sin que se sepa cuándo exactamente las había encontrado Hilbert— y, sobre todo, después de que Einstein hubiera comparecido ante el juez de paz astronómico de su teoría: la anomalía del movimiento de Mercurio.

Si las leyes de Newton son inexactas, como lo presiente Einstein, ello significa que no describen con exactitud el movimiento de los cuerpos sometidos únicamente a los fenómenos gravitatorios. Pero desde 1687 y la publicación de las ecuaciones de la gravitación universal por Isaac Newton, dichas leyes lo describían perfectamente, o *casi* perfectamente. En la década de 1840, dos astrónomos, el francés Urbain Joseph Le Verrier (1811-1877) y el inglés John Couch Adams (1819-1892), habían estudiado una anomalía en el movimiento de Urano, el planeta descubierto sesenta años antes por William Herschel (¿no dije que volveríamos a hablar de esto?). «[...] Cada día Urano se desvía más y más de la trayectoria trazada para él en las Efemérides. Esta discordancia preocupa vivamente a los astrónomos, que no están acostumbrados a semejantes errores y desencantos», explicaba Le Verrier en 1845 con el elegante estilo de los científicos de la época. Tanto él como Adams habían llegado al convencimiento de que esta anomalía podía explicarse mediante la existencia de un octavo planeta, aún más alejado que Urano, que perturbaba el movimiento. Mientras que el movimiento de un planeta aislado alrededor de una estrella es fácil de describir en la teoría de Newton, la presencia de otros planetas perturba ligera pero sutilmente sus respectivos movimientos. Las trayectorias siguen siendo muy parecidas a las que tendrían en ausencia de sus compañeros, pero no son exactamente idénticas. El efecto era conocido y ya había sido observado para los demás planetas del sistema solar, por lo que el hecho de que Urano no se moviese como se esperaba podría acabar encontrando una explicación del mismo tipo. Y así fue precisamente como, en una noche de observación en 1846, el astrónomo alemán Johann Gottfried Galle (1812-1910) descubrió Neptuno, casi exactamente en la posición en la que Le Verrier había indicado que estaría: «El planeta cuya posición habéis señalado *existe realmente*», le anunció [incluido el subrayado]. «El mismo día en que recibí su Carta encontré una estrella de octava magnitud que no estaba inscrita en la excelente carta Hora XXI (diseñada por el Dr. Bremiker), de la colección de cartas celestes publicadas por la Real Academia de Berlín. La observación al día siguiente determinó que se trataba del planeta buscado». Este notable éxito fue resumido por el astrónomo francés François Arago (1786-1853) con una elegante frase: «El Sr. Le Verrier ha descubierto el nuevo astro sin necesidad de lanzar una sola mirada al cielo; lo ha visto *con la punta de su pluma*». Animado por este inmenso éxito, Le Verrier abordó otro problema, bastante más difícil, como era el estudio del movimiento de Mercurio, que también era intrigante. Antes que intrigante, el planeta es sobre todo difícil de estudiar, porque, visto desde la Tierra, está siempre cerca del Sol, por lo que su posición es difícil de determinar con precisión. A pesar de todo, Le Verrier lo consiguió, no sin esfuerzo, en 1845: «Ningún planeta ha exigido de los astrónomos más cuidados y desvelos que Mercurio, ni les ha deparado a cambio tantas contrariedades», escribió con igual elocuencia en la introducción del libro que publicó sobre el particular. Pero los esfuerzos no son estériles: comparando los datos recogidos sobre este movimiento con los predichos por las leyes de Newton teniendo en cuenta la influencia de los demás planetas, Le Verrier sospechó en 1845 y luego confirmó en 1849 una ínfima anomalía. Ínfima, sí, pero indiscutible, como él mismo explica: «Las incertidumbres de nuestras Tablas astronómicas merecen toda nuestra atención. Sin duda son poco considerables [...] pero, por otra parte, existen en todas partes, y su pequeñez no nos obliga a ignorarlas». E insiste poco después: «Toda discrepancia denota una causa desconocida y puede convertirse en la fuente de un descubrimiento». Pues bien, dado que las anomalías en el movimiento de Urano habían quedado explicadas por la presencia de Neptuno, en este caso podría tratarse también simplemente de un rastro de la influencia de un nuevo planeta que podría descubrir otra vez «con la punta de su pluma». En 1859, tras diez años de trabajo calificado de «hercúleo» por sus contemporáneos, Le Verrier determinó las características del nuevo planeta. Menos masivo y por tanto más pequeño que Mercurio, estaría situado aún más cerca del Sol y sería por consiguiente prácticamente indetectable. Nada sorprendente, pues, que no hubiera sido visto hasta entonces. Sin embargo, lo más probable es que estuviera allí. Pero en ciencia la historia rara vez se repite. Por precipitación o por orgullo, Le Verrier llegó incluso a dar un nombre al planeta aún no encontrado: Vulcano. Nada que ver con el planeta del famoso señor Spock de *Star Trek*[2]: el nombre hace referencia al dios romano de las forjas, un nombre apropiado para un planeta tan cercano al Sol, en cuya superficie debe de reinar un calor infernal durante el día. Desde la Tierra, Vulcano, al igual que Mercurio, debe ponerse justo después del Sol o salir justo antes que él, haciendo casi imposible su observación, porque para verlo había que hacerlo... a plena luz del día. Dos posibilidades: aprovechar que Vulcano pasase por delante del disco solar, o esperar a que se produjese un eclipse de Sol. La primera opción se basa en el hecho de que cuando un planeta gira alrededor del Sol a una distancia menor que la Tierra, es posible que pase exactamente entre esta y el Sol. En ese momento veremos una pequeña mancha oscura en el disco solar, correspondiente a la silueta del planeta en cuestión. Estos tránsitos, que es como se llaman, son poco frecuentes: siete u ocho por siglo en el caso de Mercurio y menos de dos por siglo en el de Venus. La segunda posibilidad es más sencilla: durante un eclipse solar la Luna oculta el disco solar. Se hace de noche en pleno día y es fácil ver las inmediaciones del Sol, con lo cual sería posible ver un planeta que pudiera haber

---

2. Me crean o no, tendré ocasión de volver a hablar, por razones completamente serias, del Vulcano del Sr. Spock, o más bien de la estrella alrededor de la cual orbita, llamada 40 Eridani.

allí, sin quedar deslumbrados por la luz del amanecer o del atardecer. Durante unos quince años, Le Verrier animó a los astrónomos, tanto profesionales como aficionados, a buscar «su» nuevo planeta, pero aparte de uno o dos anuncios nunca confirmados, todo el mundo se fue de vacío, y a su muerte en 1877 la gente fue perdiendo poco a poco interés por este hipotético planeta que no quería dejarse ver. Sin embargo, nadie puso en duda los cálculos de Le Verrier. Al contrario, fueron refinados por otros astrónomos, en particular el norteamericano Simon Newcomb (1835-1909). La anomalía estaba ahí, inexplicable, pero no era percibida (o no era percibida ya) como algo importante.

En 1915 Einstein no comparte evidentemente esa opinión. Convencido de que la teoría de Newton no podía ser perfectamente exacta —ya que contradecía la imposibilidad de una acción instantánea a distancia—, alberga grandes esperanzas de que su teoría acabe por explicar la anomalía. En su *Entwurf* hace varios intentos de calcular la modificación de la trayectoria de Mercurio (y de todos los planetas). Es bastante claro que las modificaciones —si las hubiera— tendrán que ser mayores para los objetos inmersos en campos gravitatorios intensos, es decir, en el caso del sistema solar para los objetos cercanos al Sol; buena razón para considerar esta anomalía, presente solo en el caso de Mercurio. En algún momento alrededor del 15 de noviembre de 1915 Einstein comprende por fin cómo corregir su *Entwurf*. Calcula inmediatamente cómo hay que corregir el movimiento de Mercurio... y encuentra un resultado exactamente conforme con esa anomalía, conocida desde hacía más de medio siglo y poco a poco ignorada. Una equivocación, porque acaba de contribuir ni más ni menos que a revelar una nueva ley fundamental de la naturaleza. Einstein siente en ese instante lo que luego llamaría «la mayor emoción de su vida», afirmación de peso viniendo de tan gran descubridor. El asunto está concluido; puede anunciar a la Academia Prusiana las fórmulas exactas que describen la gravitación.

11. *Experimentum crucis*

La finalidad de la ciencia es objetivar el mundo que nos rodea. En el nivel más fundamental, las teorías científicas deben por tanto explicar la causa de los fenómenos accesibles a nuestros sentidos o a nuestros instrumentos. Pero los científicos son exigentes, y no basta con explicar los fenómenos que ya se conocen. Para que una nueva teoría sea plenamente aceptada debe *predecir* la existencia de fenómenos que aún no han sido observados, sea porque no había forma de hacerlo o simplemente porque no se pensaba que tuvieran interés. Si acaban por observarse, ello servirá para establecer definitivamente la teoría. En caso contrario, la teoría quedará relegada a las mazmorras de la historia. Es el momento de la verdad, del *experimentum crucis*, como gustaban llamarlo los eruditos ingleses del siglo XVII, con ese lado solemne de las locuciones latinas que conviene a la importancia del momento.

Todas las grandes teorías científicas han necesitado su *experimentum crucis* para pasar a la posteridad, aunque antes fuesen ya notablemente eficaces a la hora de explicar la realidad. En el caso de la teoría de Newton, que explicaba tan bien los movimientos de los planetas, había que contrastarla con otros viajeros del sistema solar, concretamente con los cometas, por entonces los únicos miembros conocidos de nuestra vecindad aparte de los planetas. La prueba decisiva se haría con el más conocido de ellos. Los cometas son pequeños cuerpos formados por rocas, hielo y diversos gases. Se forman lejos del Sol, donde la temperatura es muy baja. Allí el agua, al igual que el monóxido y el dióxido de carbono, se encuentran en estado sólido. El cometa puede pasar miles de millones de años muy lejos del Sol, orbitando lentamente alrededor de él pero sin acercarse nunca. Sin embargo, por obra de la mecánica celeste, la velocidad de algunos cometas puede verse ligeramente alterada estando lejos del Sol, haciendo que se precipiten literalmente hacia este y pasen rozándole muy cerca antes de marcharse por donde vinieron. La nueva trayectoria hace que viajen alternativamente muy cerca y muy lejos del Sol. Cuando están cerca de él, el agua que contienen se calienta y, en el vacío espacial, pasa directamente al estado gaseoso y escapa del cometa. Las moléculas de agua que se alejan lentamente del cometa son sopladas y empujadas por los rayos solares para formar la magnífica cola tan característica y sobre todo tan brillante de estos astros. Por tanto, los cometas solo son visibles en la pequeña parte de su trayectoria en la que están lo suficientemente cerca del Sol como para que el agua se vaporice. Esto explica la rareza del fenómeno.

Tras la publicación de la teoría de su ilustre colega, un astrónomo inglés, Edmund Halley (1656-1742), se interesa por un cometa que él mismo había observado en 1682. A partir de las observaciones de la trayectoria del cometa en la bóveda celeste, Halley determina que su movimiento es compatible con el de un objeto sujeto a las mismas leyes de gravitación establecidas por Newton. Esto le permite calcular el periodo del cometa: 76 años. De ahí deduce que este mismo cometa tuvo que pasar cerca del Sol en 1531 y 1607, fechas que resultan corresponder a años en los que diversas crónicas mencionan el paso de un cometa. En particular, uno visto en 1607 fue descrito con sumo cuidado por Johannes Kepler (1571-1630), uno de los fundadores del modelo heliocéntrico y muy buen observador, por lo que a Halley no le cabe la menor duda de que se trata del mismo cometa cuya trayectoria acaba de calcular. Pero como la prueba definitiva es predecir y no explicar *a posteriori*, Halley indica que este mismo cometa debería volver de nuevo a finales de 1758 o principios de 1759 y empezar a ser observable en la constelación de Tauro. Sus predicciones son poco a poco refinadas por los astrónomos, en particular franceses, que advierten que la trayectoria del cometa va a verse alterada de forma sutil pero compleja por la presencia de los planetas del sistema solar, principalmente Júpiter. Esto explica por qué el intervalo entre sus pasos de 1531 y 1607 fue ligeramente más largo que el de 1607 y 1682. Y esta complicación es particularmente interesante: a la hora de predecir con exactitud el retorno de 1758-1759, tener convenientemente en cuenta los efectos de esa complicación será una prueba tanto más fina de la teoría de Newton. Entre los astrónomos de mediados del siglo XVIII se inicia entonces una carrera para ser los primeros en (re)descubrir el cometa. A finales de 1758, el francés Charles

Messier (1730-1817) piensa haber ganado al observar una pequeña nebulosidad cerca del lugar de marras, pero poco después tiene que retractarse: la nebulosidad debería haberse desplazado lentamente por la bóveda celeste si hubiera sido el cometa, pero no es así. Messier tiene que aceptar que ha descubierto otro objeto sin relación alguna con el cometa... pero decide que sería útil catalogar estas nebulosidades de forma más sistemática para que otros astrónomos no las confundan con cometas. Fue así como nació el catálogo Messier, que incluye más de un centenar de objetos relativamente fáciles de observar incluso con instrumentos modestos, por lo que suelen ser bien conocidos entre los astrónomos aficionados. Algunos de estos objetos desempeñarán un papel importante en las historias que siguen, sobre todo M1, el primer objeto del catálogo, que no es otro que el que Messier confundió con el cometa Halley. Pero ahora no es eso lo que nos importa. Messier no ha conseguido encontrar el cometa Halley, pero poco después es el aficionado alemán Johann Georg Palitzsch (1723-1788) quien gana la carrera al observarlo el día de Navidad de 1758, para gran disgusto de los astrónomos franceses —gravemente perjudicados por una meteorología caprichosa—, con Charles Messier copando por así decir el segundo puesto al descubrirlo de forma independiente cuatro semanas más tarde. Pero más allá de la competición, un poco vana dado que el cometa sería fácilmente visible durante muchas semanas en la primavera de 1759, lo importante es por supuesto el notable logro intelectual de haber predicho correctamente la trayectoria del cometa a su regreso. Uno de los protagonistas, Alexis Clairaut (1713-1765), no se equivocará al afirmar: «El regreso del Cometa de 1682 en el tiempo prescrito por la teoría Newtoniana es uno de esos acontecimientos que esparcen luz sobre la Física y que hacen época en esta Ciencia».

En lo que concierne al electromagnetismo, el *experimentum crucis* tuvo que ver por supuesto con las ondas electromagnéticas: había que poder producirlas con ayuda de componentes eléctricos y demostrar que se propagaban a la velocidad de la luz. Heinrich Hertz fue el primero en lograrlo, en 1887, en el rango de lo que hoy se conoce como ondas de radio de alta frecuencia. Poco más de diez años después, el italiano Guglielmo Marconi (1874-1937) hizo lo propio, pero allí donde el radiotransmisor y el receptor de Hertz estaban solo a unos pocos metros de distancia, Marconi desarrolló instrumentos más potentes y más sensibles que permitían transmitir y recibir ondas de radio a kilómetros de distancia; más tarde, en 1899, desde ambos lados del Canal de la Mancha; desde Córcega al continente en 1901, y en diciembre del mismo año desde ambos lados del Atlántico: habían nacido las comunicaciones por radio a larga distancia, al tiempo que quedaba confirmada de forma notable la teoría de Maxwell.

Pero tanto en el caso de la gravitación newtoniana como en el del electromagnetismo, las confirmaciones tuvieron lugar a título póstumo: cuando regresó el cometa que llevaría su nombre, Edmund Halley llevaba muerto dieciséis años e Isaac Newton treinta y uno. Y cuando Hertz produjo las primeras ondas de radio, Maxwell llevaba muerto siete años, lo que tiñe estos dos *experimentum crucis* de una ligera amargura: los autores de las predicciones decisivas habían muerto sin poseer la certeza absoluta de tener razón, aun cuando ello iba en el sentido de la historia. Uno de los muchos encantos de la relatividad general es que también ella tuvo su *experimentum crucis*, pero esta vez con una unidad de tiempo y de personas que no tiene parangón en la historia de la física, todo ello gracias a una serie de felices coincidencias que constituyen a veces la belleza de la ciencia.

La historia comienza incluso antes de que Einstein consiga finalizar las ecuaciones de su nueva teoría. Hacia 1911 comprende que la luz debe ser sensible a las deformaciones del espacio, y ello por una razón muy sencilla. Para Newton, los objetos se atraen porque tienen masa. Pero, como ha demostrado Einstein unos años antes, tenemos la inevitable ecuación $E = mc^2$ que nos dice que la masa es un componente de la energía, por lo que probablemente no sean las masas las que se atraen entre sí, sino las energías, lo cual se aplica a los objetos con masa... y a los que no la tienen. Fotón o átomo, todo va a verse influido en su trayectoria por cualquier campo gravitatorio. Por tanto, la luz debe desviarse en su trayectoria al pasar cerca de un astro, y el efecto será tanto mayor cuanto más cerca pase y cuanto más masivo sea el astro. En ese aspecto, si nos limitamos al sistema solar, el efecto será máximo en las proximidades del Sol. Ahora bien, cuando un rayo de luz es desviado en su trayectoria y después incide en nuestra retina, no sabemos que ha experimentado efectivamente una desviación, por lo que damos al fenómeno una interpretación diferente: para nosotros, el rayo de luz no ha sido desviado y procede de la dirección opuesta a la que toma después de la desviación. Es decir, Einstein comprende que este fenómeno de la desviación de la luz va a traducirse en que los objetos cuya luz se ha desviado no se verán en el lugar en el que en realidad se encuentran, exactamente igual que ocurre en el caso de la refracción atmosférica, donde la luz se desvía muy ligeramente al atravesar capas de aire más o menos densas, fenómeno que produce los espejismos.

Sobre el papel, nada más sencillo que verificar este fenómeno de la desviación de la luz. Elegimos una zona rica en estrellas situada en la trayectoria seguida por el Sol a lo largo del año, hacemos una fotografía de esa zona, luego esperamos al momento del año en que el Sol llega a esa zona y hacemos otra fotografía. Como la desviación es tanto más pronunciada cuanto más cerca del Sol pasan los rayos luminosos provenientes de las estrellas, el campo de estrellas elegido aparecerá distorsionado siguiendo un patrón preciso. Asunto terminado, fin de la historia. Pero la cosa no es tan sencilla. En primer lugar, el efecto es pequeño, muy pequeño: la diferencia entre la posición real y la posición aparente de las estrellas es miles de veces menor que el tamaño aparente del Sol. Y, por supuesto, si el Sol está en la fotografía quiere decir que es de día, y todo el mundo sabe que las estrellas no son visibles a plena luz del día. Por una razón muy sencilla: la atmósfera de la Tierra dispersa la luz del Sol, por lo que el fondo del cielo diurno es muy brillante y ahoga irremediablemente el pálido resplandor de las estrellas lejanas. Irremediablemente... a menos que algo intercepte la luz solar *antes* de que sea dispersada por la atmósfera. Tal fenómeno puede producirse de forma perfectamente natural y es conocido desde la noche de los tiempos: es un eclipse solar, es decir, el momento en que, en virtud de la mecánica celeste, la Luna se interpone exactamente entre la Tierra y el Sol. Si uno tiene la suerte de presenciar ese fenómeno verá que en poco más de una hora

el disco solar es devorado gradualmente por nuestro satélite convirtiéndose en una sorprendente media luna solar
que se hace cada vez más delgada hasta el momento de
la totalidad, cuando desaparece por completo. Cuando la
Luna termina de ocultar el Sol, la luminosidad disminuye
muy bruscamente y se hace de noche en pleno día. En esta
atmósfera casi irreal (aunque, por supuesto, totalmente natural), los planetas y las estrellas se iluminan fugazmente
durante el breve instante en que la Luna oculta por completo el disco solar —unos minutos en el mejor de los casos—, tras lo cual el astro rey emerge gradualmente de la silueta de la Luna y vuelve por sus fueros.

Para contrastar la relatividad general basta por tanto con
observar una región del cielo durante un eclipse y la misma
región unos meses más tarde, de noche, cuando el Sol ya
no está presente. Pero el asunto es especialmente complicado, porque aunque los eclipses no son de suyo raros —suele
haber uno y a veces hasta tres al año—, no todos son aprovechables. En efecto, la distancia entre la Tierra y el Sol varía en algunos puntos porcentuales a lo largo del año, y la
distancia entre la Tierra y la Luna en un 10 % durante una
lunación. Por eso, incluso cuando la alineación es perfecta,
la mitad de las veces el disco lunar es demasiado pequeño
para ocultar completamente el disco solar. E incluso cuando lo oculta por completo, solo una ínfima parte de la Tierra puede beneficiarse del eclipse: la zona barrida por la
sombra de la Luna en algunas horas es una estrecha franja
de varios miles de kilómetros de largo pero de solo unas
pocas decenas de kilómetros de ancho. De ahí que los
eclipses en un lugar dado sean un fenómeno raro, muy
raro: uno cada 300 años aproximadamente. Tomemos el

ejemplo de París. Los lectores de más de veinte años recordarán quizás el eclipse total que atravesó el norte de Francia el 11 de agosto de 1999 a lo largo de una línea que iba de Fécamp, en Normandía, a Haguenau, en Alsacia. El eclipse fue casi total en París, pero no del todo: el Sol quedó oculto en un 99 %, lo suficiente para que fuese casi de noche, pero no lo bastante para ver las estrellas. Para encontrar la traza de un eclipse total en la Ciudad de la Luz (pese a la *contradictio in terminis* en este caso), hay que remontarse mucho más atrás, al 22 de mayo de 1724. El eclipse también fue total cerca de Versalles, y el joven Luis XV (que entonces tenía 14 años) lo presenció desde los jardines del castillo y quedó, según se dice, muy impresionado. En cuanto al próximo eclipse visible desde París, pocos de los que leemos estas líneas viviremos para verlo: será el 3 de septiembre de 2081. Y como esta vez la mecánica celeste es benévola con los parisinos, no habrá que esperar diez años más para el siguiente: tendrá lugar el 23 de septiembre de 2090. Si el lector no quiere esperar tanto —o si, con toda probabilidad, su edad no le permite concebir muchas esperanzas de vivir hasta entonces—, no debe impacientarse: dentro de unos años habrá dos eclipses visibles a tiro de piedra de nosotros, en España. El primero tendrá lugar poco antes de la puesta de sol del 12 de agosto de 2026, y si el lector no está disponible ese día (o si el tiempo le juega una mala pasada), tendrá una segunda oportunidad menos de un año después, el 2 de agosto de 2027, en el extremo sur del país. De poder elegir, óptese por el segundo: durará mucho más tiempo.

Pero volvamos a 1911. Albert Einstein está lejos de haber finalizado su teoría, pero ha comprendido que la luz de las estrellas debe ser desviada por el Sol y cree saber en cuánto. En los años siguientes no hay ningún eclipse que sea visible desde Alemania, pero sí habrá uno dentro de unos años en Europa, y además en verano, cuando la probabilidad de que haga buen tiempo es mayor. Porque está claro que observar un eclipse en buenas condiciones solo es posible con una meteorología favorable. Muchos de los observadores del eclipse de 1999 guardan un recuerdo teñido de decepción, porque ese día estuvo el cielo en su mayor parte nublado en el norte de Francia. En ese mismo año de 1911, un grupo de astrónomos ingleses se propone comprobar el efecto de la desviación de la luz durante un eclipse total que iba a tener lugar en Brasil al año siguiente, pero llegado el momento hace mal tiempo y los astrónomos se van con las manos vacías. Son los primeros, pero no los últimos... Ese mismo año, un grupo de alemanes se organiza en torno a Erwin Finlay-Freundlich (1885-1964) para observar otro eclipse que tendría lugar unos años más tarde en un país vecino. Cuando llegan, todo parece presentarse de la mejor manera, pero no será así: la fecha del eclipse es el 21 de agosto de 1914 y el país vecino es Rusia. Tres semanas antes del eclipse, Alemania y Rusia entran en guerra, y de la noche a la mañana los científicos alemanes se encuentran convertidos en extranjeros en territorio enemigo. Inmediatamente se les hace prisioneros y sus equipos son confiscados y enviados al observatorio de San Petersburgo, que no los devolvió hasta años después del final de la guerra. Los miembros de una expedición norteamericana instalada no lejos de allí no sufrirán la injusticia del conflicto, siendo su país neutral en aquel momento, pero tampoco pueden realizar observaciones por culpa de las condiciones meteorológicas, y además su equipo acaba siendo confiscado.

Desde el punto de vista puramente científico, el fracaso de los intentos de observación de los eclipses de 1912 y 1914 es en retrospectiva algo muy bueno, porque en ese momento Einstein aún no ha finalizado su teoría, y aunque ha predicho correctamente que la luz de las estrellas lejanas debe ser desviada por el Sol, no ha calculado correctamente en qué cuantía. Las observaciones realizadas en 1912 o 1914 habrían invalidado las predicciones por entonces incorrectas de Einstein. Aunque este hubiera corregido poco después sus errores, podría habérsele reprochado el haber retocado la teoría para dar cuenta de esas observaciones, en lugar de predecir el efecto antes de realizar ninguna observación. Por tanto, no habría habido *experimentum crucis*. En 1915 no hay eclipse total y en 1916 solo hay uno pero que no reúne condiciones de observación favorables, con muy pocas zonas terrestres atravesadas por la banda de totalidad, que solo toca tierra al norte de Colombia y Venezuela, poco accesibles desde una Europa en guerra o incluso desde Estados Unidos. Tampoco hay eclipse en 1917, pero 1918 ofrece uno que *a priori* es bastante favorable, porque esta vez la banda de totalidad cruza todos los Estados Unidos a lo largo de un eje noroeste-sureste, desde Oregón hasta Florida. Con los europeos atrapados por la guerra, esta vez son los científicos estadounidenses quienes ven la oportunidad de contrastar la teoría de Einstein y consiguen una financiación de 3500 dólares del Congreso de los Estados Unidos, una bonita cantidad para aquella época. Como la sombra del eclipse se desplaza de oeste a este, el desfase horario hace que la hora del eclipse sea tanto más tardía cuanto más se desplaza la sombra. Cuando esta abandona el Pacífico para sobrevolar el continente norteamericano es ya la tarde, y cuando el eclipse llega a Florida es ya el ocaso, con el Sol muy bajo sobre el horizonte, lo que dificulta e incluso imposibilita las observaciones (enseguida veremos por qué). Las mejores condiciones *a priori* para la observación se encuentran por tanto lo más cerca posible de la costa del Pacífico, en Oregón, y hacia allí se dirigen los astrónomos norteamericanos, cerca de la pequeña ciudad de Baker. Desgraciadamente, el día del eclipse el tiempo es bastante inestable, alternando cielos nublados (la mayor parte del tiempo) con cielos despejados (rara vez). En esas condiciones, la observación del eclipse es un juego de doble o nada: si el tiempo es malo al principio del eclipse, hay muy pocas posibilidades de que mejore durante los dos minutos escasos que dura el fenómeno. Los astrónomos norteamericanos no lo tienen fácil: el tiempo, muy nublado antes del eclipse, parece despejarse milagrosamente al comienzo de este, pero no lo suficiente como para obtener placas fotográficas aprovechables. Después de 1912, 1914 y 1916, este es el cuarto fracaso en otros tantos intentos: cuando las cosas no quieren salir bien... Pero da igual, la historia sigue su curso. Los eclipses son lo bastante frecuentes como para que tarde o temprano llegue el que ofrezca buenas condiciones de observación.

En noviembre de 1918 termina por fin la Gran Guerra. Europa puede empezar a lamerse las heridas y dedicarse a proyectos menos mortíferos. Un astrónomo inglés, Arthur Eddington (1882-1944), quiere ir aún más lejos. Le gustaría que la ciencia contribuyese a la reconciliación de los pueblos, porque además guarda una relación especial con este conflicto. Es miembro de la comunidad cuáquera, un grupo que nació como organización religiosa y cuya virtud cardinal es la no violencia. Eddington tiene solo 34 años en 1916 cuando Gran Bretaña establece el reclutamiento obligatorio para participar en el esfuerzo de la guerra. Como objetor de conciencia, Eddington rehúsa alistarse y evita ir a prisión gracias a la intervención de Frank Dyson (1868-1939), director del observatorio de Greenwich y poseedor del título oficial de Astrónomo Real, distinción ciertamente honorífica pero que le confiere algún poder de influencia, suficiente para brindarle protección. Eddington escapa así de lo peor, pero es fácil imaginar la conmoción que sufrieron sus convicciones durante el mortífero conflicto que afligió a Europa y al mundo entero. Ve así el final de la guerra como una oportunidad para consolidar dichas convicciones. ¿Y qué más simbólico para un científico pacifista que verificar la teoría de otro del bando contrario? Eddington había participado en la expedición británica de 1912. Sabe ya que los eclipses pueden brindar la ocasión de verificar la teoría de Einstein. Sabe también, incluso antes del final de la guerra, que Einstein ha finalizado su teoría, y lo sabe gracias a los intercambios con su colega Willem de Sitter (1872-1934), neerlandés y, como tal, ciudadano de una nación neutral en el conflicto y por tanto en condiciones de mantener correspondencia tanto con científicos ingleses como alemanes. Por su parte, Dyson comprende rápidamente que el siguiente eclipse, previsto para el 29 de mayo de 1919, promete buenas posibilidades de contrastar la teoría de Einstein en condiciones adecuadas. Porque si en principio cualquier eclipse puede servir para ese fin, este en concreto es uno muy particular.

Desde la Antigüedad, los astrónomos saben que los eclipses no se producen al azar, sino que siguen un ciclo denominado saros. La razón de este ciclo no tiene nada que ver con ninguna voluntad divina, sino con la mecánica celeste: la configuración Tierra-Luna-Sol se reproduce de forma casi idéntica cada 6585 días y ocho horas. Esto significa que si hay un eclipse un día, habrá otro 6585 días y ocho horas después. 6585 días son 18 años y 10 u 11 días, dependiendo de si hay cuatro o cinco veintinueves de febrero en ese intervalo[1]. Un cálculo rápido nos dice que si hubo un eclipse el 11 de agosto de 1999, hubo otro 18 años y 10 días después, el 21 de agosto de 2017. Pero como a estos 6585 días hay que añadir ocho horas, la zona de la Tierra donde se sitúa el eclipse se desplaza ocho husos horarios hacia el oeste: la zona de sombra del eclipse no atravesó Europa, sino Estados Unidos, donde fue observado por un número sin precedente de personas. ¿Cuál es la importancia de este ciclo? En una primera aproximación, la Luna describe una trayectoria circular alrededor de la Tierra, pero la realidad es más compleja. La distancia entre la Tierra y la Luna varía aproximadamente un 10 % a lo largo de una lunación. Cuanto más cerca está la Luna de la Tierra, mayor es el área que ocupa su disco en el cielo y mayor será el tiempo durante el cual ocultará al Sol durante un eclipse. Este punto, combinado con el saros, significa que si un eclipse es especialmente largo, el que se produzca un saros más tarde también lo será. Así pues, solo hay uno o dos eclipses realmente largos durante un saros. Y por una feliz coincidencia, el

---

1. A lo que se añade eventualmente un día suplementario si las ocho horas restantes hacen bascular al día siguiente.

más largo de todos está a la vuelta de la esquina: el 29 de mayo de 1919. Así pues, es especialmente apto para contrastar la teoría de Einstein. La brevedad de los eclipses es efectivamente un obstáculo especialmente temible teniendo en cuenta los recursos fotográficos disponibles en aquella época. Cuanto más largo es el eclipse, mayor es el número de placas que pueden hacerse y mayor es el tiempo de exposición, lo que aumenta las posibilidades de obtener imágenes aprovechables que muestren suficientes estrellas para poder detectar su movimiento. Con 6 minutos y 51 segundos, este eclipse es el quinto más largo del siglo XX, solo superado por el del 20 de junio de 1955 (el más largo de todos: 7 min 8 s), el del 8 de junio de 1937 (7 min 4 s), el del 30 de junio de 1973 (también 7 min 4 s) y el del 11 de julio de 1991 (6 min 53 s). Me he tomado la libertad de dar las fechas exactas para poder así comprobar fácilmente que todas están separadas entre sí por uno o más saros: se dice que todas ellas pertenecen a la misma serie[2]. Eddington sabía por tanto que tendría que esperar mucho tiempo antes de encontrar otra configuración tan favorable para contrastar la teoría de Einstein, sobre todo porque la mecánica celeste tiene reservada una última sorpresa, especialmente feliz.

Para comprobar la desviación de la luz por el Sol se necesita el mayor número posible de estrellas situadas detrás de

2. Incluso podemos continuar el juego: dos saros más allá del 11 de julio de 1991 nos llevan al eclipse del 2 de agosto de 2027, que prometí que sería muy largo: forma también parte de la misma serie, al igual que el del 3 de septiembre de 2081, que será visible desde París. De hecho, seis de los nueve eclipses más largos del siglo XXI también forman parte de la misma serie: en muchos casos, la mecánica celeste no deja mucho espacio al azar...

él, pero también en ese aspecto la cosa es menos fácil de lo que parece. Porque más allá de la superficie del Sol se encuentra una región llamada la corona solar. Es muy poco luminosa, hasta el punto de resultar completamente invisible en circunstancias normales, debido a lo deslumbrante del disco solar. Pero durante un eclipse la ausencia del disco permite observarla, dando al disco completamente oscurecido un halo fantasmal y confiriendo a todo el fenómeno una belleza única, sorprendente e impresionante. Pero consideraciones estéticas aparte, lo importante es que la corona solar es lo bastante luminosa como para dificultar la observación de las estrellas situadas detrás, por lo cual es importante que algunas de ellas sean suficientemente brillantes. Pues bien, esta vez va a haber una concentración significativa de estrellas muy brillantes detrás del Sol: el cúmulo de las Híades.

En nuestra galaxia, las estrellas nacen en grupo y dentro de zonas relativamente pequeñas que contienen grandes cantidades de gas, llamadas nubes moleculares gigantes. Estas nubes, que tienen varias decenas de años luz de diámetro, contienen masa suficiente para formar decenas o incluso centenares de estrellas. Cuando se dan las condiciones adecuadas para la formación estelar, los nacimientos se producen de manera casi simultánea (a escala cósmica, es decir, en el plazo de unos pocos millones de años). Una vez nacidas las estrellas, las más masivas, que son también las más brillantes, expulsan el gas que aún no se ha condensado en forma de estrellas, dejando visible un grupo de ellas muy juntas en el cielo (vistas en proyección). El cúmulo de las Pléyades (o M45 en el catálogo de Charles Messier) es el más conocido de ellos. Está formado por seis o siete estrellas lo suficientemente brillantes como para ser visibles a simple vista incluso en condiciones regulares de observación, y los observadores más experimentados pueden distinguir más de quince. Con un telescopio se pueden ver cientos de estrellas más. Como resultado de las interacciones gravitatorias entre las estrellas, estas acaban alejándose unas de otras. Lo que determina por tanto la extensión de estos cúmulos estelares es su edad. Las Pléyades son un cúmulo relativamente joven (poco más de cien millones de años), por lo que las estrellas están todavía muy juntas. Las Híades proceden de un cúmulo cinco veces más antiguo y, por tanto, están mucho más espaciadas en el cielo, lo que supone una ventaja para el eclipse de 1919, porque en la práctica para medir la desviación de la luz es necesario observar que la distancia que separa a las estrellas cuya luz ha sido más o menos desviada no es la misma que cuando el Sol no está presente. Con un cúmulo tan extenso como las Híades, la cosa es más fácil que si el eclipse se hubiera producido delante de las Pléyades, que están más apretadas. Así pues, con vistas a contrastar la teoría de Einstein este eclipse no es un eclipse como los demás. Es «el eclipse», el ideal, incluso el perfecto, que el azar de la mecánica celeste ofreció a los astrónomos justo al término de la guerra.

Lo único que falta es organizar la observación del fenómeno. Esta vez el cono de sombra de la Luna comenzará a interceptar la Tierra en el Pacífico oriental, no lejos de la costa de Ecuador. A continuación atravesará América del Sur hasta el noreste de Brasil, luego pasará por el océano Atlántico antes de llegar a África, cerca de Gabón, y finalmente cruzará el continente africano hasta Mozambique. Cuanto más alto está el Sol en el cielo, mejores son las condiciones de observación: el espesor de la atmósfera es menor, hay menos posibilidades de que una nube oscurezca el Sol y, sobre todo, se atenúan los efectos ópticos perturbadores. Porque para medir con gran precisión el ínfimo desplazamiento de la posición de las estrellas hace falta que la imagen que vemos de ellas no esté distorsionada por efectos puramente terrestres, como el hecho de que la luz de las estrellas se refracta ligeramente al atravesar la atmósfera terrestre. Este efecto es extremo si observamos una puesta de sol desde un punto perfectamente despejado: cuando el Sol desaparece por debajo del horizonte, su disco adquiere a veces una forma bastante achatada debido a la refracción y, en general, siempre que la zona observada esté baja en el horizonte, se ve muy ligeramente comprimida a lo largo de un eje vertical. El efecto es generalmente imperceptible a simple vista, pero al nivel de precisión necesario para contrastar la teoría de Einstein, la refracción puede convertirse rápidamente en un factor deletéreo, por lo que son muy preferibles las observaciones cuando el Sol está en su punto más alto en el cielo.

El punto de la Tierra en el que el Sol se encuentra en su punto más alto durante el eclipse de 1919 está situado en medio del océano Atlántico y es impracticable. Así pues, los dos lugares de observación terrestres más favorables son los situados a ambos lados del océano, es decir, allí donde la sombra abandona el continente sudamericano, cerca de la ciudad de Sobral, en Brasil, y en las costas de Gabón. Pero el eclipse ofrece en realidad otro lugar de observación un poco más favorable, porque algunos cientos de kilómetros antes de llegar al continente africano, la sombra pasa sobre el pequeño archipiélago de Santo Tomé y

Príncipe, a la sazón colonia portuguesa. Como Brasil y Santo Tomé y Príncipe ofrecen condiciones de observación *a priori* igual de favorables, y como nada garantiza que haga buen tiempo el día D a la hora H, Eddington decide montar dos expediciones. Él mismo va a Santo Tomé y Príncipe con su ayudante Edwin Cottingham (1869-1940), del observatorio de Cambridge, mientras que dos colegas suyos, Andrew Crommelin (1865-1939) y Charles Davidson (1875-1970), van a Sobral. Quien dice dos equipos dice dos instrumentos. Eddington y Cottingham toman prestado un telescopio del observatorio de Oxford. Crommelin y Davidson, por su lado, se llevan un instrumento prestado por el observatorio de Greenwich. Este instrumento ya se había utilizado para observar un eclipse en 1905, en una época en la que el interés del fenómeno no residía en la medición precisa de la posición de las estrellas, sino en la observación de la corona solar. Eddington y Dyson tienen relativa confianza en la capacidad de estos instrumentos para observar el fenómeno de la desviación de la luz que pretenden detectar. Y, sobre todo, los dos instrumentos elegidos son los mejores de que pueden disponer teniendo en cuenta el poco tiempo que les queda para organizar la expedición, los escasos recursos financieros que tienen asignados (mucho menores que los de los astrónomos estadounidenses durante el eclipse de 1918) y el hecho de que los instrumentos deben ser fácilmente transportables. Con todo, Crommelin, nacido en Irlanda, decide, por seguridad, llevarse consigo otro instrumento mucho más pequeño, un telescopio con un objetivo de solo 10 centímetros de diámetro prestado por la Real Academia Irlandesa. Sabia precaución. Las dos expediciones tienen previsto llegar a la zona de trabajo unos meses antes del eclipse, con tiempo suficiente para organizarse. Es necesario construir un cobertizo para instalar el equipo y protegerlo de las inclemencias del tiempo en los días previos al eclipse y de la luz y el calor del Sol justo antes del eclipse. Lo ideal era que los cobertizos fueran de albañilería, pero el poco tiempo disponible y lo limitado de los recursos financieros obligan a encontrar una solución mucho más rudimentaria: simples tiendas de campaña sostenidas por armazones de madera. Como ninguno de los miembros de la expedición sabe construir este tipo de estructuras, hay que prepararlas en Inglaterra y llevarlas en barco junto con el resto del material. El observatorio de Greenwich cuenta con un carpintero de plantilla, pero en noviembre de 1918, cuando comienzan los preparativos del eclipse, aún no ha sido desmovilizado. Así que se designa a un ingeniero de la academia naval británica para ocuparse de la tarea. El problema queda así solucionado, aunque a la vista de las fotos de la época no deja de sorprender el contraste entre esas tiendas rudimentarias y la sofisticación de los equipos que albergan. Con esta heterogénea colección de equipos de última generación y frágiles armazones de madera, las dos expediciones parten de Inglaterra en marzo de 1919. Los cuatro hombres repiten multitud de veces el conjunto de maniobras que hay que realizar durante el eclipse, utilizando de nuevo una mezcla de tecnología y rápida improvisación. En Sobral, por ejemplo, los tiempos de exposición se medirán con un metrónomo, con un ayudante cantando una batida de cada diez. Porque no hace falta decir que no se va a hacer una única placa fotográfica. Durante los escasos siete minutos que durará el eclipse se harán varias decenas de

ellas y, como es lógico, la brevedad del fenómeno no dejará ningún lugar para la improvisación: no habrá segun-
das oportunidades. Cuando a la vuelta le preguntaron a
Eddington cómo había sido el eclipse, se limitó a responder: «No lo vi». No es que no ocurriera, sino simplemente
que el científico inglés estaba demasiado absorto en su tarea como para prestarle atención. Una vez todo en su sitio,
solo queda aguardar al fatídico día y esperar que todo salga
bien.

Inmediatamente después del eclipse se envían dos tele-
gramas a Inglaterra. «Espléndido eclipse. Crommelin».
«A través de las nubes. Optimista. Eddington». Pero en
realidad no todo ha ido bien. Ambas expediciones están
en zona ecuatorial. El tiempo, caluroso y húmedo, está a
punto de echarlo todo a perder. En Príncipe llueve hasta
las 13.30, media hora antes del eclipse, y cuando este comienza el cielo sigue bastante cubierto. Podría decirse que
Eddington y Cottingham hacen sus placas a ciegas, sin saber si alguna de ellas va a ser aprovechable. En Sobral sur-
ge otro problema. Durante un eclipse, la temperatura desciende de manera bastante brusca cuando el Sol deja de
calentar la zona de la Tierra oculta por la Luna, y a los sistemas ópticos no les gustan los contrastes de temperatura.
Como consecuencia de ello, el instrumento principal de
Crommelin y Davidson se desenfoca. Las estrellas siguen
presentes en las placas fotográficas, pero la imagen es borrosa. Afortunadamente, el instrumento de reserva, más
pequeño y quizá más robusto en este aspecto, funciona
bien. De él saldrá la verdad. Las observaciones no termi-
nan después del eclipse. Para detectar el desplazamiento
de las estrellas con respecto a su posición prevista es nece-

sario realizar las mismas mediciones, con los mismos instrumentos, pero de noche. Para ello hay que esperar evidentemente unos meses, hasta que la órbita de la Tierra alrededor del Sol haga que este ya no se encuentre en la misma parte de la esfera celeste en la que estaba durante el eclipse. Pero estas imágenes de calibración, como se las llama, no se toman en condiciones óptimas. En Brasil, la precariedad del cobertizo construido excluye dejar los instrumentos allí, así que son desmontados cuidadosamente y vuelven a ser montados a mediados de julio para realizar las observaciones nocturnas. En Príncipe es aún peor. El archipiélago está relativamente alejado de la costa africana y el anuncio de una próxima huelga de la única compañía marítima que presta servicio en la isla obliga a Eddington y Cottingham a abandonar la isla a toda prisa poco después del eclipse. Las placas de calibración se harán desde Inglaterra, en condiciones menos parecidas a las del eclipse, con una configuración óptica que no puede reproducirse de forma idéntica[3] y sin que las Híades estén situadas a la misma altura sobre el horizonte.

Una vez hechas las placas, tanto las del eclipse como las de calibración, hay que comprobar si coinciden o no exactamente, porque se supone que durante el eclipse el Sol ha distorsionado la esfera celeste del fondo. Pero el efecto es pequeño, muy pequeño. La zona fotografiada abarca una región entre cinco y diez veces más grande que el disco solar. La distancia que se supone que las estrellas se van a des-

---

3. Por ejemplo, la precisión con la que deben colocarse las placas fotográficas en el sistema óptico es de centésimas de milímetro. Cualquier desviación mayor en la colocación provocará ínfimas distorsiones en las imágenes e imposibilitará la detección del efecto de deflexión de la luz.

viar de su posición esperada es, *en el mejor de los casos*, mil veces menor que el tamaño del disco solar: suponiendo que hiciésemos un experimento de este tipo hoy día con una cámara digital, la desviación sería por tanto de un píxel para una imagen de 5000 o 10 000 píxeles de ancho, pero en la práctica será mucho menor para las estrellas situadas más lejos del disco solar. Por lo tanto, la desviación debe cuantificarse con mucha más precisión, lo que en el lenguaje actual significa que tenemos que medir la posición exacta de las estrellas con una precisión de una fracción de píxel, en una imagen que, idealmente, cubre un campo relativamente pequeño y que, sobre todo, ganaría teniendo más de 40 000 píxeles de ancho: no intenten hacerlo con el smartphone, no funcionará jamás. Entonces, ¿cómo medir la posición de una estrella en una fracción de píxel? La respuesta es: gracias a las leyes de la óptica, que nos dicen que una fuente puntual de luz, como es una estrella vista desde la Tierra, se convertirá inevitablemente en una mancha ligeramente extensa sobre la película fotográfica (o en un detector electrónico moderno) tras atravesar el montaje óptico. Esto no tiene nada de sorprendente, es solo la manifestación del fenómeno de difracción que vimos en el capítulo 1. La posición del centro de la mancha puede determinarse con una precisión superior a un píxel y, del mismo modo, puede determinarse con gran precisión en una fotografía analógica si el negativo es lo suficientemente grande y el grano lo suficientemente fino, como ocurre en el caso que nos ocupa. Pero en la práctica es más complicado. Si la estrella es brillante, la mancha es tan extensa que es difícil determinar exactamente su centro. Si la estrella es demasiado poco brillante, su débil resplandor se verá con-

taminado por la corona solar, cuya intensidad no es uniforme, con lo cual será también difícil determinar su centro.
Por eso es importante hacer varias placas, utilizando distintas emulsiones fotográficas y distintos tiempos de exposición: en eso radica la complejidad de las operaciones que
hay que efectuar, y por eso un eclipse anormalmente largo
como el de mayo de 1919 es una ayuda muy valiosa.

El minucioso trabajo de calibración dura más de un mes.
Como era de esperar, el pequeño instrumento de Sobral es
el que da los mejores resultados. El número de imágenes
tomadas con él es menor que con los otros instrumentos,
pero la calidad de las imágenes es mejor. Con ellas se pueden medir las posiciones de 12 estrellas, frente a 5 con las
pocas placas aprovechables de Príncipe.

12. Canonización

Los resultados de las expediciones son anunciados solemnemente por Eddington el 6 de noviembre de 1919, casi cuatro años, día por día, después del comienzo de las conferencias de Einstein en la Academia Prusiana. Actualmente, los resultados científicos importantes suelen presentarse en el marco a menudo sobrio e impersonal de las salas de prensa. Un siglo atrás, la historia se escribió en un marco mucho más solemne, en los históricos edificios de la Royal Society, el equivalente inglés de la Académie des sciences en Francia. Entre los científicos de prestigio que ocuparon su presidencia figura el que en aquella época seguía considerándose el más grande de todos, Isaac Newton. Y son justamente los límites de la gran obra de su vida lo que Eddington va ahora a trazar. Porque las fotos del eclipse van a mostrar (y Eddington estaba convencido de ello incluso antes de ir a África a comprobarlo) no solo que la luz es desviada por el Sol, sino que el desvío concuerda con lo predicho por Einstein cuatro años antes. Para Eddington no hay en realidad más que tres posibilidades. La primera: si se toman las leyes de Newton al pie de la letra, los objetos se atraen porque tienen masa. Dado que la luz es un ente sin masa, tal vez sea pura y simplemente insensible a la gravedad y no se desvíe al pasar cerca del Sol. La segunda: si olvidamos que la luz viaja a una velocidad estrictamente constante, tal como lo explicó Einstein en 1905, el problema de su trayectoria es el mismo que el de un objeto de masa distinta de cero que pasa a gran velocidad junto a un astro. Acelerará ligeramente a medida que se acerca al Sol, se desviará ligeramente al pasar más cerca del astro y luego seguirá su camino desacelerando para recuperar su velocidad inicial. Este es por ejemplo el tipo de efecto que experimentarán las sondas Voyager más de 60 años después al pasar junto a los planetas gigantes del sistema solar. En el caso de la luz, cuya velocidad es mucho mayor, la desviación que experimenta será por supuesto mucho, mucho menor, pero no será estrictamente nula. Es lo que podríamos llamar el tratamiento newtoniano de la acción de la gravitación sobre la luz. La tercera opción prevista por Eddington consiste en tratar el problema utilizando la teoría de Einstein. La luz también se desviará, pero, según los cálculos, se desviará el doble que en el tratamiento newtoniano. Conseguir medir que la luz se desvía excluye la primera opción, y poder determinar la desviación con una precisión superior al 50 % debería permitir distinguir entre las opciones segunda y tercera.

El 6 de noviembre de 1919 Eddington anuncia que las placas de su expedición revelan que la luz de las estrellas ha sido efectivamente desviada al pasar cerca del Sol. El efecto es ínfimo, en el límite de lo mensurable, pero se ha detectado; cierto que con una precisión limitada —alrededor del 25 %— pero lo suficientemente buena como para descartar la posibilidad de que la luz no se haya desviado en absoluto, o de que se haya desviado del mismo modo que lo harían los corpúsculos muy rápidos y masivos según la teoría de Newton. Las dos únicas alternativas creíbles a las predicciones de Einstein quedan excluidas, la teoría de Einstein es la única que prevalece. La audiencia de Eddington está formada en su mayor parte por científicos, que, aunque proceden de horizontes diversos, comprenden todos ellos la importancia histórica del anuncio. Uno de los testigos, el matemático Alfred Whitehead (1861-1947), describió con especial talento este momento único:

> Toda la atmósfera de tenso interés era exactamente como la del drama griego: nosotros éramos el coro, comentando el decreto del destino revelado en el desarrollo de un acontecimiento supremo. La propia puesta en escena tenía una calidad dramática: el ceremonial tradicional, y al fondo el retrato de Newton para recordarnos que la más grande de las generalizaciones ceremoniales iba a recibir ahora, después de más de dos siglos, su primera modificación. Ningún interés personal estaba en juego: era una gran aventura del pensamiento que había llegado por fin sana y salva a la orilla.

El anuncio de la verificación de la teoría de Einstein lo recoge al día siguiente el famoso diario londinense *The Times* bajo el titular «Revolución en la ciencia —Una nueva teoría del universo— Las ideas newtonianas, derribadas». Por supuesto, el artículo no va en portada: un año después de la guerra, hay muchos otros temas considerados de mayor importancia por las redacciones. Pero no pasa inadvertido. Tres días más tarde, otro artículo, esta vez norteamericano, transmite la noticia, que luego se propaga como la pólvora. *The New York Times* titula: «Las luces, todas torcidas en los cielos», precisando luego: «Pero que nadie se preocupe» y, sobre todo, añadiendo «Triunfa la teoría de Einstein». Fue en ese momento cuando el nombre de Einstein empieza a ser conocido entre el gran público. Hasta entonces, sus artículos de 1905, con ser revolucionarios, apenas le habían dado visibilidad fuera del mundo académico. Pero gracias al experimento de Eddington todo cambia, incluso de manera extrema. Einstein no solo se hace famoso, sino que, en palabras de su biógrafo Abraham Pais (1918-2000), es literalmente «canonizado». Se convierte instantáneamente en el epítome del genio científico, en sinónimo de la inteligencia más consumada.

Claro está que quien dice inteligencia excepcional del hombre dice también inteligibilidad limitada de su obra. La relatividad general se nimba inmediatamente de un halo de extrema complejidad. Prueba de ello es la siguiente anécdota verídica: el día en que Eddington anunció sus resultados, un colega le preguntó si era verdad que solo había tres personas en el mundo que comprendían la teoría. Tal vez el interlocutor esperaba que Eddington lo confirmara a él como la tercera persona, pero tras un momento de vacilación el tímido Eddington respondió, con una mezcla de humor y orgullo (volveremos sobre ello): «Me pregunto quién es la tercera». Ese no era ya el caso en aquella época, y lo es aún menos hoy día, cuando cientos o miles de estudiantes de todo el mundo la estudian cada año, pero a pesar de todo la relatividad general ejerce sobre quienes se toman el tiempo de sumergirse en ella una especie de fascinación que sigue siendo igual de persistente un siglo después. La razón es su profundo carácter geométrico y su manera tan limpia, tan evidente *a posteriori*, de vincular conceptos geométricos con el mundo real. Para la mayoría de quienes comprenden los detalles técnicos, estas leyes están dotadas de una «belleza», de una «elegancia» intrínseca, destilan algo que comunica la indefinible certeza de que son forzosamente exactas, de que es imposible que no describan una oculta armonía del mundo. Sin duda no es fácil hacer que el lector comparta el porqué de ese sentimiento. Las leyes físicas que gobiernan el mundo no están dotadas de la universalidad de ciertas obras de arte que cautivan inmediatamente a todos, profanos y especialistas. Ese admirable esplendor de la relatividad general podríamos decir que hay que ganárselo, porque se requiere una formación universitaria para captar sus sutilezas, pero lo cierto es que el sentimiento más frecuentemente compartido por quienes la descubren es el de una extraña y abstracta belleza inherente. Naturalmente, no se trata más que de una agradable ilusión: no hay ninguna razón para que las leyes que rigen el mundo tengan que satisfacer algún criterio estético, pero la combinación de lo que muchos consideran estético y su idoneidad para describir los fenómenos les confiere un estatuto aparte. Su naturaleza geométrica tiene mucho que ver con ello, pero el hecho de que sean fruto del trabajo solitario y tenaz de un solo hombre realza considerablemente su aura... y de paso la de su descubridor.

Para Einstein, sin embargo, aquel día de 1919 no representa ninguna ruptura importante. De entrada, ya había sido informado en septiembre por Hendrik Lorentz (informado a su vez por Eddington) de que el eclipse había confirmado sus predicciones. Por tanto, había tenido tiempo de prepararse para su anuncio público y para la fama que probablemente le daría a partir de entonces. Pero lo más importante es que estaba relativamente seguro de que este tipo de experimento confirmaría su teoría. Un testimonio de primera mano lo confirma. Es el de Ilse Rosenthal-Schneider (1891-1990), que estaba al lado de Einstein cuando este recibió la noticia del éxito de la expedición de Eddington. «¿Qué habría dicho usted si la confirmación no hubiese sido así? ¿Se habría sentido decepcionado?», le preguntó ella, a lo que Einstein respondió con una sonrisa: «Entonces habría sentido pena por Dios, la teoría es correcta». No hay que ver en ello un exceso de confianza o de arrogancia por parte de Einstein. Al contrario, era el primer convencido de que el experimento es el único juez de las teorías, como demuestra su preocupación de que la suya no lograra explicar la anomalía del movimiento de Mercurio. Pero había comprendido que era difícil imaginar la existencia de otras leyes de la gravitación, extremadamente parecidas a las de Newton pero distintas de ellas, que pudieran explicar la anomalía del movimiento de Mercurio sin producir al mismo tiempo la desviación de la luz predicha por él. Por consiguiente, para él la verificación de Eddington no tenía el mismo carácter decisivo que la explicación de la anomalía de Mercurio.

Para Einstein, esta notoriedad conlleva algunos inconvenientes. Se pide su opinión sobre lo divino y lo humano, con la esperanza, por parte de algunos de los que le preguntan, de que diga que está de acuerdo con sus convicciones. ¿Qué mejor argumento de autoridad que el imprimátur del mayor científico del mundo? Por esa razón, Einstein es sin duda la personalidad a la que se ha atribuido el mayor número de citas falsas, como aquella en la que afirma estar a favor de la astrología, una fábula inventada... por los astrólogos: nunca se está tan bien servido como por uno mismo. Las opiniones políticas y religiosas de Einstein también son objeto de escrutinio. Einstein era de ascendencia judía y tuvo una educación religiosa. Por ello se sintió especialmente afectado por el antisemitismo que asoló Europa en el periodo de entreguerras, llevándole a emigrar a Estados Unidos en 1933, tras la llegada de Hitler al poder. Sin embargo, era fundamentalmente ateo, desde el día en que, según él mismo, descubrió la geometría de Euclides y se convenció de que la verdad no se encontraba en los textos sagrados. «Para mí, la palabra Dios no es más que la expresión y el producto de las debilidades humanas, y la Biblia una colección de leyendas venerables pero sin embargo bastante primitivas», escribió en 1954, poco antes de su muerte. Sin embargo, el uso que hace de ciertos términos podría dar la impresión de lo contrario. Por ejemplo, una de sus citas más famosas es «*Raffiniert ist der Herrgott, aber boshaft ist er nicht*». Una traducción literal sería: «El Señor es sutil, pero no maligno». Sin embargo, es importante comprender que en este contexto el Señor no es otro que la Naturaleza. «La Naturaleza es sutil, pero no maligna». Es decir, las ecuaciones que rigen el mundo no son necesariamente sencillas, pero tampoco inútilmente complicadas. Si existe un dios para Einstein, es un dios cercano al del filósofo neerlandés Baruch Spinoza (1632-1677): un dios impersonal, ni creador ni juez, sin relación con nosotros los humanos. En otras palabras, exactamente lo que un científico llamaría... las leyes de la física.

Por todas estas razones, los viajes de Einstein al extranjero son acontecimientos tanto mundanos como científicos. Así, su visita a Francia en 1922 (donde tuvo aquel breve intercambio de palabras con Bergson, véase el capítulo 6) fue presentada por la prensa como «un acontecimiento sensacional que los intelectuales de la capital, por esnobismo, no quieren perderse». Einstein es por tanto uno de los pocos científicos que fue víctima de la incomodidad de ser perseguido constantemente por esos fotógrafos que luego se llamarían paparazzi. Una de sus fotos más famosas es testimonio de ello. Data de marzo de 1951, el día en que Einstein celebraba en la intimidad su 72 cumpleaños. Cansado de la multitud de fotógrafos que le siguen y le importunan, a él y a los amigos que le acompañan, ve cómo le piden por enésima vez que pose para una última foto, a pesar de estar ya sentado en el vehículo que le va a llevar a casa. Con descaro, saca la lengua, en un gesto furtivo pero que fue captado por uno de los fotógrafos presentes, que publica la foto al día siguiente. La foto tiene inmediatamente un éxito planetario y se convierte en uno de los retratos más icónicos del gran científico. Aunque no premeditado, el gesto contribuye rápidamente a reforzar su imagen de espíritu independiente e inconformista. Por lo demás, Einstein, poco rencoroso, encarga varias copias y dedica una de ellas al hombre que le había inmortalizado así.

Tras su muerte, la fascinación por Einstein no disminuyó, sino todo lo contrario. Se archiva cuidadosamente hasta la menor correspondencia y se escudriñan todos sus hechos y gestos, dando la impresión de una devoción rayana a veces en el culto religioso, ¡el colmo para un ateo! Algunos de sus manuscritos originales se venderán en subasta a precios de oro: casi 2,9 millones de dólares en 2018 por la carta dirigida al filósofo Eric Gutkind (1877-1965) sobre su postura ante la religión, carta de la que está tomado el extracto citado antes en este capítulo. Esta pasión podrá considerarse merecida, incluso legítima, pero en mi opinión es muy perjudicial para la percepción que tiene la gente de lo que es la ciencia. En efecto, existe el peligro no despreciable de hacerla pasar como un asunto de estrellas en el que la fama de algunos prima sobre sus logros (por no hablar de los de otros científicos). Con el riesgo adicional de perder de vista lo que constituye su motor, que es hacer progresar el conocimiento.

Pero volviendo a 1919, esta merecida notoriedad provocará en algunos cierto amargor, que de hecho venía incubándose desde hacía casi quince años. Un ejemplo es la ausencia total de bibliografía en el artículo de Einstein de 1905 sobre la relatividad especial (véase el capítulo 5). Algunos aspectos de lo que expone en su artículo habían sido ya mencionados por otros autores, por ejemplo FitzGerald y Lorentz, pero también el matemático francés Henri Poincaré (1854-1912). Los tres son autores de varias fórmulas en las que Einstein se podría haber inspirado en su momento. Además, si echamos un vistazo al anterior artículo de Einstein sobre el movimiento browniano, llama la atención que no atribuya a Louis Georges Gouy la idea de que el movimiento browniano puede estar relacionado con la naturaleza atómica de la materia. ¿Por qué Einstein no citó a todos estos científicos? Frente a estos cuestionamientos Einstein dio una respuesta muy sencilla: alejado como estaba de las universidades, ignoraba pura y simplemente la existencia de esos trabajos, en particular los de Poincaré y Gouy, publicados en francés, idioma que él no dominaba. Un episodio ocurrido en 1907 es particularmente esclarecedor a este respecto. Ese año, el físico alemán Johannes Stark (1874-1957) pide a Einstein, que sigue trabajando en la oficina federal de patentes de Berna, un artículo de síntesis sobre la relatividad especial. Einstein acepta, pero poco menos que se disculpa por no poder ofrecer una revisión exhaustiva de la literatura científica sobre el tema. «Debo también señalar que desgraciadamente no estoy en condiciones de familiarizarme con *todo* lo publicado en la materia, porque la biblioteca está cerrada durante mi tiempo libre [es decir, cuando no está trabajando en la oficina de patentes y puede dedicarse a sus investigaciones]». A continuación cita a algunos autores de artículos sobre el tema, entre los cuales figura Lorentz pero no Poincaré. «Le quedaría por tanto muy agradecido si pudiera indicarme otras publicaciones pertinentes, si las conociera», concluye Einstein. Los conspiranoicos de todos los pelajes verán quizás en esto la prueba definitiva de una fría duplicidad por parte de Einstein, pero esta hipótesis queda inmediatamente rebatida por la respuesta de su interlocutor: «Aparte de estas publicaciones y de las que usted menciona, no conozco ninguna otra». En otras palabras, ni siquiera un físico a tiempo completo como Johannes Stark conocía los trabajos de Poincaré. La realidad es que la historia de Poincaré y la relatividad es la de una cita frustrada. Sin embargo, Poincaré fue uno de los más grandes matemáticos de su tiempo (y sigue siendo, bastante injustamente, mal conocido en su propio país) y escribió fragmentos de algunas de las fórmulas que Einstein descubrió en 1905. Pero la diferencia radica precisamente en los dos términos que he utilizado: lo que Einstein descubrió, lo comprendió, mientras que lo que Poincaré había escrito no lo había comprendido, o al menos no había captado todo su significado. Muerto prematuramente en 1912, Poincaré no tuvo la oportunidad de discutir la relatividad con Einstein. Su único encuentro data de 1911, en la primera edición del Congreso de Solvay, que durante muchos años trató de reunir a los mejores físicos de la época para discutir los grandes problemas de su tiempo. En su primera edición participaron muchos grandes nombres, varios de ellos mencionados en este libro[1]. Durante los intercambios entre Einstein y Poincaré, registrados varios de ellos, queda bastante claro que a Poincaré se le escapa el significado profundo de la relatividad: «Poincaré manifestó simplemente una antipatía general (hacia la teoría de la relatividad) y mostró escasa comprensión de la situación, pese a la vivacidad de su mente». Sin duda a causa de esta mala impresión, Einstein tardó en rendir homenaje a Poincaré como precursor de la relatividad especial, prefiriendo durante mucho tiempo a Hendrik Lorentz.

A pesar de todo, quedaron todavía algunos espíritus amargados que dudaron de su honradez intelectual, hasta el punto de acusarle pura y simplemente de plagio, situación que se repetirá en 1915 a raíz de su correspondencia con David Hilbert, a quien Einstein, nos dicen estos pérfidos espíritus, hizo creer que se le había adelantado. Tales acusaciones son, por multitud de razones, insostenibles, y hay una forma muy fácil de comprobarlo: ninguno de los autores mencionados expresó públicamente ningu-

1. Hendrik Lorentz, Jean Perrin, Marie Curie, Max Planck, Arnold Sommerfeld, Paul Langevin, así como Einstein y Poincaré.

na duda en cuanto al hecho de que Einstein cometiera alguna incorrección contra ellos. A este respecto, la actitud de David Hilbert en torno a la anterioridad de los trabajos de Einstein es inequívoca. «Fue Einstein quien hizo el trabajo, no los matemáticos», dirá para poner punto final a todo debate sobre el tema.

Eso no quita para que Einstein fuera criticado a veces —sin razón— por diversos comentadores, con cualquier pretexto. Para los nazis, Einstein era demasiado judío, y para los franceses de entreguerras, demasiado alemán. Porque —y ese es un episodio muy poco glorioso de la ciencia francesa— Francia no era en aquella época el país menos hostil hacia los científicos del otro lado del Rin, y los trabajos de Einstein tardaron allí muchos años en ser enseñados en la universidad y recibir el reconocimiento que merecían[2], siendo Paul Langevin, mencionado ya en el capítulo 6, uno de los pocos científicos franceses que se interesaron inmediatamente por Einstein sin ningún prejuicio relacionado con su país natal. Por lo demás, Eddington fue una víctima colateral de la injusta acrimonia que Einstein despertó entre sus deshonestos detractores. Nos referimos, claro está, a su voluntad de *verificar* la teoría de Einstein en lugar de

2. Como ejemplo de la hostilidad que Einstein pudo suscitar entre ciertos científicos franceses, cabe citar las palabras del químico Pierre Duhem (1861-1916), quien, un año antes de su muerte, escupió su odio hacia la relatividad y de manera más general hacia la «ciencia alemana», como la llamó con raro desprecio. Entre otras perfidias dijo: «Existe una ciencia alemana; no es simplemente el conjunto de los trabajos realizados por científicos alemanes; se distingue también de la ciencia de otras naciones por un cierto número de características». Y continúa: «[El científico alemán] centrará tan estrechamente su vista miope en el más mínimo detalle que *será incapaz de abarcar la totalidad de un solo vistazo y de comprender el plan subyacente*». [N. del autor: Las cursivas son mías.]

contrastarla. Eddington tenía en su fuero interno una preferencia evidente por que el resultado de su expedición validara la teoría de Einstein. Esto es obviamente cierto, pero requiere una matización. Científicos o no, todos tenemos prejuicios o ideas preconcebidas sobre lo que las cosas son o deberían ser. En muchos casos, y sobre todo cuando hay mucho en juego, el científico o la científica preferirá que un experimento arroje este resultado en lugar de aquel otro[3]. Le incumbe a él o a ella tener la lucidez suficiente para reconocer este sesgo y tenerlo en cuenta. Eddington no fue una excepción a esta regla, y debemos estarle agradecidos por haber tenido la honradez de expresar públicamente sus preferencias. Habría sido mucho más culpable si las hubiera ocultado y en su lugar hubiera declarado su completa neutralidad en cuanto al resultado obtenido. Pero, claro, esta ínfima ambigüedad fue explotada por los enemigos de la ciencia para rechazar la teoría de Einstein, utilizando una técnica acreditada entre los negacionistas de cualquier pelaje que quieren hacernos creer que el majestuoso edificio de la ciencia es frágil porque descansa sobre cimientos precarios, es decir, los experimentos históricos que la han confirmado. Su discurso consiste en decir que si se cuestionan esos experimentos históricos, el edificio se derrumbaría como un castillo de naipes. Al hacerlo, propagan una incomprensión frecuente: los experimentos «históricos» como los de Eddington son históricos únicamente porque son los *primeros, ¡pero no son los únicos!* Y han sido confirmados ulteriormente una y otra vez, hasta el punto de que

3. La dramática situación sanitaria por la que pasa el mundo en el momento de escribir estas líneas ofrece numerosos ejemplos de esto.

incluso si el «primer» experimento arroja resultados que retrospectivamente se juzgan como insuficientemente precisos, los experimentos posteriores fatalmente acabarán obteniendo resultados mucho mejores[4]. El experimento de Eddington no es una excepción y recibió una notable confirmación apenas tres años más tarde por parte del hombre que sin duda es el héroe más olvidado de esta gran aventura: William Campbell (1862-1938).

William Campbell es un astrónomo americano que trabaja en el observatorio Lick, uno de los principales centros de astronomía al otro lado del Atlántico en aquella época. Más observador que teórico, Campbell está involucrado menos directamente, menos personalmente que Eddington en los trabajos de Einstein, pero posee la cualidad esencial de la que carecía su homólogo inglés en 1919: la experiencia. Como miembro de la expedición a Brasil de 1912, Eddington no había podido realizar en aquella ocasión ninguna observación, de modo que en 1919, en su segundo intento, era todavía un principiante en la materia, todo lo contrario que Campbell. Hoy en día, todos los astrónomos conocen de nombre el observatorio Lick, que en su momento albergó el mayor telescopio astronómico de su tiempo, con 17,6 m de longitud y una lente de 91 cm de diámetro, medidas

4. Otro ángulo de ataque de estos enemigos de la ciencia es jugar con la ambigüedad de la palabra «teoría». En el lenguaje corriente, la palabra «teoría» es cada vez más sinónima de «hipótesis». Pero en ciencia, la misma palabra «teoría» se utiliza para describir un conjunto de principios, ecuaciones y conceptos cuya pertinencia se ha establecido con un grado extremo de confianza. Decir que la relatividad especial o la general «son solo teorías» y por tanto construcciones frágiles o incluso completamente arbitrarias es un absoluto sinsentido. Por eso he utilizado a menudo el término «leyes» de la relatividad para limitar el riesgo de confusión.

que solo serían superadas una vez, por el telescopio del observatorio Yerkes, cerca de Chicago. Sin embargo, no es este notable instrumento lo que nos interesa aquí, sino lo que daría fama al observatorio Lick durante décadas: la observación del Sol. En los treinta años que siguieron a su inauguración en 1888, el observatorio organizó nada menos que once expediciones para la observación de eclipses: dos en 1889 (que tuvo dos eclipses), luego en 1893, 1896, 1898, 1900, 1901, 1905, 1908, 1914 y 1918, cifra que puede incluso aumentarse a 13 ya que se organizaron tres expediciones distintas para el eclipse de 1905. Hasta 1911, la observación de eclipses se utilizó para estudiar la corona solar o para buscar un posible planeta intramercurial, lo que en ambos casos suponía una ardua tarea dada la brevedad del fenómeno. En 1920, Campbell tiene así en su haber seis expediciones de observación de eclipses, las de 1898, 1900, 1905, 1908, 1914 y 1918. Aunque las dos últimas se saldaron con un fracaso a causa de las condiciones meteorológicas, todas estas expediciones le dieron la oportunidad de adquirir una gran experiencia, tanto en la logística de semejantes empresas como en la elección del equipo a utilizar en cada momento. Además, Campbell cuenta con la información de otros miembros del observatorio Lick, en particular de John Schaeberle (1853-1924), que participó en las expediciones de 1889, 1893 y 1896. Por tanto, no es exagerado decir que William Campbell era el mejor especialista en la observación de eclipses y, como tal, el mejor situado para contrastar la teoría de Einstein, mejor que Eddington.

El primer eclipse después del de 1919 se produce el 1 de octubre de 1921, pero puede olvidarse enseguida: solo es visible desde la Antártida, demasiado inaccesible en aquel entonces, donde de todos modos el Sol estaría demasiado bajo sobre el horizonte. El siguiente eclipse, el del 21 de septiembre de 1922, es en cambio uno de los más interesantes, porque forma parte de la única serie del saros cuya duración puede rivalizar con la serie del eclipse de 1919: más de 6 minutos para el eclipse del 9 de septiembre de 1904 y casi 6 minutos para el de 1922 que nos interesa aquí, lo que los clasifica en los puestos 7.º y 8.º de la lista de los eclipses más largos del siglo XX, justo detrás de los seis insuperables de la serie a la que pertenece el eclipse de 1919. Además, este eclipse ofrece interesantes condiciones de observación. Comenzando al amanecer sobre África, la banda de totalidad sobrevuela el océano Índico antes de cruzar Australia. Se organizan no menos de ocho expediciones para observarlo, y varias de ellas para contrastar la teoría de Einstein, pero las ocho corrieron suertes muy dispares. Antes de llegar a Australia, el eclipse pasa hacia el mediodía por la isla de Navidad, famosa en el mundo entero por la impresionante migración de sus cangrejos rojos endémicos. El Sol está allí casi en el cenit durante el eclipse, lo que constituye la configuración más interesante para hacer las placas. Por esa razón se desplazan hasta allí dos equipos, uno de ellos germano-neerlandés dirigido por Erwin Finlay-Freundlich, que había sido hecho prisionero en Rusia durante su tentativa de 1914. Volverá a fracasar, pero esta vez por culpa suya. En efecto, aunque la isla ofrece las mejores condiciones astronómicas para la observación, con el Sol en su punto más alto, también reúne las peores condiciones meteorológicas. Su clima ecuatorial es bastante lluvioso y la nubosidad es especialmente intensa en septiembre y octubre, acercándose al 90 %. Ni Freundlich ni el otro equipo que le acompaña tienen un solo día de buen tiempo durante su estancia en la isla. Como organizador concienzudo, Campbell había observado que la isla de Navidad no ofrecía suficientes garantías para realizar buenas observaciones, como tampoco Queensland, la provincia más oriental de Australia, que disponía de buenas condiciones de transporte pero donde el eclipse tendría lugar demasiado tarde durante el día. Otro tanto para una observación desde el centro de la isla, muy interesante desde el punto de vista meteorológico porque el clima allí es muy seco, pero de acceso demasiado difícil y con un horario considerado también demasiado tardío. Campbell opta así por ir a la costa noroeste de la isla, también de difícil acceso pero con un excelente compromiso entre un sol todavía muy alto sobre el horizonte y una probabilidad muy baja de nubosidad. La expedición es complicada de organizar, ya que el lugar donde la sombra del eclipse alcanza la costa australiana es una región desértica situada a más de mil kilómetros al norte de la ciudad de Perth, pero allí está la pequeña granja de Wallal, que también sirve de estación telegráfica y ofrece un mínimo de comodidades. Campbell no dispone de fondos para organizar una expedición lo suficientemente prolongada como para hacer *in situ* las placas de calibración, pero tiene la idea de que las haga su colega Robert Trumpler (1886-1956) desde Tahití, situada en la misma latitud que Wallal y mucho más accesible desde la costa oeste estadounidense, donde se encuentra el observatorio Lick (no lejos de San Francisco). Porque —y esta es otra ventaja de la experiencia de Campbell— se pone especial cuidado en reproducir el montaje óptico de forma idéntica, no siendo así necesario (aunque siempre es preferible) hacer las placas de calibración en el mismo lugar. Lo más importante es que se hagan en la misma latitud. Antes del eclipse, Campbell se entrena en el observatorio Lick, en las noches de luna llena, en hacer placas con los instrumentos que va a llevar a Wallal, porque la luna llena ofrece unas condiciones de iluminación bastante parecidas a las de la corona solar durante un eclipse. Y sobre todo pone a punto un dispositivo fotográfico que permite captar el campo a fotografiar en un enorme negativo de 38 cm de lado. Estas «cámaras fotográficas Einstein», como él las llama, se utilizarán de forma muy diferente a las de Eddington: en lugar de multiplicar las placas con tiempos de exposición muy cortos, Campbell opta por hacer pocas placas pero con tiempos de exposición mucho más largos, cosa que es más arriesgada para quien no domina la técnica a la perfección. De ese modo es posible captar un número mucho mayor de estrellas y comprobar mejor que su posición en el cielo se ve alterada de forma coherente por la presencia del Sol. Esta elección le reporta especiales beneficios a Campbell, cuyas placas, apuntando sin embargo a una zona menos poblada de estrellas que la de Eddington, muestran todas ellas al menos 60 estrellas, y en algunos casos más de 80. Además, Campbell tiene otras dos ventajas sobre Eddington. En primer lugar, en esta carrera ya sabe que va a quedar segundo... y por tanto no le sirve de nada analizar precipitadamente sus placas: tomarse el tiempo necesario le permitirá obtener resultados más sólidos. Y en segundo lugar, no trabaja solo, sino de manera concertada con Robert Trumpler. Se pone de acuerdo con él para analizar cada cual las imágenes según un protocolo preciso y no comparar los resultados sino una vez que ambos hayan terminado el trabajo. Esta labor la realizará Trumpler de manera aún más meticulosa que Campbell, que entretanto será nombrado director de la Universidad de California. Pero a lo que vamos: Campbell y Trumpler confirman las predicciones de Einstein de forma más precisa y convincente que Eddington. Cualesquiera que sean los eventuales agravios que se puedan esgrimir contra el científico inglés, eso no afecta para nada a la exactitud de las predicciones de la teoría de Einstein. Por lo demás, al otro lado del Atlántico el éxito de las observaciones de Campbell constituye un motivo de orgullo, permitiendo a Estados Unidos implicarse en la historia de la relatividad general e incluso de reforzar sus fundamentos. *The New York Times* explica:

El acuerdo con la predicción de Einstein [...] es lo más estrecho que podría esperar el más ardiente defensor de la teoría. De hecho, el acuerdo de nuestro valor observado con el valor predicho es tan satisfactorio que el Observatorio Lick no tiene previsto repetir la prueba de Einstein durante el eclipse total de Sol que se producirá en el suroeste de California y México el 10 de septiembre de 1923.

Confieso que, llegados a este punto de mi relato, me habría gustado decirles que, para los quisquillosos que siguiesen considerando esto insuficiente, cabría volverse hacia el más desafortunado de los actores de este capítulo, a saber, Erwin Finlay-Freundlich. Habría sido una bonita historia contar cómo, tras su fracaso en 1922, tuvo que perderse el eclipse de 1923, visible desde México y California, esperando en vano que las autoridades soviéticas le devolvieran el material confiscado en 1914; que no por ello se desanimó, pero que no fue más afortunado en su siguiente intento, en 1926, en la isla de Sumatra, donde una vez más le traicionó el enemigo secular del astrónomo, el mal tiempo; pero que, dando pruebas de una obstinación admirable, sus esfuerzos se vieron coronados por el éxito en 1929 durante otro eclipse que fue visible también desde Sumatra. Sin embargo, fue así. Por desgracia para Freundlich, este éxito tuvo un coste terrible, porque, demasiado seguro de la precisión de sus instrumentos, pensó haber detectado una desviación de la luz entre un 10 y un 20 % mayor que la predicha por Einstein. Pasó años, si es que no el resto de su vida, criticando las medidas de Campbell y Eddington, que en su opinión estaban en contradicción con las suyas. Porque entretanto también se había enemistado con Einstein por una turbia disputa pecuniaria y pensaba haber demostrado nada menos que la teoría de este último era inexacta, movido por un carácter evidentemente muy rígido y un espíritu de contradicción demasiado sistemático[5]. En realidad, lo único que había hecho era acotar la precisión con la que los medios de aquel entonces, bastante arcaicos comparados con los de nuestro siglo, permitían detectar las ínfimas discrepancias entre las leyes de la gravitación de Newton y las de Einstein.

Para disipar cualquier malentendido, señalemos que aunque el debate sobre la precisión obtenida por las expediciones de Eddington y Campbell fue interesante desde el punto de vista científico, ahora forma ya parte del dominio de la historia de la ciencia. Durante casi cincuenta años, la re-

5. El desenlace es tanto más cruel porque fue a instancias de Einstein como Freundlich comenzó en los años 1910 a medir la posible desviación de la luz por el Sol, reexaminando antiguas fotos de eclipses.

latividad fue, para utilizar una expresión muy de moda, «el paraíso de los teóricos y el infierno de los experimentadores», es decir, una teoría cuyos efectos eran terriblemente difíciles de demostrar. Pero la tendencia acabó por invertirse poco a poco a principios de los años sesenta. No todo se hizo de la noche a la mañana, ni mucho menos, pero la llegada de los ecos radar, que hicieron posible medir la distancia entre la Tierra y Mercurio con una precisión de algunos centenares de metros, los láseres, que permitieron determinar la distancia entre la Tierra y la Luna con una precisión inferior a un metro, la telemetría de las sondas espaciales, los detectores electrónicos de alta sensibilidad que sustituyeron a las emulsiones fotográficas, y la radioastronomía, que hizo posible una precisión en el apuntamiento miles de veces superior a la de los telescopios ópticos de principios del siglo XX, todo ello acabó por brindar la posibilidad de medir la dinámica de los objetos del sistema solar y la desviación de la luz con una precisión más que suficiente para disipar cualquier duda, objetiva o no, que pudiera subsistir en los años veinte. Ahora, casi un siglo más tarde, las predicciones de la teoría de Einstein no han sido jamás puestas en duda, a pesar de la aterradora precisión con la que la instrumentación moderna permite contrastarla. Por ejemplo, gracias a la radioastronomía es posible localizar ciertos objetos celestes con una precisión cincuenta mil veces mayor que en tiempos de Eddington. E incluso con semejante salto en la precisión, las predicciones de Einstein siguen estando *perfectamente* de acuerdo con las observaciones, sin necesidad de esperar a un eclipse para verificarlas: incluso con un objeto que, visto desde la Tierra, está situado a 90° del Sol (y que por tanto es perfectamente visible de noche), es posible detectar que no está exactamente en el lugar «correcto» porque la luz que emite ha sido desviada muy ligeramente en su trayectoria por el sistema solar, aunque nunca se haya acercado a menos de 150 millones de kilómetros del Sol. En resumen, las predicciones de la teoría de Einstein están hoy día perfectamente verificadas, y no tiene sentido prestar atención a un artículo de prensa que anuncie que «Einstein tenía razón»: ¡lo sabíamos desde hace tiempo[6]!

Finalmente, puede que les sorprenda, pero la ecuación $E = mc^2$ no tuvo casi nada que ver con la fama de Einstein. Einstein se hace famoso gracias a algo mucho más complejo y, en aquella época, comprendido por muy poca gente: la relatividad general. Pero para asociar algo a su fama, la historia prefirió otra fórmula, hallada ciertamente por Einstein, pero más antigua y, sobre todo, mucho más sencilla, una fórmula que no todo el mundo comprende, pero que casi todo el mundo puede recordar y pronunciar. Por tanto, será para siempre $E = mc^2$. Una elección fácil, por supuesto, pero que se revelaría involuntariamente juiciosa, porque esta ecuación volvería a la carga gracias a la consecuencia más extrema de la teoría de Einstein: los agujeros negros. Pero aún estamos lejos de ello. Antes de hablar de estos objetos, sin duda los más emblemáticos del cosmos, merece la pena prestar atención a otra consecuencia de la teoría de Einstein, quizá incluso la más grandiosa: la expansión del universo.

---

6. O, para ser más precisos: hace mucho tiempo que sabemos que la relatividad general es una descripción fabulosamente precisa de los fenómenos gravitatorios.

13. Una nueva visión del mundo

Entre las pequeñas historias de la historia que les cuento está la de las relaciones —inevitablemente indirectas— entre Einstein y Newton. Es cierto que Einstein destronó a su ilustre predecesor, pero de hecho no tanto. «Einstein no enterró a Newton, lo exaltó», le gustaba decir a Jean-Pierre Chièze, un antiguo profesor mío al que ya mencioné antes. Porque en la inmensa mayoría de los casos, las leyes de la gravitación universal de Newton bastan y sobran para describir los fenómenos. Ya se trate de estudiar la estructura interna de los planetas o los anillos de Saturno, la dinámica de los asteroides o la formación del sistema solar, la estructura interna de las estrellas o el modo en que las inmensas nubes de gas las originan, o incluso la dinámica de estas estrellas en una galaxia, para todo ello las leyes de Newton son más que suficientes. Y no podemos por menos que celebrarlo, por lo difícil que sería aplicar la relatividad general a algunos de estos problemas. Pero hay otros que no pueden abordarse sin ella, problemas que, curiosamente, nadie imaginaba que existieran antes de 1915. Es lógico por tanto que les dediquemos la continuación de nuestro relato.

En 1917, antes incluso de que Eddington confirmara su teoría, Einstein efectúa la mayor extrapolación de la historia de la ciencia. Ha comprendido cómo los movimientos de los planetas dentro del sistema solar se ven modificados por el hecho de que no existe una fuerza gravitatoria sino un efecto puramente geométrico: la materia deforma el espacio, que a su vez dicta a la materia cómo moverse. Pero si la materia deforma el espacio, esto debe seguir siendo cierto mucho más allá del sistema solar, incluso en todo el universo. Einstein comprende que su teoría probablemente sea capaz de decir algo sobre la *forma* del universo. Crea así, de la nada, una disciplina destinada a tener un gran futuro: la cosmología, es decir, el estudio del universo en su conjunto, en tanto que sistema físico, regido por las mismas leyes que las que podemos observar en el laboratorio.

En el marco geométrico de la teoría de Einstein, la forma del universo no viene dada *a priori*. La forma va a ser consecuencia de la manera en que está distribuida la materia. Abordar este problema en toda su generalidad es demasiado complejo en 1915; de hecho, sigue siéndolo hoy día, más de un siglo después. Einstein comprende que tiene que hacer algunas hipótesis para intentar describir el universo, y llega rápidamente a la conclusión de que no podrá efectuar cálculos sin formular una conjetura muy fuerte: que la materia está repartida lo más uniformemente posible por todo el universo. Por supuesto, a pequeña escala, la materia está distribuida de manera muy poco homogénea:

la masa del sistema solar se concentra casi exclusivamente en el Sol y en menor medida en los planetas. Fuera de estos cuerpos, no hay prácticamente nada. Y entre el sistema solar y las estrellas cercanas, estén o no rodeadas de cortejos planetarios (lo que entonces se desconocía), tampoco hay nada. Pero ¿y a mayor escala? Einstein supone que la distancia entre estrellas cercanas podría ser siempre más o menos la misma, es decir, que el universo podría considerarse como una especie de «gas de estrellas», lo mismo que un gas ordinario, solo que los constituyentes elementales son estrellas en lugar de átomos. Es una hipótesis atrevida: en aquel entonces nadie sabe cuál es la estructura a gran escala del universo. Se sospecha (con razón) que el Sol está situado dentro de una concentración de estrellas, la Vía Láctea. Pero aparte de eso, la existencia o no de objetos fuera de esa concentración no está clara. Por tanto, Einstein formula la hipótesis de que existen estrellas en todas partes del universo. Mediante un cálculo relativamente sencillo se da entonces cuenta de que un gas de estrellas es muy diferente de un gas ordinario. Las estrellas se atraen entre sí por efecto de la gravitación; no pueden permanecer inmóviles unas respecto a otras, sino que tienen que tender a juntarse. Sin embargo, el estudio de la luz emitida por las estrellas demuestra que no es así y que nuestro «gas de estrellas» local no presenta ningún movimiento de conjunto. Existe, pues, una contradicción. Para sortear el problema, opta entonces por la idea de que, sobre distancias suficientemente grandes, las leyes de la gravitación no pueden imponer a los objetos la necesidad de atraerse sistemáticamente entre sí. Le parece necesario modificar estas leyes, añadiéndoles un término adicional, repulsivo, al que da el nombre de «constante cosmológica». Einstein no se siente cómodo con esta solución, por una razón comprensible: acaba de exhibir nuevas leyes de la gravitación para explicar el movimiento de Mercurio y reconciliar las leyes de Newton con las de la relatividad especial, y hete aquí que ahora se ve obligado, casi a renglón seguido, a modificar las leyes recién descubiertas. «He vuelto a cometer algo a propósito de la teoría de la gravitación que, en cierto modo, me expone al peligro de ser internado en un manicomio», escribe a su colega (y amigo) Paul Ehrenfest (1880-1933). Tanto más cuanto que, de paso, Einstein hace otro descubrimiento vertiginoso. El hecho de añadir la constante cosmológica permite ahora determinar la forma del universo. Y esta forma *no* es una cosa infinita que se extiende hasta donde alcanza la vista. Al contrario, Einstein *demuestra* que desde el momento en que suponemos que las estrellas están distribuidas uniformemente por el universo, este es de extensión finita.

Este resultado les parecerá sin duda muy paradójico: ¿cómo puede la materia estar a la vez distribuida uniformemente y ocupar una región de extensión finita? Lo que Einstein descubre es que el universo es una especie de equivalente de una esfera. Una esfera es un objeto de dos dimensiones, es decir, solo se necesitan dos números para situarse en ella. Por ejemplo, la superficie de la Tierra, si se hace abstracción del relieve y del hecho de que su forma no es exactamente redonda[1], es efectivamente una esfera: basta con dos números para situarse sobre ella, la latitud y la

---

1. En realidad está achatada como consecuencia de la rotación alrededor de su eje; véase *Por qué la Tierra es redonda*.

longitud, por ejemplo. Un plano (o digamos que una hoja de papel arbitrariamente grande) también es un objeto de dos dimensiones. Siempre podemos cuadricularlo e identificar un punto por su posición en relación con la cuadrícula (lo que se llama la abscisa y la ordenada, si las clases de geometría de secundaria no dejaron en el lector demasiados malos recuerdos). Pero el plano difiere de la esfera en un aspecto esencial. En un plano, si nos movemos en línea recta, nos alejamos indefinidamente del punto de partida. En una esfera, moverse en línea recta sigue teniendo sentido (el que le damos cuando andamos en línea recta, es decir, cuando nos movemos a lo largo de una línea geodésica; véase el capítulo 10), pero al hacerlo volveremos al punto de partida. Una esfera es, por tanto, un objeto de extensión finita, pero sin borde. Einstein demuestra que con la hipótesis de que las estrellas están distribuidas uniformemente en el universo, este último es entonces el equivalente tridimensional de una esfera: tiene extensión finita pero carece de borde. Representarnos una esfera bidimensional no nos resulta difícil. Esto se debe a que podemos observarla «desde el exterior», desde el espacio con el que estamos familiarizados, que tiene tres dimensiones. Pero no podemos hacer lo mismo para observar desde el exterior una esfera tridimensional: para ello sería necesario que el espacio que nos rodea tuviese cuatro dimensiones. Dicho esto, desde un punto de vista matemático, una esfera de tres dimensiones, también conocida como «hiperesfera», no es un objeto conceptualmente tan diferente de una esfera de dos dimensiones. Por supuesto, hace falta cierta gimnasia mental para comprenderlo, pero al final se consigue. Einstein demuestra así que el universo es una gigantesca hiperesfera. Su volumen es finito, pero no tiene bordes ni espacio exterior alrededor de él.

A estas alturas muchos lectores tendrán fruncido el ceño desde una o dos páginas atrás. Si el universo fuera una «cosa» llamada hiperesfera, ¡ya habrían oído hablar de ella! Y tendrían razón. El universo *no* es lo que Einstein creía haber demostrado. Porque ha cometido un error —algo raro en una inteligencia hasta entonces casi infalible—, aunque en realidad no fue culpa suya. Supuso que los bloques elementales a la hora de estudiar el universo eran las estrellas, pero no es así. Partiendo de esta hipótesis, que tiene todo el sentido del mundo, se basó en un hecho observacional perfectamente exacto, a saber, que las estrellas no tienen ningún movimiento de conjunto en relación con el Sol. Por tanto, pensó, la distribución de materia es estática o estacionaria. Pero, en cierto sentido, Einstein no pensó suficientemente a lo grande. No son las estrellas lo que hay que considerar, sino las estructuras que las contienen, es decir, las galaxias, cuya dinámica no es la de las estrellas. Pero eso Einstein no lo sabe... porque las galaxias no han sido todavía descubiertas, o mejor dicho, no han sido todavía identificadas como tales.

Desde los tiempos antiguos, e incluso desde la prehistoria, se sabe que de noche hay en el cielo estrellado una banda difusa que lo atraviesa. Los autores griegos veían en ella la leche que brotó del pecho de la diosa Hera al rechazar esta a uno de los muchos hijos ilegítimos que su voluble marido Zeus había tenido con una humana y que le había colocado en el pecho mientras ella dormía para que la leche divina le confiriera la inmortalidad. En realidad, nuestra Vía Láctea —el nombre proviene de esa leyenda— está formada por una cantidad ingente de estrellas, como descubriera Galileo la primera vez que apuntó al cielo con un telescopio astronómico en otoño de 1609. Por consiguiente, nuestro entorno estelar era al parecer una concentración relativamente plana de estrellas, tal vez en forma de disco, siendo por lo demás difícil saber en aquella época si el Sol se encontraba o no cerca del centro[2]. El problema que tenían planteado los astrónomos desde hacía siglos era determinar si esa concentración era algo aislado o incluso único en el espacio, o si había objetos fuera de ella. Pero a falta de medios para determinar las distancias, era difícil saber si los objetos observados se encontraban todos en nuestra galaxia, la Vía Láctea, o si algunos estaban fuera de ella. Cuando Einstein se interesa por la estructura a gran escala del universo, se está a punto de encontrar la respuesta. En efecto, hay un grupo de objetos que desde hace varios años viene intrigando mucho a los astrónomos. Además de las estrellas que se distinguen individualmente, hay muchas zonas débilmente luminosas y difusas, conocidas colectivamente como «nebulosas». Una de las clases de nebulosas llama en particular la atención: las «nebulosas espirales». Como la mayoría de las nebulosas, son más brillantes en el centro que en los bordes, pero en lugar de una forma que suele ser bastante irregular, estas nebulosas tienen dos o más extensiones que se alejan de la zona central en espiral. Lo que cambia de una nebulosa espiral a otra es que el dibujo aparece más o menos aplastado. Los astrónomos sospechan, con razón, que estos objetos son estructuras relati-

---

2. El problema lo resolverá en los años 1930 uno de los discretos pero notables actores del capítulo anterior, Robert Trumpler.

vamente circulares y planas pero vistas con ángulos de inclinación diferentes, lo que a veces les da ese aspecto achatado. Ahora bien, si la Vía Láctea es efectivamente una concentración relativamente plana de estrellas, quizá las nebulosas espirales también lo sean. Pero claro, podría no ser así. Muchos astrónomos piensan que puede tratarse de concentraciones de gas mucho más pequeñas, situadas en la Vía Láctea, y que son estrellas en formación. El gas que va a dar origen a una estrella se arremolinaría alrededor del centro antes de aglomerarse en un astro único. Cuando en 1917 Einstein comienza a interesarse por la estructura a gran escala del universo, acaba de realizarse la observación decisiva sobre la naturaleza de las nebulosas espirales, pero tanto él como la inmensa mayoría de la comunidad científica aún lo desconocen. El astrónomo norteamericano Vesto Slipher (1875-1969) ha empezado a determinar, mediante el estudio de su luz, la velocidad a la que se mueven estos objetos en relación con nosotros, y en 1914 anuncia un resultado asombroso: la gran mayoría de estos objetos se alejan de la Tierra, a velocidades muy superiores a las medidas para las estrellas de la Vía Láctea. Los astrónomos comprenden inmediatamente la importancia de este descubrimiento de Slipher, como lo demuestra el hecho de que recibiera una *standing ovation* en el congreso en el que lo anunció, reacción rarísima en el mundo científico, donde incluso los resultados importantes se comunican en un ambiente más bien sereno. Porque, claro está, aunque no se trate de una prueba irrefutable, aunque las mediciones de Slipher solo se refieran a 15 nebulosas espirales, el resultado sí sugiere que se trata de objetos situados fuera de la Vía Láctea, ya que de lo contrario su dinámica tendría que ser bastante parecida a la de las estrellas, con movimientos más lentos y más erráticos y proporciones comparables a la de objetos que se acercan y se alejan del Sol.

Slipher empieza a vislumbrar que la mayoría de las estrellas están repartidas en estructuras, las galaxias (término derivado del griego *galaxias*, que significa «lechoso»), uno de cuyos muchos representantes es la Vía Láctea, y que estas galaxias se alejan unas de otras. Si Einstein hubiera tenido esta imagen en mente, habría comprendido que su hipótesis de asimilar la distribución de la materia en el universo a un «gas» de objetos era correcta, pero que los componentes de este gas no son las estrellas, sino las galaxias. Y si las galaxias tienden a alejarse unas de otras, es porque el universo no es estático sino dinámico. Con esto en mente, Einstein podría haber sido él solo el arquitecto de la representación moderna del universo tal y como su teoría lo predice correctamente: un medio en expansión cuyos constituyentes se alejan unos de otros. Fue a finales de la década de 1920 cuando emergió gradualmente esta representación. En el plano observacional va asociada al astrónomo más famoso del siglo XX, Edwin Hubble (1889-1953; retengamos la fecha de su muerte, tendrá su importancia). En efecto, Hubble es el primero en identificar estrellas individuales en las nebulosas espirales —en aquel momento aún no se llamaban galaxias— y en medir su distancia, mucho mayor que la de todos los objetos galácticos conocidos. Después prolonga los resultados obtenidos por Slipher al descubrir que la inmensa mayoría de las galaxias no solo se alejan de la Vía Láctea, sino que se alejan tanto más rápido cuanto más lejos están. Esto es exactamente lo que ocurre en un universo en expansión. Sin embargo, aunque la importancia del trabajo de Hubble es indiscutible, su prestigio eclipsó durante mucho tiempo a algunos de sus contemporáneos. Y ello por varias razones, algunas involuntarias y otras no: en vida, su innegable carisma le ayudó a acaparar los focos en detrimento de otros astrónomos de talante más discreto, a lo que, tras su muerte, se añadió el activismo de algunos fervientes apologetas —concretamente su viuda y su amigo y protegido, el también astrónomo Nicholas Mayall (1906-1993)— que embellecieron su leyenda y contribuyeron a dejar en la sombra a otros protagonistas igual de meritorios en esta aventura.

Ante todo, Hubble dispuso para sus observaciones del telescopio Hooker, el mayor y más potente de su época. El instrumento debe su nombre a John Daggett Hooker (1838-1911), astrónomo aficionado que había hecho fortuna en la siderurgia. Su interés por la astronomía le llevó a financiar el que se *convertiría* en el mayor telescopio del mundo, contando con la ayuda del Instituto Carnegie, fundación creada por el industrial y filántropo escocés Andrew Carnegie (1835-1919). Hooker no vivió lo bastante para ver su proyecto hecho realidad, pero el telescopio superó sin duda todas sus expectativas, por el gran número de descubrimientos que propició. En astronomía, los descubrimientos suelen producirse al son de las mejoras de los medios de observación. Cuanto mayor es el telescopio, más luz recoge y más objetos, antes invisibles, permite ver. Eso es lo que necesita Hubble. Para llegar a identificar las galaxias como inmensas concentraciones de estrellas (varios centenares de miles de millones para una galaxia típica como la Vía Láctea) es necesario antes identificar individualmente estas estrellas, o al menos algunas de ellas, las más brillantes, y sobre todo medir su distancia. Para ello, Hubble va a aprovechar un importante descubrimiento de la astronomía, a saber, una propiedad de ciertas estrellas llamadas cefeidas. Veamos de qué se trata.

Una estrella como el Sol se encuentra en una configuración perfectamente estacionaria. A partir de reacciones nucleares (véase el capítulo 8) la estrella produce energía en su núcleo, y esta misma cantidad de energía es evacuada en la superficie. Pero en la práctica nada garantiza que eso ocurra así. Las capas exteriores de la estrella empujan contra el núcleo, provocando un aumento de la presión y haciendo posible que se produzcan las reacciones nucleares. Estas capas actúan también como una especie de manta, o mejor dicho de termostato, ya que ralentizan la difusión del calor hacia afuera. En muchos casos esto no impide que se establezca un equilibrio perfecto, con las capas exteriores presionando sobre el núcleo lo justo para permitir que se produzcan las reacciones, pero permaneciendo lo suficientemente diluidas para permitir que escape el calor producido. Pero, dependiendo de las características de la estrella, puede que no exista ese equilibrio estacionario. En algunos casos las capas exteriores presionan contra el núcleo y permiten que se produzcan las reacciones, pero son demasiado opacas para que el calor pueda escapar. El calor se acumula y acaba por empujar las capas exteriores hacia afuera al evacuarse. A medida que las capas exteriores presionan menos contra el núcleo, este se expande un poco, la temperatura desciende y las reacciones se ralentizan. Se produce menos calor y las capas externas dejan de ser empujadas hacia afuera. Vuelven así a caer sobre el núcleo, lo cual hace que las reacciones se produzcan con mayor intensidad, y así sucesivamente. Durante este proceso varía el ritmo al que se evacúa el calor y varía también, a menudo de forma muy regular, el brillo de la estrella. En este caso se habla lógicamente de una estrella variable. En la nomenclatura astronómica existen varios tipos de estrellas variables, pero es una categoría específica la que nos interesa aquí: las cefeidas. Su nombre procede de una de las más brillantes vistas desde la Tierra, la estrella delta de la constelación de Cefeo. Las cefeidas son fácilmente reconocibles por su curva de luz, es decir, por la forma en que su luminosidad varía con el tiempo. En este caso, su luminosidad aumenta de forma bastante brusca por un factor de 1,5 a 2, y luego disminuye mucho más lentamente para volver a su valor inicial, todo ello en el espacio de unos pocos días o unos pocos meses (la razón de esto no se conocía en aquel momento), siguiendo un ciclo extremadamente regular. Y lo más importante es el descubrimiento en 1912 de una propiedad notable de estas estrellas por una astrónoma estadounidense, Henrietta Leavitt (1868-1921), que durante mucho tiempo permaneció a la sombra de sus colegas masculinos.

Antes de describir esta propiedad, merece la pena explicar cómo era el trabajo de las mujeres astrónomas en aquella época. A principios del siglo XX, la astronomía (como las ciencias en general) es una actividad esencialmente masculina. Pero a medida que mejoran los medios de observación, los astrónomos se enfrentan con volúmenes de datos cada vez mayores cuyo tratamiento requiere cada vez más mano de obra. Así ocurre por ejemplo en el observatorio de la Universidad de Harvard, cuyo director, Edward Pickering (1846-1919), comprendió antes que nadie —gracias a un par de benefactores, de los que hablaré más adelante— la enorme aportación que podían representar las placas fotográficas astronómicas y, sobre todo, lo que podían decirnos sobre las estrellas. Así pues, Pickering está en el origen de la mayor campaña de fotografías astronómicas de la época, al final de la cual el observatorio acumulará cerca de medio millón de placas fotográficas. Porque, cosa nueva para la época, Pickering ya no razona como astrónomo, sino como astrofísico. Lo que le importa no es solo catalogar estrellas y medir su distancia o su movimiento en el cielo, sino sobre todo determinar sus propiedades físicas, como temperatura, luminosidad, variabilidad o composición química, e identificar los especímenes más interesantes. En este contexto se da cuenta de que, pese a sus incesantes esfuerzos por recaudar fondos, no logra aumentar el presupuesto del observatorio y por tanto no va a poder llevar a cabo todos sus proyectos sin contratar más personal. Empieza así a reclutar lo que en aquella época se llamó «calculadoras», es decir, mujeres razonablemente cualificadas encargadas de efectuar distintas tareas repetitivas e ingratas como catalogar estrellas a partir de un gran número de placas o estudiar sus propiedades. Porque contratar a mujeres significa que se les puede pagar mucho menos que a los hombres y por tanto que se puede contratar más personal sin pérdida de competencias. Es cierto que en aquella época las esposas, hijas o hermanas de los astrónomos ayudaban a veces a sus maridos/padres/hermanos en su actividad profesional, pero Pickering va en cierto modo a «industrializar» el proceso, rodeándose de una veintena de «calculadoras» cuyo trabajo de hormiguitas brindará la posibilidad de hacer numerosos descubrimientos. En retrospectiva no es fácil juzgar si Pickering explotó el trabajo de estas mujeres o si, por el contrario, les dio la oportunidad de entrar en el mundo de la astronomía, hasta entonces inaccesible para ellas. La verdad se halla probablemente en algún punto intermedio. Los historiadores se inclinan más bien por la segunda hipótesis, porque Pickering estaba considerado como un progresista, y además militó a favor del derecho de voto de las mujeres. También fue el primero en promover a una de estas «calculadoras» a un puesto oficial en su universidad, que sin embargo no tenía fama de muy reformista. Pero por otro lado no accedió a las reivindicaciones salariales de sus empleadas, y a la hora de anunciar descubrimientos científicos realizados por las «calculadoras» se arrogaba en ocasiones el derecho no solo de firmar los artículos, sino de ser el único firmante. Aunque nunca dejaba de mencionar, a menudo ya en la introducción, a qué calculadora o calculadoras se debía el resultado, cabe sin embargo preguntarse sobre la justificación e incluso la legitimidad de figurar como único autor, como fue el caso del gran resultado obtenido por Henrietta Leavitt. Pues fue en estas circunstancias medianamente valorizadoras como la astrónoma norteamericana va a hacer un importante descubrimiento sobre las cefeidas. Leavitt lleva años catalogando las estrellas variables de las Nubes de Magallanes, dos grandes concentraciones de estrellas visibles desde el hemisferio sur. En aquel momento no se sabe realmente si estos dos objetos (la Pequeña y la Gran Nube) son concentraciones de estrellas situadas en nuestra Vía Láctea o ligeramente fuera de ella, pero el hecho es que no ocupan una zona muy grande del cielo, lo que significa claramente que su tamaño físico es probablemente mucho menor que su distancia. Por tanto, en primera aproximación se puede considerar que todas las estrellas de una Nube están situadas a la misma distancia del Sol, sea cual sea esa distancia. El problema con que se enfrenta Henrietta Leavitt es que ninguna de las estrellas variables que ha encontrado es muy brillante, lo que hace especialmente difícil la evaluación precisa de su brillo, algo ahogado por el de las innumerables estrellas en derredor. A pesar de ello, y tras muchos esfuerzos, consigue medir con razonable precisión el brillo de 25 estrellas cefeidas de la Pequeña Nube de Magallanes en su máximo de luminosidad. Y descubre que la variación de la luminosidad es tanto más lenta cuanto mayor es esta en su punto máximo. Sea cual sea el origen de esta variación —lo comprenderá unos años más tarde un nombre citado varias veces en capítulos anteriores: Arthur Eddington—, estas estrellas pueden considerarse como lo que más tarde recibiría el nombre de «candelas estándar»: si se conoce su luminosidad, se conoce su distancia y viceversa. Por ejemplo, si a igualdad de periodo la luminosidad de una cefeida es cien veces menor que la de otra, entonces esta última está diez veces más cerca. Si encontramos una cefeida de período largo en una nebulosa espiral, su débil luminosidad nos indica inmediatamente que está muy lejos y que por tanto la nebulosa es otra galaxia.

Unos diez años más tarde, en la noche del 5 al 6 de octubre de 1923, Edwin Hubble fotografía la mayor de las nebulosas espirales, la nebulosa de Andrómeda. Tras revelar la placa, la compara con otras tomadas en noches anteriores. Una estrella le llama la atención. Había observado que su luminosidad había variado, pero hasta entonces pensó que se trataba de una nova[3], un fenómeno no comprendido en aquella época y que se caracterizaba por aumentos repentinos e imprevisibles de la luminosidad de ciertas estrellas, en realidad debidos a gigantescas explosiones producidas en su superficie como consecuencia de una transferencia de masa desde una estrella en órbita alrededor de ella. Hubble creía haber descubierto una nova, poco luminosa por lo demás, en la nebulosa de Andrómeda. Pero la placa tomada esa noche cambia completamente el panorama: la variación de luminosidad no se corresponde con la variación de luminosidad empíricamente conocida para una nova. Se trata de una estrella variable. En el negativo de la placa original, que se ha conservado, la estrella en cuestión está marcada con una «N» manuscrita, lo que indica que Hubble pensaba que se trataba de una nova. Pero la «N» está tachada y en su lugar está escrito en tinta roja «VAR!». Hubble acaba ni más ni menos de descubrir una estrella variable que rápidamente identifica como una cefeida y demuestra, por el simple hecho de que el brillo es muy débil, la naturaleza extragaláctica de la nebulosa de Andrómeda, que pronto pasaría a llamarse galaxia de Andrómeda (o M31 para los astrónomos aficionados; es, pues, uno de los objetos catalogados por Charles Messier). Cosa curiosa, Hubble no publica este resultado de inmediato, sino que se contenta con escribir una breve comunicación que será leída por un colega en un congreso a finales de 1924. La razón es probablemente que la nebulosa de Andrómeda es una

---

3. El nombre procede del latín *nova stella*, que significa «estrella nueva», porque cuando la nova era visible a simple vista, parecía una estrella nueva que acababa de encenderse.

galaxia de tamaño normal, comparable a la nuestra, con varios cientos de miles de millones de estrellas. Aunque Hubble está lejos de poder distinguirlas todas individualmente, el estudio de las que identifica le lleva tiempo. Los primeros anuncios de galaxias identificadas como tales se referían a objetos más pequeños y con menos estrellas: en primer lugar, la poco conocida NGC 6822, cuyas 11 cefeidas identificadas por Hubble bastan para convertirla en «el primer objeto definitivamente asignado como exterior a la Vía Láctea», según sus propias palabras; después, la Nebulosa del Triángulo (o M33, otro objeto del catálogo de Messier), cuyas 35 cefeidas detectadas por Hubble indican que se encuentra ocho veces más lejos que la Pequeña Nube de Magallanes[4]. Hubble no publicó su estudio detallado de M31 hasta 1929, pero para entonces la suerte ya estaba echada: las nebulosas espirales son galaxias, sin duda similares a la Vía Láctea.

Hubble no se detiene ahí. Porque el potente instrumento de que dispone le permite continuar lo que Slipher había empezado a hacer: medir la velocidad a la que se alejan de nosotros lo que ahora ya son galaxias. Pero también le permite, en cuanto encuentra una cefeida, determinar la distancia que nos separa de esa galaxia. E incluso si no encuentra ninguna cefeida, puede estimar la distancia de la galaxia comparando su brillo con el de M31, suponiendo que son objetos similares con luminosidades intrínsecas comparables. Esto no siempre es así, pero por término me-

4. La cifra exacta es más bien trece veces, pero eso no cambia en nada la conclusión de Hubble: M33 es un objeto situado muy fuera de los límites de la Vía Láctea.

dio es más o menos cierto. Con la ayuda de su ayudante Milton Humason (1891-1972) realiza el descubrimiento que abre la perspectiva más vertiginosa de toda la historia de la astronomía: la expansión del universo. Aunque esta va asociada lógicamente a Hubble, el nombre de su ayudante no debe omitirse, sobre todo porque es uno de los astrónomos con el destino más singular de este siglo, y como tal merece que le dediquemos un pequeño párrafo.

Hoy en día, si quieres ser astrónomo tienes que estar dispuesto a hacer largos estudios, incluso muy largos: después del bachillerato hay que hacer una carrera universitaria completa, empezando por la licenciatura (tres años) y luego el máster (dos años). También puedes pasar por una escuela de ingeniería, pero que llevará más tiempo: dos (o incluso tres) años de clases preparatorias, más tres años en la propia escuela de ingeniería, más, en la mayoría de los casos, un año de máster, es decir, posiblemente siete años. Luego, sea cual sea la carrera, hay que hacer una tesis, lo que añade otros tres años. Así que, en el mejor de los casos, estarás en la escuela y luego en la universidad hasta los veintiséis años, y lo mismo en el extranjero, porque los planes de estudios universitarios están cada vez más armonizados. Milton Humason siguió un camino diferente. En efecto, dejó de estudiar en 1905, cuando tenía solo catorce años. ¿En virtud de qué milagro se vio envuelto entonces en uno de los mayores descubrimientos de la historia de la astronomía? Aquel verano, el azar quiere que pase una temporada en una colonia de vacaciones cerca del observatorio de Monte Wilson, que acababa de construirse. Fascinado tanto por el cielo como por la montaña, Humason consigue de sus padres poder interrumpir los estudios y pasar un año trabajando en la colonia de vacaciones y en un hotel cercano, interrupción que ya nunca terminaría. De trabajo ocasional en trabajo ocasional, se hace arriero, encargado de llevar suministros y equipos al observatorio, al que solo se accede por un camino no transitable para vehículos de motor. Como la historia es bella, conoce allí a su futura esposa, la hija del ingeniero jefe del observatorio. Se casa en 1911 y abandona enseguida el trabajo de arriero por un puesto socialmente mejor valorado, como capataz en una granja vecina. Pero su pasión por el cielo sigue en pie. En 1917 consigue a través de su suegro el único trabajo en Monte Wilson al que su escaso currículum le permite optar: el de conserje. Y es entonces cuando se produce el milagro. Ahora, como residente permanente del observatorio, nada le impide asistir como simple observador al trabajo de los astrónomos bajo las cúpulas, lo que le permite iniciarse de manera informal en el manejo de diversos instrumentos. Esta competencia resulta muy útil en el caso de algunos de los astrónomos visitantes, a veces nada versados en estas lides. Poco a poco, el espectador se convierte en asistente, un asistente que rápidamente llama la atención por sus cualidades: meticuloso, eficaz y, sobre todo, muy discreto. En esas condiciones, la dirección del observatorio, bajo la presión de algunos astrónomos, entre ellos Hubble, acaba por nombrarlo finalmente ayudante en 1921. La decisión no deja de causar revuelo entre algunos astrónomos, pero Humason les quitará la razón y se mostrará a la altura de este inverosímil favor.

Hasta aquí, el contexto que permitió a Humason convertirse en ayudante oficial de Hubble. Hubble se encarga de elegir qué investigaciones efectuar; Humason, del manejo de los espectrógrafos y las placas fotográficas, un arte complejo y difícil de dominar en aquella época. Aunque el nombre no les suene, el espectrógrafo es sin duda el instrumento más importante en la astronomía. Generalmente se piensa que la astronomía es una cuestión de fotografías, pero la piedra angular del estudio de los cielos es en realidad la espectroscopia: el análisis de la luz de las estrellas. En su versión más elemental, el espectrógrafo es un instrumento relativamente sencillo: la luz de un astro pasa a través de un prisma de vidrio donde sufre una doble refracción (a la entrada y a la salida), lo que permite obtener su espectro, es decir, la descomposición de la luz en sus colores elementales (ya hablamos de ello en el capítulo 1). El estudio detallado de esta luz, recogida en una película fotográfica, permite determinar la composición química del objeto que emitió la luz y, sobre todo, la velocidad a la que se acerca o se aleja de la Tierra. Sin embargo, la tarea no es fácil, ya que para determinar el espectro de un objeto hay que tomar fotografías con tiempos de exposición mucho más largos que para fotografiarlo, tiempos que pueden ser de horas, de una noche entera o incluso de varias noches, durante las cuales hay que vigilar constantemente el instrumento para asegurarse de que sigue enfocado y apuntando correctamente a su objetivo, tarea para la que la paciencia y meticulosidad de Humason vienen como anillo al dedo. Fue así como a finales de los años veinte él y Hubble hacen su gran descubrimiento: comprueban que las galaxias se alejan, y que se alejan tanto más deprisa cuanto más lejos están. Al principio solo observan el fenómeno en una región de extensión limitada alrededor de nuestra galaxia, la única en la que pueden determinar a qué velocidad se alejan las galaxias de nosotros. Pero gracias al talento de Humason, poco a poco amplían los límites y abordan galaxias cada vez más lejanas y por tanto cada vez menos brillantes. Y el fenómeno que se observa es siempre el mismo. Todo ocurre como si estuviéramos quietos en el centro del universo y como si, habiéndose producido una gigantesca explosión en el lugar exacto de nuestra galaxia, todas las demás se vieran proyectadas hacia afuera. La interpretación de que estamos situados en el centro del universo es tentadora... pero totalmente inexacta: la forma en que las galaxias se alejan de nosotros significa que cualquier observador situado en cualquier galaxia tendrá la impresión de que es él quien está inmóvil y que son las demás las que se alejan de él de la misma forma que desde nuestro punto de vista, es decir, tanto más rápido cuanto más alejadas están.

Sin embargo, la interpretación correcta del fenómeno ya se conocía desde hacía varios años gracias a los trabajos de dos teóricos europeos, el soviético Alexandre Friedmann (1888-1925) y el belga Georges Lemaître (1894-1966). Los dos habían hecho, cada uno por su lado, lo que Einstein no se había atrevido a hacer: concebir un universo que puede evolucionar con el tiempo. La hipótesis de partida era la misma que la de Einstein: considerar un universo lleno de un material —las galaxias— distribuido de forma homogénea y examinar no solo la forma que adoptaría el espacio, sino también la dinámica a la que podría estar sometido ese universo. En el transcurso de los años veinte, ambos llegan a la misma conclusión: es muy poco probable que un universo así permanezca estático. Incluso en presencia de una constante cosmológica, esta distribución homogénea irá casi siempre acompañada de un movimiento global y el universo estará en contracción o en expansión: había nacido el concepto de expansión del universo. Al contemplar la dimensión temporal, Friedmann y Lemaître demuestran que el universo no tiene necesariamente la forma de una hiperesfera, como Einstein creía haber demostrado. Puede ser así, pero también es posible, de forma más convencional, que se parezca al espacio tal y como lo imaginamos, infinito y similar en todas partes a lo que vemos aquí. Otra posibilidad es que tenga una forma más extraña, llamada hiperbólica, en la que, incluso en ausencia del fenómeno de la expansión, dos objetos que viajan a lo largo de trayectorias perfectamente paralelas acaban alejándose poco a poco uno de otro (al cabo, eso sí, de varios miles de millones de años). Pero, para lo que nos interesa aquí, la forma del espacio no juega ningún papel esencial: Friedmann y Lemaître comprenden que en todos los casos la expansión va a traducirse visualmente de la misma manera: siempre tendremos la impresión de que todos los objetos se alejan de nosotros, y que se alejan tanto más rápido cuanto más lejos están. Y para Lemaître, en particular, no se trata de un mero ejercicio intelectual: el artículo que publica sobre el tema en 1927 lleva por título «Un universo homogéneo de masa constante y radio creciente *que explica la velocidad radial de las nebulosas extragalácticas[5]*». En él afirma claramente que, con arreglo a los datos muy fragmentarios de que dispone en ese momento, recogidos principalmente por Slipher, parece efectivamente que la luz de las nebulosas espirales revela ese movimiento general de expansión, y eso dos años antes de la primera publicación de Hubble so-

---

5. Las cursivas son mías.

bre el tema. Pero, sin duda por modestia, no reivindicó la paternidad del descubrimiento, hasta el punto de que cuando su artículo de 1927 fue traducido al inglés en 1931 (nada menos que por Arthur Eddington), Lemaître reelaboró el texto suprimiendo la discusión de los datos de que disponía en 1927 y que le habían permitido entrever el fenómeno, por considerar que dichos datos habían quedado obsoletos al lado de los más recientes de Hubble. Esta es una de las razones (entre otras) de que se atribuyera únicamente a Hubble el descubrimiento de la expansión del universo, cuando, como ocurre muchas veces en ciencia, la realidad era más compleja.

El fenómeno de la expansión tiene un lado desconcertante. Cabría pensar que afecta a todas las cosas y que cada uno de nosotros podría estar sometido a ella. ¿Nos agrandamos imperceptiblemente a causa de la expansión del universo? En realidad no, como demostró Einstein en su último gran artículo científico, escrito en 1946 con Ernst Straus (1922-1983). La expansión solo arrastra consigo los objetos que no tienen ninguna fuerza de cohesión que mantenga su integridad. Los átomos de los que estamos compuestos forman moléculas, lo que es más que suficiente para impedir que se separen unos de otros. Los planetas alrededor del Sol también se mantienen unidos por fuerzas de cohesión, en este caso su propio campo gravitatorio. Su carrera alrededor del Sol tampoco se ve afectada por la expansión; el Sol los mantiene en órbitas que no cambian de tamaño. Lo mismo ocurre con las estrellas de la Vía Láctea o de cualquier otra galaxia. Todos estos objetos están desvinculados del fenómeno de la expansión. Pero a partir de ahí, a escalas más grandes, la expansión acaba por imponerse. Es importante comprender que la expansión no es lo que sugiere la impresión visual, es decir, un movimiento de las galaxias *en el espacio*. Se trata por el contrario de un hinchamiento o inflamiento *del propio espacio*. La idea es de lo más extraña. El espacio, sobre todo vacío de materia, es una entidad inmaterial y, sin embargo, en nuestra mente, perfectamente indeformable. Pero no, nos dijo Einstein en 1915, el espacio puede deformarse. Se deforma por la presencia de los astros, pero no solo por esa razón. También puede deformarse globalmente por esta dinámica de la expansión, que le obliga a aumentar de volumen allí donde no hay ninguna materia que lo impida. El lector quizá se pregunte cómo se hincha el universo, o más bien *hacia dónde* se hincha. Porque, al fin y al cabo, podría ser que esta expansión no fuese más que el equivalente de un globo al inflarse o, por utilizar una analogía muy querida por Hubert Reeves, las pasas de un pudín que se alejan unas de otras cuando el pudín se hincha al cocerse. Pero la expansión del universo no es eso. El universo es todo cuanto existe. No tiene ningún espacio exterior hacia el cual expandirse. Se hincha de forma puramente *intrínseca*. Me imagino al lector frunciendo el ceño al leer estas líneas, pero tenga por seguro que todos los/las estudiantes a quienes se les enseña esto se quedan perplejos durante un tiempo. Es un paso obligatorio, pero uno acaba por acostumbrarse. La cualidad más esencial de cualquier persona interesada en la ciencia es tener la humildad de aceptar que nuestra intuición nos engaña a veces.

Otra paradoja, y no de las menores, es que en este fenómeno de la expansión los objetos que se alejan de nosotros lo hacen a una velocidad proporcional a su distancia. Si una galaxia está dos veces más lejos de nosotros que otra, se alejará el doble de rápido. En consecuencia, habrá siempre una distancia a partir de la cual los objetos se alejen de nosotros a la velocidad de la luz, y los objetos situados un poco más lejos se alejarán aún más rápido. Eso está por encima del límite de velocidad autorizado por la relatividad especial, así que no es posible, dirá quizás el lector. Pero la realidad es más sutil. En las frases y párrafos precedentes he tenido cuidado de decir que las galaxias *se alejaban* de nosotros en lugar de decir que las galaxias *se movían* con respecto a nosotros; he insistido en el hecho de que el espacio se hinchaba entre las galaxias, sin decir que estas se movían unas con respecto a otras. La elección no es puramente semántica, sino que pretende distinguir entre dos cosas realmente muy diferentes. En la vida cotidiana podemos fácilmente conceptualizar lo que significa la velocidad relativa entre dos objetos. Si viajamos en un coche a 100 km/h (el valor es indiferente), eso significa que el asfalto bajo el coche desfila a 100 km/h, pero también que el peaje de la autopista se acerca a esa misma velocidad de 100 km/h (o que somos nosotros los que nos acercamos, lo que vuelve a ser indiferente). Pero en realidad, con distancias suficientemente grandes, el concepto de velocidad relativa es una noción mal definida. Imaginemos por ejemplo dos aviones que se desplazan de este a oeste a lo largo del ecuador a una velocidad de 1000 km/h. Esta velocidad puede ser medida por un observador en tierra que ve pasar los aviones por encima de su cabeza. Si los aviones se siguen de cerca, estamos tentados de decir que tienen la misma velocidad: si se desplazan a la misma velocidad en relación con el suelo, y el piloto del segundo avión ve al primero siempre delante de él, su velocidad relativa es ciertamente la misma. Imaginemos ahora que el primer avión pasa por encima del observador situado en tierra 10 horas antes que el segundo. El observador verá pasar los dos aviones con la misma velocidad con respecto a él, aunque en momentos diferentes. Por tanto, podría pensar que tienen la misma velocidad. Pero ¿es seguro? Sería así si la Tierra fuera plana, pero la superficie terrestre es *curva*. Y esa diferencia de diez horas entre los aviones significa que el primero lleva 10 000 km de ventaja al segundo, es decir, una cuarta parte de la circunferencia terrestre. Imaginemos que observamos estos aviones al mismo tiempo, no desde la Tierra, sino desde el espacio. La dirección en la que se mueven los aviones ya no es la misma. Si uno de los aviones está un cuarto de vuelta por delante del otro, su movimiento en el espacio será perpendicular al del otro avión. Y si el avión lleva media vuelta de ventaja, se moverá en dirección opuesta a la del otro. En ese caso es difícil decir nada sobre su velocidad relativa. Podríamos decir que es nula, ya que la distancia entre los dos aviones no cambia, como tampoco la orientación de uno con respecto al otro; o podríamos afirmar que es de 2000 km/h. En un universo en expansión, la cosa es aún peor. La noción de velocidad relativa entre dos galaxias distantes *simplemente no tiene ningún sentido*. Siempre existe una velocidad infranqueable, la velocidad de la luz, pero infranqueable en el sentido de que un observador que ve pasar un objeto *delante de él* nunca verá que se mueve con exceso de velocidad. Comparar su velocidad con la de un objeto que está *muy lejos de él* no tiene sentido... y, por consiguiente, si el espacio se hincha entre las galaxias, nada impide que las distancias entre ellas crezcan más rápido que la velocidad de la luz. Chocante, pero es así. Tenga por seguro el lector que la primera vez que se explica esto en detalle a los estudiantes de máster se ve también invariablemente una mezcla de sospecha e incredulidad en una parte del auditorio.

Esas reticencias son igual de grandes en tiempos de Hubble, y él mismo no es nada entusiasta del concepto de expansión. Sin embargo, se enteró de su existencia por boca del propio Lemaître en 1928 durante un congreso celebrado en Leiden (Países Bajos). Y probablemente fue esta conversación la que le llevó a investigar con Humason si las galaxias se alejan efectivamente tanto más deprisa cuanto más lejos están. Pero, por paradójico que parezca, parece ser que eso no bastó para convencerle de que esa era la interpretación correcta de sus observaciones. La prueba está en la obra que publica en 1936, en la que sintetiza los numerosos descubrimientos que ha realizado sobre las galaxias. El libro, *The Realm of the Nebulæ* (El reino de las nebulosas), es bastante breve y relativamente poco técnico y está dirigido tanto al público en general como a los astrónomos no especialistas (es decir, a muchos astrónomos, ya que el tema seguía siendo bastante confidencial en aquella época). Una gran parte del libro está naturalmente dedicada a la determinación de las distancias de las galaxias y la relación entre estas distancias y su «velocidad aparente» de recesión, como decidió llamarla. Pero a la hora de dar una interpretación, se muestra asombrosamente prudente, por no decir reservado. No es sino faltando cuatro páginas para el final del libro (que tiene algo más de 200) cuando menciona el universo estático de Einstein y los modelos de universo en expansión de Friedmann —sin mencionar, curiosamente, los trabajos de Lemaître—, pero sin excluir en ningún momento la posibilidad de que surja una explicación alternativa a la expansión para explicar estas «velocidades aparentes» de las galaxias. Quizá haya que ver en la prudencia de Hubble la actitud frecuente del experimentador (o del observador, en el campo de la astronomía) que domina los datos que ha recogido pero se siente menos capacitado para pronunciarse sobre su interpretación[6]. También puede que tenga algo que ver con el hecho de que tuvo ocasión de conocer a Albert Einstein durante una visita que este hizo a Monte Wilson en 1931, porque en este aspecto tampoco es Einstein quien más cómodo se siente. Friedmann fue el primero en publicar, en 1922, un artículo en el que describe cómo sería un universo en expansión (en una época en la que, no lo olvidemos, aún no se han identificado las galaxias, por lo que la hipótesis de la expansión es muy vanguardista). El artículo no pasa inadvertido para Einstein, que responde a él poco después, de manera bastante seca: «Los resultados contenidos en el trabajo citado relativos a un universo no estático me parecen sospechosos», escribe en la revista donde Friedmann había publicado su artículo unos meses antes. Tras una breve correspondencia con Friedmann y otro físico ruso, Yuri Krutkov (1890-1952), Einstein publica al año siguiente otra nota, vagamente más entusiasta: «En una nota anterior critiqué el trabajo mencionado [de Friedmann]. Sin embargo, mi objeción se basaba —como llegué a convencerme, a sugerencia del señor Krutkov, guiado por una carta del señor Fried-

---

6. En esa misma línea, Albert Michelson nunca se sintió muy cómodo con la relatividad especial, cuando sus experimentos habían hecho posible su descubrimiento.

mann— en un error de cálculo. Considero que los resultados de Friedmann son correctos y esclarecedores. Se demuestra que las ecuaciones [de la relatividad general] admiten para la estructura del espacio [...] soluciones dinámicas». Pero en realidad no está convencido. La prueba es que en el borrador de esta carta incluía la siguiente precisión al final de la última frase: «[...] a las que apenas es posible atribuir ningún significado físico». No fue hasta que se descubrió la expansión del universo, unos diez años más tarde, cuando Einstein aceptó a regañadientes la idea. En colaboración con Willem de Sitter publicó un breve artículo en el que estudia las propiedades de un modelo de universo en expansión, pero que en realidad es un caso particular bastante sencillo de los modelos explorados por Friedmann y Lemaître años atrás. Evidentemente, el tema no le entusiasma, y esta sería su última contribución a un campo a cuyo desarrollo había sin embargo contribuido de manera decisiva. Al estar el universo en expansión, su hipótesis de una constante cosmológica quedaba ya caduca, lo que hará que la califique como «el mayor error de su vida». Sin embargo, en virtud de una pirueta cuyo secreto guarda la ciencia, esta constante cosmológica será finalmente puesta de manifiesto casi 80 años después. Porque si bien el recurso a esta constante es esencial para describir un universo estático, también es posible que esté presente cuando el universo no lo es, como ya habían comprendido Friedmann y Lemaître. Y en efecto, en la actualidad la expansión del universo está impulsada principalmente por esta constante cosmológica, que por tanto es una actriz principal en la historia y la estructuración del universo. ¡Nada mal, para ser el mayor error de una vida!

Ahora bien, la consecuencia inmediata de la expansión del universo es que este era más denso en el pasado, y tanto más cuanto más se retrocede en el tiempo. De hecho, si remontamos hacia atrás este proceso, no parece que haya nada que se oponga a que la expansión haya existido desde una época en la que la densidad era extraordinariamente grande. Así pues, el universo tal y como lo conocemos tiene una historia. Surgió de una fase muy densa y por tanto muy caliente (si comprimimos un gas, se calienta), una época de la que todos han oído hablar porque el término ha pasado a formar parte del lenguaje cotidiano: el Big Bang[7]. Falta espacio para hacer aquí un repaso de la historia del Big Bang hasta nuestros días (vasto programa...), pero, en lo que respecta al tema de este libro, lo que hay que recordar es que el Big Bang es una consecuencia bastante ineluctable de la relatividad general, que a su vez es una consecuencia obligada de la relatividad especial y por tanto de $E = mc^2$. Tirando del hilo, se llega al ovillo, ¡y vaya ovillo!

7. A esta historia está dedicado otro libro de esta misma serie «Comment a-t-on su: *L'âge de l'Univers*, de Marc Lachièze-Rey, humenSciences, 2021.

14. La bella durmiente

Cuando uno publica un artículo, lo que se pretende es aportar nuevos conocimientos sobre un determinado tema científico. En la inmensa mayoría de los casos, los posibles resultados son dos. El artículo puede pasar inadvertido, ya sea porque está equivocado, mal escrito o carece de interés, o porque otros se nos han adelantado. También puede ser que no lo hayamos difundido por los canales de comunicación habituales de nuestro campo científico o que hayamos olvidado darlo a conocer en las conferencias científicas. En los demás casos el artículo aportará su piedrecita al edificio del conocimiento. Los colegas lo citarán, lo discutirán, lo modificarán o lo desarrollarán. En resumen, el trabajo encontrará rápidamente su lugar en el incesante proceso de construcción del saber. Por supuesto, los artículos no son todos iguales. Algunos son más importantes, más seminales, más decisivos que otros; el lector ha visto ya algunos gloriosos ejemplos en los capítulos anteriores. Pero la diná-

mica suele ser la misma. Como el artículo es la continuación de los trabajos en curso, es probable que interese a los
colegas de la profesión en un futuro inmediato. Por consiguiente, desde los primeros meses o años después de su publicación será citado por ellos, para después ir decayendo
el interés al ser desplazado el trabajo por investigaciones
más recientes y por tanto más punteras. Pero el artículo no
se habrá convertido en algo inútil u obsoleto; habrá aportado su contribución al edificio del conocimiento, aunque su
periodo fecundo habrá terminado. Son raros los trabajos que siguen siendo muy citados décadas después de su
publicación. Así es la vida y la muerte de los artículos científicos.

Hay muchos estudios cuantitativos sobre este proceso, y
uno de los mejores especialistas es sin duda el neerlandés
Anthony van Raan (1945-). Físico de formación, se ha ido
reconvirtiendo poco a poco al campo de los *science studies*,
un término académico que puede traducirse por «estudios
sobre la ciencia», es decir, el estudio de la mecánica del proceso científico, no ya como proceso intelectual, sino como
actividad humana y social. En el transcurso de sus investigaciones observó que en el campo de los artículos existía
una categoría aparte, rarísimos pero sin embargo notables,
a los que bautizó poéticamente con el nombre de «bellas
durmientes». El nombre evoca, no por casualidad, el célebre cuento de Charles Perrault: se refiere a artículos que
pasan totalmente inadvertidos en el momento de su publicación y que se van olvidando poco a poco, quedando
«dormidos» durante años o incluso décadas antes de que
un acontecimiento desencadenante —el «príncipe»— provoque un notable y justificado resurgimiento del interés, ha-

ciendo instantáneamente que un viejo artículo pase del estatus de divagación sin interés al de trabajo de primera importancia, cuyo único defecto fue el de haberse adelantado demasiado a su tiempo para que su alcance se pudiese detectar nada más publicarse.

El ejemplo canónico de estas bellas durmientes es obra nada menos que de Albert Einstein. Como he intentado explicar, la gran obra de su vida es la relatividad (la especial y luego la general), pero Einstein fue también un contemporáneo e incluso un actor importante de la otra gran revolución científica del periodo de entreguerras, la mecánica cuántica. Un actor «importante» más que «principal», porque la relación personal de Einstein con la mecánica cuántica fue bastante compleja. Fue su verdadero iniciador con su primer artículo de 1905, su «año milagroso» (véase el capítulo 4), y en varias ocasiones hizo contribuciones de primer orden, por ejemplo en relación con los procesos de emisión y absorción de fotones por los átomos o sobre las propiedades de los fotones. Pero al mismo tiempo nunca suscribió plenamente la teoría, cuya naturaleza y consecuencias no encajaban con su concepción del mundo. En 1935, junto con Boris Podolsky (1896-1966) y Nathan Rosen (1909-1995), propuso una especie de *experimentum crucis* de la mecánica cuántica que (eso esperaba él) podría muy bien demostrar su invalidez. Pero a diferencia de la desviación de la luz predicha por la relatividad general, este otro experimento decisivo en un campo completamente distinto estaba totalmente fuera del alcance de la tecnología del periodo de entreguerras. Por eso fue olvidado por todo el mundo durante tres décadas antes de que un «príncipe», en este caso el físico norirlandés John Stewart Bell

(1928-1990), lo rescatara del olvido —lo despertara— e hiciera comprender al resto del mundo hasta qué punto esta propuesta de experimento, que había permanecido en el limbo, era ahora una prueba decisiva de la teoría, mucho más estricta que las numerosas pruebas que ya había superado con éxito. Y sobre todo Bell se dio cuenta de que tarde o temprano la tecnología de su tiempo sería capaz de llevarlo a la práctica. Independientemente de que el experimento en cuestión, finalmente realizado entre 1980 y 1982 bajo la supervisión del francés Alain Aspect (1947-), demostrara que el pronóstico de Einstein era erróneo, John Bell puso de relieve el carácter vanguardista, incluso profético, del artículo de Einstein y sus dos colaboradores.

Pero más allá de este ejemplo que rebasa un poco el ámbito de este libro, la gran obra de Albert Einstein fue también una «bella durmiente» durante mucho tiempo. No fue hasta la década de 1960, casi medio siglo después de su acta de nacimiento, cuando realmente emprendió el vuelo, época que más tarde se describió acertadamente como la «edad de oro» de la relatividad general. En efecto, tras su deslumbrante confirmación por la expedición de Eddington y su posterior utilización en el grandioso contexto de todo el universo, cabía pensar que la relatividad general se había asegurado definitivamente un lugar privilegiado en el panorama científico. Pero no fue así. Porque, pensándolo bien, ¿para qué diablos *servía* realmente esa teoría? ¿Para estudiar el universo en su conjunto? Una herejía para muchos, con Einstein a la cabeza. ¿Explicar la anomalía en el movimiento de Mercurio? Ínfima y sin influencia evidente en la dinámica del sistema solar. ¿La desviación de la luz? Terriblemente difícil de medir y sin interés aparente tampoco. Por notable que fuera el edificio intelectual construido por Einstein, había sido concebido, construido y pensado solamente para lo que era en un principio: un edificio intelectual sin conexión obvia ni directa con la realidad. Y así seguiría siendo durante mucho tiempo. Si hace falta un ejemplo para entenderlo, no hay más que fijarse en su *experimentum crucis*, la desviación de la luz. Cierto, el Sol y sin duda todos los astros desvían la luz. Pero luego ¿qué?

Sin embargo, las cosas parecían haber empezado bastante bien. En 1924, el físico soviético Orest Jvolson (o Khvolson, transliterado en inglés; 1852-1934) se da cuenta de que si el fenómeno de la desviación de la luz se observa desde muy lejos, ocurre algo muy interesante. Visto desde la Tierra, el Sol subtiende en la bóveda celeste un ángulo mucho mayor que el ángulo con el que aquel es capaz de desviar la luz de una estrella situada detrás de él. Pero si el Sol se encuentra mucho más lejos, el ángulo con que se desvía la luz de la estrella puede seguir siendo el mismo mientras que el tamaño angular del Sol es ahora menor. En consecuencia, incluso si la estrella se encuentra detrás de este Sol muy lejano, su luz seguirá siendo visible. Es cierto que esto ya ocurría en cierta medida con el Sol visto desde la Tierra, pero únicamente si la estrella estaba situada justo a la altura del limbo del Sol. En esta configuración, la estrella podía hacerse visible porque su luz solo necesitaba una pequeñísima desviación para rodear el Sol. Pero si el Sol se ve desde una distancia mucho mayor, entonces —descubre Jvolson— sea cual sea la dirección exacta en la que la estrella se encuentre detrás del Sol, *nunca* será ocultada por este. Al contrario, su imagen será siempre visible... e incluso sus imágenes, en plural, porque Jvolson se da cuenta de que hay dos trayectorias que los rayos de luz de la estrella pueden seguir para llegar hasta nosotros, por un lado y por otro del Sol. Por tanto, la imagen de la estrella se desdoblará. Un fenómeno muy bonito, pero en el que Jvolson no cree. «No puedo decir si este caso expuesto aquí de una doble estrella ficticia se produce realmente», señala con cautela como conclusión de su brevísimo artículo (menos de media página). Y como además Jvolson no es astrónomo de formación (este artículo, escrito cuando tenía 71 años, representa su única contribución al campo de la astronomía), su trabajo pasa completamente inadvertido[1].

Doce años más tarde, Einstein, quien, como todo el mundo, desconocía el trabajo de Jvolson, publica un artículo en el que analiza casi la misma configuración, salvo que esta vez supone que la estrella deflectora y la estrella de fondo están perfectamente alineadas. En este caso, concluye Einstein, la estrella seguirá siendo visible, pero no como un punto. Al contrario, su imagen será la de un anillo luminoso que rodea a la estrella deflectora, un anillo que mucho más tarde recibiría el nombre de «anillo de Einstein». Pero, al igual que Jvolson, Einstein no cree para nada en la utilidad de este efecto. De hecho, si por él hubiera sido, nunca habría escrito el artículo, ya que fue redactado en las circunstancias más inverosímiles de toda esta gran aventura, circunstancias que merecen sin duda un pequeño apartado.

En el capítulo anterior tuve ocasión de hablar de un héroe sorprendente, Milton Humason, el arriero que ayudó a

1. Cabe preguntarse por qué esta intrusión puntual y tardía de Orest Jvolson en el campo de la astronomía. La respuesta podría ser que fue uno de los primeros científicos en proponer que Einstein recibiera el Premio Nobel (en 1914) por su descubrimiento de la relatividad especial.

descubrir la expansión del universo. En el próximo capítulo descubriremos cómo una empleada del hogar sin un céntimo ayudó a revolucionar la comprensión de las estrellas. Pero la palma de lo inverosímil se la lleva sin duda la breve aparición de Rudi Mandl (1894-1948). En efecto, este hombre tuvo la oportunidad de cruzarse con Einstein mientras trabajaba como friegaplatos en un restaurante. Su historia es en verdad bastante tortuosa. Nacido en Checoslovaquia, fue reclutado por el ejército austriaco durante la primera contienda mundial, donde es capturado por las tropas rusas y enviado a Siberia. Consigue escapar y regresa a Viena, donde obtiene un diploma de ingeniería en 1919. Después viaja primero a Sudamérica, luego a Alemania y finalmente a Estados Unidos, donde a todas luces sus asuntos no prosperan, a juzgar por el trabajo que desempeña en 1936, año de su fugaz aparición en escena. Teniendo en cuenta los estudios que ha cursado, su modesta condición social no le impide interesarse por la ciencia. Intuye que la desviación de la luz por objetos masivos puede tener consecuencias interesantes. Pero no siendo más que un simple aficionado, apenas está en condiciones de desarrollar o comunicar sus ideas. Se dirige en vano a varios científicos, sin obtener ninguna respuesta. Desesperado, se pone en contacto con la revista de divulgación científica *Science News Letter* para exponer sus ideas. Los periodistas de la revista piensan que son interesantes, pero no se consideran en condiciones de evaluarlas. Así que toman la audaz y arriesgada decisión de financiarle un viaje para que hable con Einstein. Y lo más increíble es que el encuentro tuvo lugar. Einstein le recibe cortésmente, pero no se muestra precisamente entusiasmado con sus ideas. Tras la entrevista Mandl pregunta varias veces a su anfitrión si tiene la intención de publicar algo sobre el tema, pero el científico no le contesta. Mandl insiste, y ante el mutismo de su anfitrión se le ocurre pedir de nuevo a *Science News Letter* que haga de intermediario. Einstein, sin duda rendido, consiente finalmente en publicar un artículo sobre el tema en la revista *Science*, destinada al mundo científico. En tales circunstancias, no es de extrañar que en el artículo en cuestión atribuya a Mandl la paternidad de la idea desde la misma introducción, como si quisiera exonerarse de la probable inutilidad de lo que iba a exponer: «Hace algún tiempo, R. W. Mandl me hizo una visita y me pidió que publicara unos pequeños cálculos que yo había hecho a petición suya. Esta nota responde a sus deseos». El artículo, bastante breve, da la impresión de haber sido escrito a vuela pluma, incluso rápido y mal, sin detallar bien todos los pasos. La razón es que al autor no le resulta evidente el interés del fenómeno estudiado. «Por supuesto, no hay ninguna esperanza de observar este fenómeno directamente», explica sobre ese anillo de luz. Porque los cálculos le dicen que se necesitarían imágenes con una resolución fantásticamente alta, pues el anillo de luz cuya aparición predice ocupa un tamaño ínfimo en el cielo. Dado que esa resolución está fuera del alcance de los medios de observación disponibles incluso a largo plazo, el cálculo efectuado por Einstein parece una curiosidad científica sin interés, porque además se necesitaría una coincidencia especialmente afortunada para que dos estrellas estén *exactamente* alineadas con la Tierra. En resumen, un suceso altamente improbable que además parece imposible de observar: francamente, la cosa no merece la pena. Por lo demás, aunque Einstein se muestra siempre cortés en su trato con Mandl, en privado es más crítico. «Permítame también agradecerle su cooperación con la pequeña publicación que el Sr. Mandl me ha extirpado. Es de poco valor, pero le hace feliz al pobre hombre», escribe, menos diplomáticamente, al editor de la revista *Science* a propósito del artículo.

Y sin embargo... estamos ante un bello ejemplo de «bella durmiente», aunque nadie lo sabe en aquel entonces, ni siquiera sus dos descubridores. Las pesimistas conclusiones de Jvolson o Einstein sobre la observabilidad del fenómeno parecen tan sólidas que no animan a nadie, absolutamente a nadie, a interesarse por él. Pero, como dice la canción, algún día el príncipe vendrá. El «príncipe» llega en 1964, curiosamente el mismo año que el otro «príncipe» de Einstein, John Stewart Bell. En este caso es noruego y se llama Sjur Refsdal (1935-2009). Refsdal no había nacido cuando se publicó el artículo de Jvolson, y apenas era un bebé cuando se publicó el de Einstein. Pero fue él quien, frisando los treinta años, cae en la cuenta de que si bien todo lo dicho por Einstein y Jvolson antes que él era cierto, ni ellos ni nadie había reparado en que el fenómeno se podía producir con algo distinto de las estrellas, a saber, con las galaxias. Y en ese caso un telescopio ordinario es perfectamente capaz de ver la imagen desdoblada de una galaxia.

Lo que ocurre es que en los años sesenta la cosa sigue siendo difícil, porque la presumible rareza del fenómeno hace que sea poco probable que se produzca con las galaxias cercanas, que son relativamente poco numerosas. Para conseguir que sea observable es necesario examinar un gran número de galaxias, y por tanto galaxias muy lejanas, lo cual está en el límite de lo que pueden hacer los recursos disponibles en aquella época. Por esa razón, la primera doble imagen de una galaxia no se obtendrá hasta unos quince años más tarde, y ello gracias a objetos que habían sido durante largo tiempo misteriosos: los cuásares. En los años sesenta se habían descubierto unas extrañas fuentes de ondas de radio bastante potentes, con una contrapartida óptica a veces bastante luminosa pero siempre puntual, de aspecto parecido a una estrella. Sin embargo, el estudio de su luz indicaba que se trataba de objetos muy diferentes de una estrella que se alejaban a decenas de miles de kilómetros por segundo de la Tierra. Con tales velocidades no cabía ninguna duda de que se trataba de objetos muy lejanos arrastrados a gran velocidad por la expansión del universo. Muy lejanos y por tanto increíblemente brillantes. A estos objetos se les bautizó con el nombre de cuásares (*quasars* en inglés, abreviatura de *quasi stellar radiosources*, es decir, «fuentes de radio [de aspecto] cuasiestelar»). Pero ¿qué podían ser? Más tarde se impuso la idea de que se trataba de galaxias con una región central tan brillante que eclipsaba las partes periféricas, dejando solo ver, desde la Tierra, un único punto brillante. Si el lector quiere saber por qué, paciencia, lo explicaré casi al final del libro, en el capítulo 19. Como estos cuásares producen una emisión de radio muy característica, no era demasiado difícil detectarlos, siempre, claro está, que su emisión fuera suficientemente intensa. En 1979 se descubrieron dos cuásares sorprendentemente próximos uno al otro en la bóveda celeste, situados a ambos lados de una galaxia. Allí donde visualmente parecía tratarse de dos estrellas de nuestra galaxia situadas delante de una galaxia más lejana, la espectroscopia reveló que en realidad se trataba de una perspectiva completamente opuesta: en el centro de la imagen había una galaxia en primer plano y detrás de ella un *único* cuásar, del cual se veía una imagen desdoblada, primer ejemplo de la predicción de Jvolson... 55 años después de su artículo y 15 años después del de Refsdal. Más tarde se descubrió otro cuásar aún más sorprendente. Cuando la galaxia en primer plano es razonablemente esférica, lo que se ve, como había calculado Jvolson, son dos imágenes del cuásar de fondo. Pero cuando su forma es más irregular, es posible ver varias imágenes más del cuásar. En 1985 se detectó un objeto extraordinario en ese aspecto. Lo que se veía eran cuatro imágenes del mismo cuásar formando un cuadrado con la galaxia deflectora en el centro. ¿El nombre del objeto? La Cruz de Einstein, por supuesto.

Pero una vez más, ¿de qué sirve todo eso? Esta verificación tan magistral como tardía (y por lo demás bastante estética) de la desviación de la luz predicha por la teoría de Einstein ¿nos podía enseñar algo? Sí, porque lo mejor está todavía por llegar, de nuevo gracias a Refsdal. En primer lugar, Refsdal se da cuenta de que las múltiples imágenes de estos cuásares han seguido caminos diferentes y por tanto han viajado durante periodos de tiempo distintos. Ahora bien, la luz de los cuásares experimenta fluctuaciones del orden de horas o de días (una vez más, un poco de paciencia, antes del final sabremos por qué). Por tanto, explica Refsdal, en cada una de esas imágenes se verán las mismas fluctuaciones pero desfasadas temporalmente unas respecto a otras. Y, cosa extraordinaria, este desfase temporal sirve ni más ni menos que para determinar la distancia entre el cuásar y la galaxia situada en primer plano, lo que, algunos cálculos después, proporciona valiosa información sobre la expansión del universo. Y ahí no acaba la cosa. Refsdal observa también que si las dos galaxias están razonablemente bien alineadas, la galaxia en primer plano va a *focalizar* la luz de la que está en segundo plano y por tanto amplifica su brillo, un fenómeno señalado desde luego ya por Einstein en su artículo de 1936, pero que, según Refsdal, abre ahora inmensas perspectivas. Una galaxia muy lejana y demasiado poco luminosa para ser visible puede acabar siéndolo gracias a este fenómeno que Refsdal bautiza, por razones obvias, con el nombre de *lente gravitatoria*. Y esto también funciona en sentido inverso. Si la galaxia del primer plano es también poco luminosa, el hecho de desviar la luz de la galaxia del fondo delatará su presencia. E incluso si la galaxia es visible, ese mismo hecho proporcionará información muy valiosa, ya que la amplitud del fenómeno está directamente relacionada con la masa de la galaxia. La desviación de la luz se convierte ni más ni menos que en la mejor forma de pesar las galaxias y, por tanto, ¡de pesar el universo!

Y la cosa tampoco termina ahí. Refsdal vuelve a la configuración de dos estrellas contemplada por Einstein y Jvolson y va a explotarla de forma revolucionaria. La alineación perfecta entre la Tierra y dos estrellas es un suceso rarísimo, pero deja de serlo si tenemos en cuenta los miles de millones de estrellas que hay en nuestra galaxia. Aunque la bóveda celeste parece inmutable, todas las estrellas se mueven imperceptiblemente unas respecto a otras mientras orbitan alrededor del centro de la galaxia. En consecuencia, aunque no podamos ver todas las estrellas (porque algunas de ellas, por el efecto de perspectiva, están tan juntas en la bóveda celeste que no podemos distinguirlas individualmente), no hay ninguna duda de que se van a producir alineaciones casi perfectas. Las alineaciones suelen durar unas semanas y se hacen y deshacen a razón de varias al mes. El punto decisivo es que si bien, como ya había visto Einstein, no se puede saber si existe realmente tal alineación con solo observar una fotografía, la alineación se hace detectable siguiendo continuamente la evolución de la luz de estos millones de estrellas, ya que la alineación irá acompañada de un aumento, a veces muy significativo, de la luminosidad de la estrella de fondo gracias a este efecto de focalización de la luz. Y sobre todo —como comprende Refsdal unos años más tarde— seguir la evolución de la luminosidad de millones de estrellas noche tras noche estará tarde o temprano al alcance de los medios técnicos e informáticos, algo que ni Einstein ni Jvolson podían haber imaginado en su época. Ahí es donde el fenómeno va a desarrollar todo su potencial, científicamente hablando. A principios de los años 90, el astrónomo polaco Bohdan Paczyński (1940-2007) se da cuenta de que la variación de luminosidad de la estrella de fondo no será la misma si la estrella en primer plano está aislada o si forma pareja con otra estrella. Y si esto es cierto para dos estrellas, también lo será para una pareja formada por una estrella... ¡y un planeta! La desviación de la luz no es ni más ni menos que un medio para encontrar exoplanetas, es decir, primos de la Tierra orbitando alrededor de una estrella lejana... La predicción de Paczyński se hizo realidad en 2003, con el primer exoplaneta detectado con este método por un equipo de astrónomos creado por él mismo. En este caso se trata de un exoplaneta bastante masivo (unas tres veces la masa de Júpiter), pero la técnica también se ha utilizado para detectar planetas mucho más pequeños, de tipo terrestre (en 2007), e incluso satélites de exoplanetas (una detección aún no confirmada en 2013). Las posibilidades de esta técnica son de hecho aún más grandiosas. La probabilidad de descubrir un sistema planetario por este método es baja, pero es posible evaluarla. Se puede entonces deducir qué proporción de estos sistemas se nos «escapa» con esta técnica... y por tanto deducir cuántos hay en total, aunque estemos muy lejos de poder detectarlos todos. Por dar una cifra vertiginosa: en una galaxia como la nuestra *hay al menos tantos planetas como estrellas*, un resultado reciente pero que figura entre los más importantes de la historia de la astronomía, y ello gracias a un *único* fenómeno: la desviación de la luz por los objetos masivos.

Todo esto —las imágenes múltiples de galaxias, la medición de su masa, la información sobre la expansión del universo, la posibilidad de detectar exoplanetas y de determinar cuántos hay— estaba *implícitamente* presente en los trabajos de Jvolson o de Einstein, pero nadie lo había visto, nadie había vislumbrado su potencial. De hecho, estas observaciones de Refsdal y más tarde las de Paczyński podría haberlas hecho el propio Einstein ya en 1915. Pero sin duda era demasiado pronto, aunque solo sea porque aún no estaba seguro de que el efecto de desviación de la luz existiera, porque todavía no había sido verificado por Eddington. Nueve años más tarde fue alguien relativamente desconocido, Orest Jvolson, quien estuvo quizá a dos dedos de hacer esas observaciones él mismo, pero se le pasaron por alto, por no haber estudiado el tema en profundidad o por no haber sido capaz de atraer la atención de sus contemporáneos. Doce años más tarde fue de nuevo Einstein quien tuvo una segunda oportunidad gracias a aquel inverosímil encuentro con Rudi Mandl, pero también en este caso perdió la ocasión, al no creer él mismo en la importancia del asunto y de rechazo haber disuadido a sus contemporáneos de interesarse por él. La luz no se hizo sino mucho más tarde, mucho después de la muerte de Einstein. Así es como se forjan los avances científicos, a menudo gracias a la tenacidad o el ingenio de unos, a veces gracias a la capacidad de otros para profundizar más que sus predecesores en una dirección aparentemente poco interesante. Y si se necesitase otro ejemplo de este axioma irrefutable, no hay que buscar muy lejos. Después de los objetos que *desvían* la luz, no es del todo ilógico considerar los objetos que la *atrapan*. Desde luego no fue para estudiar tales objetos por lo que Einstein descubrió la relatividad general, pero son estos objetos los que hicieron entrar esta teoría en la cultura popular y los que la dieron a conocer en el mundo entero... aunque, también en este caso, años después de la muerte de Einstein.

15. Extrema gravedad

Recuerdo haber leído en la columna de una cronista jurídica francesa que los grandes procesos judiciales eran los que acababan por írseles de las manos a sus iniciadores. No voy a pronunciarme sobre esta afirmación que concierne a un ámbito que no es el mío, pero me inclino a pensar que guarda un paralelismo evidente con los grandes descubrimientos científicos. Su importancia se juzga a menudo por las importantes e insospechadas consecuencias que tienen. Puestos a poner un ejemplo, hay que buscarlo en la gran obra de Albert Einstein. Tiene que ver con objetos tan extremos que su genitor y muchos de sus contemporáneos rechazaron de plano la idea. Esos objetos extremos los conocéis todos por su nombre. Son los agujeros negros.

Einstein finaliza las ecuaciones de la relatividad general a finales de 1915. Podría pensarse que la difusión de su teoría se vería frenada por la guerra, pero tanto en un bando como en otro el saber se propaga, y a veces rápidamente.

En el lado alemán se abre incluso paso hasta el frente ruso, donde se encuentra otro científico, Karl Schwarzschild (1873-1916). Como muchos científicos nacidos en la segunda mitad del siglo XIX, Schwarzschild tiene ocasión de interesarse por muchos temas, desde la fotografía hasta el electromagnetismo y las atmósferas estelares, con resultados que le valen ser nombrado director del observatorio de Potsdam. Nacido en 1873, tiene 40 años cuando estalla la Primera Guerra Mundial, lo que le exime de incorporarse a filas, pero, sintiéndose patriota, se alista en el ejército, primero como encargado de una estación meteorológica cerca de Namur (Bélgica) para ser luego destinado a petición suya a la artillería, donde sirve primero en el frente francés antes de ser enviado al frente ruso. A pesar de los horrores de la guerra y de los peligros que corre, el ejército alemán le concede ciertos privilegios que le permiten mantenerse en contacto con los círculos académicos alemanes. Así, a finales de noviembre de 1915 recibe los artículos que Einstein acaba de publicar sobre su nueva teoría, e inmediatamente se sumerge en ellos. Einstein ha tardado ocho años en desarrollar la teoría. Por tanto, sabe mejor que nadie lo complejo que es manipular las ecuaciones que ha descubierto. Pero, paradójicamente, el hecho de ser consciente de ello le perjudica, porque no imagina que se puedan encontrar soluciones exactas. De todos modos, hasta ese momento tampoco le han hecho falta. Cuando predijo la desviación de la luz por el Sol, o cuando explicó la anomalía en el movimiento de Mercurio, lo único que necesitó fue un tratamiento aproximado de las ecuaciones, es decir, obtener una aproximación muy precisa pero no perfectamente exacta del campo gravitatorio producido por el Sol.

Sospechaba que era posible refinar esa aproximación (sin que eso fuese a cambiar gran cosa los resultados obtenidos), pero no creía que fuera posible encontrar una descripción absolutamente exacta, sin la menor aproximación. A finales de 1915 Schwarzschild desconoce todo esto. Leyendo los artículos de Einstein, tiene ante sus ojos las fórmulas penosamente halladas por su autor, pero que a él no le causan ningún tormento. Esta mirada completamente nueva le ahorra de alguna manera sentirse inhibido por la complejidad de las ecuaciones, como sin duda se sintió Einstein, lanzándose así sin aprensión a lo que su ilustre ex compatriota[1] no se había atrevido, es decir, a calcular la forma exacta del campo gravitatorio producido por un objeto astronómico, ya fuese una estrella o un planeta.

Contrariamente a lo que piensa Einstein, este cálculo resulta ser relativamente sencillo siempre que se suponga que el objeto en cuestión es perfectamente esférico. En menos de un mes Schwarzschild determina el campo gravitatorio exacto producido por un objeto así. Como era de esperar, el campo resulta ser casi exactamente igual al descrito más de doscientos años antes por Isaac Newton. Pero difiere ligeramente de él, y difiere tanto más cuanto más se acerca uno al objeto, es decir, allí donde el campo gravitatorio producido por el objeto es mayor. Este resultado tampoco es sorprendente: Einstein acaba de demostrar que es cerca del Sol donde las diferencias respecto a la teoría de Newton son más grandes, razón por la cual Mercurio es el único planeta que muestra diferencias mensurables a través de su

---

1. Recordemos que Einstein había renunciado a la nacionalidad alemana en 1896; véase el capítulo 4.

movimiento. Pero Schwarzschild va mucho más lejos, al demostrar que la diferencia aumenta cuanto más pequeño es el objeto central para una masa dada y que su campo gravitatorio es tanto más intenso cerca de la superficie.

Schwarzschild envía sus cálculos a Einstein, que se muestra bastante impresionado. Felicita enseguida a su corresponsal y luego comunica sus resultados a sus colegas de Berlín. Schwarzschild, por su parte, prosigue sus investigaciones y calcula el campo gravitatorio que reina en el interior de un astro esférico. Desgraciadamente, será uno de sus últimos artículos. Sin ninguna relación con las deplorables condiciones sanitarias existentes en el frente, Schwarzschild tiene la desgracia de contraer un pénfigo, una afección cutánea especialmente invalidante y dolorosa, además de mortal. Acaba siendo repatriado a Potsdam, pero a falta de tratamiento conocido en aquel entonces, muere en mayo de 1916 sin saber hasta qué punto su artículo sobre el campo gravitatorio producido por un objeto esférico iba a revolucionar la astronomía.

En efecto, el artículo de Schwarzschild indica que al considerar un objeto particularmente pequeño para una masa dada probablemente ocurre algo extraño, pero ni él ni sus contemporáneos acaban de entender realmente de qué se trata, y ello debido a la propia naturaleza de las leyes descubiertas por Einstein. Para Isaac Newton, las cosas son muy sencillas. Conociendo la posición de un grupo de astros (el Sol y los planetas, por ejemplo, o todas las estrellas de nuestra galaxia), es posible determinar el campo gravitatorio global que producen. Pero en la relatividad general la situación es muy diferente. Como los objetos masivos deforman el espacio, la forma exacta de este no está dada *a priori*, sino que viene determinada por los objetos que contiene. Así pues, no cabe considerar por separado la «posición» de los objetos y la deformación del espacio que estos provocan. Si he entrecomillado el término «posición» es precisamente porque hablar de posición presupone que sabemos en qué están inmersos esos objetos, es decir, cuál es la forma del espacio en el que se encuentran. Pero cada nuevo objeto que añadimos al espacio lo deforma, alterando la anterior definición del concepto de posición de los objetos ya presentes. Lo que Schwarzschild demuestra es que cuanto más pequeño es el objeto, mayor es el campo gravitatorio que produce en la superficie y mayor es la deformación resultante, hasta el punto de que esta deformación resulta cada vez más difícil de interpretar. En la práctica, el problema planteado por Schwarzschild no parece nada grave: para un objeto tan masivo como nuestro Sol solamente se produciría si este no tuviera más que 3 km de radio. Pero el radio de nuestra estrella es del orden de 650 000 km, es decir, más de 200 000 veces mayor. Lo que ocurriría si el Sol fuera mucho más pequeño parece por tanto un problema puramente académico. Pero el problema existe, y para un matemático no cabe ignorarlo por el mero hecho de que no se conozca la existencia de objetos tan compactos en la naturaleza. Y además no hay ninguna garantía de que no existan.

¿Qué pasa entonces cuando un astro es o se vuelve suficientemente compacto como para que se produzcan tales deformaciones? No es exagerado decir que durante unos veinte años nadie tiene la respuesta y que las ideas de unos y otros sobre la cuestión tienen tanto o más que ver con opiniones personales que con una comprensión objetiva del fenómeno. Porque el lector habrá ya comprendido que lo que Schwarzschild ha calculado es el campo gravitatorio que reina en las proximidades de los astros más compactos que existen, es decir, los agujeros negros. Pero en aquella época nadie lo sabe. Los agujeros negros son objetos en los cuales los fenómenos son tan extremos, que incluso con las ecuaciones que los describen no es fácil entender qué ocurre en ellos. Esto es tanto más cierto porque las leyes de la relatividad general tienen la irritante propiedad de hacer que la forma en que exploramos una configuración gravitatoria sea muy poco esclarecedora (con perdón por este juego de palabras totalmente involuntario, hablando de los agujeros negros): muy a menudo es difícil comprender la deformación del espacio a la que corresponde. De hecho, desde los años 1920, las ecuaciones mostradas por Schwarzschild parecen incluso entrañar una incoherencia matemática, inicialmente descubierta por el matemático francés Jacques Hadamard (1865-1963). La incoherencia —que es aparente, pero eso nadie lo sabe— perturba a Einstein hasta el punto de que empieza a preguntarse si no podría apuntar a algo más serio: si las ecuaciones de la relatividad conducen a una incoherencia matemática, puede ser señal de que adolecen de un defecto redhibitorio. El vocabulario utilizado a la sazón es en ese sentido bastante explícito. Por ejemplo, la región del espacio donde al parecer se presenta esa incoherencia Einstein la llama la «catástrofe de Hadamard». Arthur Eddington no se queda atrás: en el libro sobre la relatividad que publicó en 1920 —el primero en inglés sobre el tema— habla de un «círculo mágico». Pero más allá de la controversia técnica, que se va desvaneciendo poco a poco, emerge lentamente la idea de que Schwarzschild ha descubierto una configuración en la que la materia es tan compacta que el campo gravitatorio que genera impide que la luz escape. Es una idea muy sencilla —se puede explicar en una línea—, pero también muy chocante. De hecho tan chocante que cuando se habla de imaginar la existencia de tales configuraciones se asiste a un clamor de indignación por parte de varios físicos de primera fila.

Sin embargo, a partir de 1910 los indicios a favor de la existencia de astros compactos empiezan a acumularse gracias a otra de las «calculadoras» de Edward Pickering, Williamina Fleming (1857-1911). De todas las «calculadoras» que pasaron por el observatorio de la Universidad de Harvard, Williamina Fleming es sin duda la de destino más atípico. Nacida en Escocia en 1857, en una familia de nueve hermanos, desde muy pronto tiene que ayudar a subvenir a las necesidades del hogar tras la muerte de su padre cuando ella solo tiene 7 años. A los 14 años se integra en el sistema de alumnos-profesores vigente entonces en Escocia, en el que a los buenos alumnos se les anima a suplir las deficiencias del sistema educativo asistiendo a los profesores en la ayuda prestada a los alumnos con más dificultades, a cambio de un modesto salario. A los 20 años se casa con James Fleming, un empleado de banca, viudo y dieciséis años mayor que ella. La pareja emigra a Estados Unidos al año siguiente, pero su marido la abandona poco después estando ella embarazada de él. En esta situación tan precaria conoce a Edward Pickering, que acude en su ayuda contratándola como empleada del hogar. Como director del observatorio de la Universidad de Harvard,

Pickering tiene su propio alojamiento en el edificio del observatorio, por lo que Williamina Fleming se encuentra trabajando a escasos metros de las «calculadoras» contratadas por Pickering. Esta porosidad entre la esfera privada y el entorno profesional contribuye sin duda a que Pickering repare rápidamente en las capacidades intelectuales de la joven y le ofrezca incorporarse a su equipo, en sustitución de una de las calculadoras, Nettie Farrar, que se va a ir por estar a punto de casarse. Williamina Fleming apenas tiene tiempo de familiarizarse con su nuevo trabajo cuando regresa a Escocia para dar a luz (como muestra de gratitud, bautizará a su hijo con los nombres de su benefactor), confía al niño a su madre y a su abuela durante los primeros años y regresa a Harvard un año después, donde recupera su trabajo como calculadora de Pickering, puesto que ocupará durante treinta años, hasta su muerte. Entre los objetos astronómicos famosos descubiertos por Fleming figura una de las nebulosas más estéticas, la de la Cabeza de Caballo. Pero lo que nos interesa aquí es una rareza de lo más inesperada que descubre en el sistema 40 Eridani[2]. Catalogada a finales del siglo XVII, lo que se pensaba que era una sola estrella empezó a llamar la atención en 1783 cuando William Herschel (otra vez él) descubrió una estrella muy poco luminosa cerca de ella. Podía tratarse de una estrella más lejana situada por azar en la misma dirección, pero tras algunas observaciones dispersas a lo largo del siglo XIX resultó que los dos astros forman parte del mismo sistema y que ambos giran en torno a su centro de gravedad común, situación que significaba que tenían una masa simi-

2. ¿No les prometí que volveríamos a hablar de la estrella del señor Spock?

lar. Hasta aquí, nada anormal; pero si 40 Eridani B, como se la llamó entonces, era lo suficientemente masiva como para perturbar el movimiento de su brillante compañera, ahora llamada 40 Eridani A, entonces su débil brillo solo podía explicarse si era muy fría en la superficie. En efecto, lo que determina el brillo del Sol o de cualquier otra estrella es su tamaño —cuanto mayor es la estrella, mayor es la superficie iluminante— y lo que se conoce como brillo superficial, es decir, el brillo intrínseco de un trozo de superficie. Cuanto más caliente es la estrella, mayor es su brillo superficial. Como todos sabemos, cuanto más caliente está el grill del horno, más brilla. Como la superficie de la parrilla no cambia cuando se calienta (o apenas, debido a la dilatación térmica), eso prueba que el brillo superficial aumenta con la temperatura. Pues bien, volviendo a 40 Eridani B, por lógica debería estar muy fría en la superficie para explicar su escaso brillo, pero a iniciativa del astrónomo Henry Norris Russell (1877-1957) y de Edward Pickering, Williamina Fleming determina el espectro de esta estrella y para su gran sorpresa resulta que 40 Eridani B está *mucho más caliente* en la superficie que 40 Eridani A. Mucho más caliente pero mucho menos brillante significa que es muy pequeña, quizás tan pequeña como un planeta. Sin embargo, es un astro bastante masivo, ya que su existencia fue descubierta por el hecho de que influye en el movimiento de su compañera. Se está por tanto en presencia de un objeto de masa estelar pero de tamaño planetario. A pesar de cierta incredulidad, los tres astrónomos se atienen a esta afirmación cuando anuncian en 1910 la identificación de 40 Eridani B, dejando a otros la tarea de estimar mejor su tamaño. Es su colega Ernst Öpik (1893-1985), más conocido por sus trabajos sobre la fuente de energía de las estrellas[3], quien se encarga de esta tarea en 1916, y el resultado le deja profundamente perplejo. En efecto, estima que 40 Eridani B es tres veces más pequeña que Júpiter, lo que significa que su densidad es del orden de decenas de kilogramos por centímetro cúbico, un resultado que califica inmediatamente de «imposible»... ¡a pesar de que acaba de demostrar que es cierto! La realidad es incluso más extrema aún, porque Öpik ha subestimado la enormidad del resultado. Mientras que él, basándose en los datos fragmentarios de que dispone, estimó que el astro era tres veces más pequeño que Júpiter, en realidad es diez veces más pequeño que él, es decir, cien veces más pequeño que el Sol. El Sol es una estrella de densidad relativamente moderada: un poco más de un gramo por centímetro cúbico, a medio camino entre el agua y las rocas. Pero si el tamaño del Sol fuera, como 40 Eridani B, cien veces más pequeño, sería un millón de veces más pequeño en volumen y, por tanto, un millón de veces más denso, lo que le daría una densidad de más de una tonelada por centímetro cúbico[4]. El astro descubierto por Russell, Pickering y Fleming es, en el sentido estricto de la palabra, una enana blanca: enana por su pequeño tamaño y blanca porque está muy caliente. Evidentemente, no se parece en nada a una estrella tal y como se entendía este concepto entonces. Pero lo más sorprendente es que este astro no sigue siendo excepcional

---

3. Véase *Pourquoi le Soleil brille*, de Roland Lehoucq, éditions HumenSciences, 2020.
4. Recordemos que los metales más densos, el osmio y el iridio, tienen una densidad de poco más de 20 gramos por centímetro cúbico. Los cálculos de Öpik indicaban que 40 Eridani B era miles de veces más densa.

durante mucho tiempo. Por aquella misma época se descubre que hay otro en las proximidades de Sirio, la estrella más brillante del cielo. Desde hace algunas décadas se sabe que su movimiento a través de la bóveda celeste no es rectilíneo, como debería ser el de cualquier estrella que a escala humana se mueva en línea recta en nuestra galaxia. El movimiento de Sirio oscila ligera y regularmente en torno a la trayectoria esperada. Ello se debe, una vez más, a que se ve perturbado por otra estrella, invisible, que la acompaña en su movimiento. Los astrónomos se las ven y se las desean para encontrar esa estrella, porque es más de diez mil veces menos brillante que su deslumbrante compañera, pero una vez más resulta que su temperatura superficial es tres veces superior a la de Sirio. Misma causa, mismo efecto, por así decir: de nuevo se está en presencia de un astro de masa estelar (ya que influye en el movimiento de Sirio) pero de tamaño terrestre (porque está muy caliente y a la vez es muy poco luminoso). Si estos astros tardaron tanto en descubrirse no es debido a su rareza, sino a la dificultad de localizarlos: demasiado alejados del sistema solar, estos objetos intrínsecamente poco luminosos estaban fuera del alcance de los instrumentos de la época. Si se logró detectar Sirio B y 40 Eridani B fue gracias a la afortunada combinación, en ambos casos, de su proximidad y de la presencia de una compañera muy brillante cuya trayectoria delata su presencia: Sirio se encuentra a 8 años luz del Sol y 40 Eridani a 16. Aparte del Sol, solo seis estrellas están más cerca de la Tierra que Sirio, y apenas algunas decenas de ellas en el caso del sistema 40 Eridani. Si en un volumen tan pequeño (astronómicamente hablando) hay al menos dos enanas blancas[5], una de dos, o se trata de un azar muy improbable, o es una señal de que estos objetos son muy, muy numerosos. Poco a poco se va descubriendo el origen de tales astros. Una estrella como el Sol tiende a contraerse bajo el efecto del campo gravitatorio que genera. Pero esta tendencia se ve contrarrestada por el hecho de que la energía producida por las reacciones nucleares tiende a dilatarla. Se establece así un equilibrio, y la estrella adquiere su tamaño de estrella. Pero cuando se le acaba el combustible, no hay nada que impida que se contraiga. Es en ese momento cuando se transforma en una enana blanca. El tamaño de estos objetos viene determinado por una curiosa propiedad de los electrones llamada «presión de degeneración». No tenemos espacio para explicar en detalle este fenómeno de la mecánica cuántica, pero digamos simplemente que los electrones son entidades a las que no les gusta el gregarismo. Cuando hay muchos de ellos en el mismo lugar, no pueden tener todos ellos la misma energía. Así, si acumulamos electrones en un pequeño volumen, cada electrón que añadamos se verá obligado a tener una energía superior a la de sus congéneres. Y esta energía creciente hace que el electrón se mueva cada vez más deprisa. Ahora bien, como comprendieron ya Ludwig Boltzmann y otros a finales del siglo XIX (véase el capítulo 4), la presión de un gas está precisamente ligada a la velocidad de agitación de los átomos o moléculas del gas. En este

---

5. De hecho, hay otras tres, descubiertas o identificadas en los años siguientes en nuestra cercana vecindad estelar, lo que invalida tanto más la hipótesis de que esta abundancia de enanas blancas es fruto únicamente del azar. El número total de enanas blancas en nuestra galaxia se estima actualmente en más de diez mil millones.

caso solamente se trata de electrones, pero es igual: si su naturaleza les obliga a moverse muy deprisa cuando están todos demasiado juntos, generarán necesariamente una gran presión que acabará por impedir que la estrella siga contrayéndose. Antes de llegar ahí, la estrella se habrá reducido de tamaño por un factor de 100 o más (dependiendo de su tamaño inicial, que aumenta con la masa). Hasta aquí, ningún problema, las enanas blancas son ciertamente muy compactas, pero miles de veces más grandes que un agujero negro de la misma masa. Recordemos: una enana blanca con la masa del Sol tiene el tamaño de la Tierra, es decir, una decena de miles de kilómetros de diámetro, mientras que un agujero negro con la masa del Sol no tiene más que 6 kilómetros de diámetro. ¡Todavía hay margen! Pero un joven astrofísico indio, Subrahmanyan Chandrasekhar (1910-1995), va a hacer saltar rápidamente en añicos esta certeza.

Nacido en la India, Chandrasekhar fue educado en su casa y muestra rápidamente excelentes aptitudes. El momento decisivo de sus estudios llega en 1929. Aprovecha una visita de Arnold Sommerfeld (1868-1951) a la India para conocer a este físico europeo de primera fila. Sommerfeld le convence para que prosiga sus estudios en Europa. Chandrasekhar obtiene una beca y sale de la India hacia Inglaterra para ir al Trinity College, en la ciudad de Cambridge. El viaje en barco dura varias semanas. Chandrasekhar aún no ha cumplido los veinte años, pero tiene ya (¡!) varios artículos científicos en su haber. Y a pesar de su corta edad, es durante este viaje cuando va a alcanzar la cima de su carrera. En efecto, es el primero en intentar determinar el tamaño exacto de una enana blanca en función de su masa, lo que le lleva a hacer dos descubrimientos. El primero es que cuanto más masiva es la enana blanca, menor es su tamaño. En otras palabras, cuanto más masiva es la estrella, más difícil les resulta a los electrones contrarrestar la gravedad. Esto no es todavía muy inquietante, pero lo que demuestra después Chandrasekhar es que si la masa de la enana blanca supera un cierto límite (ahora llamado «masa de Chandrasekhar», aproximadamente igual a 1,4 veces la masa del Sol), entonces los electrones son sencillamente *incapaces* de soportar el peso de la estrella. Los cálculos de Chandrasekhar dicen que si se aumenta gradualmente la masa de una enana blanca, llega un momento en que esta literalmente colapsa. Esto es lo que Chandrasekhar descubre en el barco que le lleva de Madrás a Inglaterra. Una estrella con una masa inferior al límite puede convertirse, y se convertirá, en una enana blanca. Pero para las otras masas, no, porque los electrones no pueden oponerse a su ulterior contracción. Entonces, ¿qué ocurre? «Solo podemos especular acerca de otras posibilidades», escribe con cautela en la última frase del artículo que publica sobre este tema unos años más tarde, en 1934, después de haber refinado varias veces los cálculos.

Hoy en día, los artículos científicos se dan a conocer en el momento de su publicación. Las publicaciones circulan por vía electrónica y todo el mundo tiene inmediatamente acceso a ellas. En los años 30, las cosas se hacen más despacio. La información se difunde más bien en las reuniones científicas. Es en una de ellas donde el joven Chandrasekhar se va a hacer famoso, aunque en circunstancias de las que sin duda habría preferido pasar. En enero de 1935 interviene en la reunión mensual de la Royal Astronomical

Society. Allí presenta sus cálculos y su conclusión, que en resumen dice que nada parece oponerse al colapso indefinido de una estrella con una masa superior a la masa límite que pronto llevaría su nombre. Entre el público se encuentran algunos grandes nombres de la física, entre ellos uno del que ya hemos hablado largo y tendido: Arthur Eddington. Eddington ya ha tenido ocasión de estudiar las enanas blancas, la creación de cuyo nombre, por lo demás, se le atribuye. Conoce bien a Chandrasekhar, con quien ha mantenido numerosos contactos en los últimos años. Incluso pidió, durante la elaboración del programa de esta conferencia, que Chandrasekhar dispusiera de media hora para su intervención, en lugar de los quince minutos habituales. Chandrasekhar se lo agradeció, sin saber que Eddington también había insistido para que se le permitiera tomar la palabra inmediatamente después. Los dos se cruzaron varias veces en los días previos a la reunión y en ningún momento Eddington mencionó el hecho de que se había incorporado al programa, y mucho menos de lo que iba a hablar. Unos minutos antes del comienzo de la reunión, mientras Chandrasekhar charla con un joven colega, William McCrea (1904-1999), este pregunta a Eddington de qué va a hablar. «Será una sorpresa para ustedes», se limita a responder, sonriendo a los dos. Y se quedó corto en su respuesta. Porque la sorpresa es total cuando toma la palabra justo después de Chandrasekhar. Si bien empieza afirmando que no tiene nada que decir sobre los cálculos de este último (que siempre gozaría de una merecida reputación de calculador excepcional), añade que no puede de ningún modo estar de acuerdo con la conclusión. No porque no se desprenda lógicamente de los cálculos, sino porque no la acepta como tal, resumiéndolo en una frase que pronuncia en ese momento y que ha seguido siendo célebre desde entonces: «Creo que debe de existir una ley de la Naturaleza que impide que una estrella se comporte de una manera tan absurda». Esta forma «absurda» es por supuesto la hipótesis de que el astro colapsaría en un agujero negro. Así lo explica en el artículo que acaba de escribir: «[Chandrasekhar] deduce que una estrella de gran masa [...] se contraerá hasta que, al alcanzar un diámetro de algunos kilómetros, su campo gravitatorio es suficiente para impedir que su luz escape». En otras palabras, un agujero negro. Y continúa, por si los lectores aún no lo han entendido: «Esto me parece casi una reducción al absurdo [de la validez] de la fórmula» utilizada por Chandrasekhar. «Ello debe, como mínimo, levantar sospechas acerca de la solidez de sus fundamentos». Pero en realidad no tiene argumentos que esgrimir. Sin embargo, centra su crítica en un punto técnico: el comportamiento poco intuitivo de los electrones (la presión de degeneración) está descrito por la mecánica cuántica, concebida originalmente para describir el comportamiento de partículas elementales con movimientos relativamente lentos. Pero a medida que aumenta la masa de la enana blanca, los electrones se ven obligados a adquirir cada vez más energía y, por tanto, una velocidad cercana a la de la luz. En otras palabras, a las leyes de la mecánica cuántica hay que añadir las de la relatividad especial. Y eso Eddington no lo quiere. O más bien, habría que decir, lo menciona como cómoda escapatoria para descalificar la conclusión que se desprende de ello y que choca con su concepción del mundo. Tal planteamiento es por tanto, a su juicio, incongruente, inapropiado: «No considero el vástago de tal unión como nacido de un matrimonio legal», afirma con elocuencia... mas en realidad sin ningún argumento sólido que lo respalde. Pero allí donde la discusión debería haberse mantenido en el marco cortés del debate científico, Eddington la convierte en un asunto personal y ataca a Chandrasekhar por su nombre. Es fácil imaginar el embarazo en que la autoridad de Eddington sumió al joven emigrado, sobre todo porque en varias otras ocasiones Eddington criticará o incluso se burlará de Chandrasekhar en público, sin darle derecho a réplica. El momento culminante de este feo episodio se producirá seis meses más tarde en París, en la asamblea general de la Unión Astronómica Internacional, por entonces el evento culminante del mundo de la astronomía. Ya no es ante un puñado de físicos londinense como se desarrolla, sino delante de los astrónomos de todo el mundo. Durante una hora, Eddington reitera no sin mezquindad sus críticas al resultado de Chandrasekhar, siempre en presencia de este. Chandrasekhar pasa entonces una nota al presidente de la sesión (Henry Norris Russell) pidiéndole derecho de réplica. «Prefiero que no lo haga», le responde por la misma vía, mostrando la misma falta de coraje que varios de sus colegas, que en privado están de acuerdo con las conclusiones de Chandrasekhar pero rehúyen desautorizar a Eddington en público. El episodio empañará la reputación de Eddington, que mostró algunos aspectos poco brillantes de su personalidad: duro, cínico, seguro de sí mismo y no exento de prejuicios. Chandrasekhar, por su parte, guardará de todo esto una herida íntima que nunca cicatrizará del todo. Pero en ciencia el sistema está hecho de manera que quien gana al final es siempre quien tenía razón desde el principio. Y esta vez será Chandrasekhar. O casi. Porque ni él ni nadie se da cuenta de que si una enana blanca alcanza la masa crítica, seguirá contrayéndose hasta alcanzar densidades y temperaturas tales que se iniciará un nuevo ciclo de reacciones nucleares. La contracción es tan rápida —menos de un segundo— que las reacciones tienen lugar en todas las partes de la estrella. La estrella sufre entonces una explosión termonuclear global, en una fantástica liberación de energía que no solo detiene la contracción, sino que disloca completamente la estrella. Así pues, existe una ley de la Madre Naturaleza que impide que una enana blanca se comporte de esa «forma absurda» que tanto horrorizaba a Eddington. Pero entonces ¿ganó este? No. Porque el fenómeno de la masa máxima también se produce en otras estrellas, más masivas, y antes de que dejen de brillar. Demos ahora un pequeño rodeo para ocuparnos de esos grandes faros del cosmos. Lo merecen.

En una estrella como el Sol, la energía la suministra la combustión del hidrógeno en helio (véase el capítulo 8). Más tarde, cuando la estrella se queda sin hidrógeno, se contrae, y el combustible pasa a ser el helio, para fabricar carbono y oxígeno, o incluso neón en estrellas algo más masivas. Después, nada. El Sol se contraerá para convertirse en una enana blanca, y lo mismo ocurrirá con todas las estrellas de masa inferior a ocho veces la del Sol. En efecto, todas las estrellas al final de su vida sufren grandes pérdidas de masa. El Sol, por ejemplo, perderá el 30 % de su masa en las fases finales de su vida como estrella. Para una estrella con una masa ocho veces superior a la del Sol, la pérdida al final será de más del 80 % de su masa, que pasará entonces a ser inferior a 1,4 veces la del Sol: aunque inicialmente esta estrella tenga una masa muy superior al límite encontrado por Chandrasekhar, la masa será inferior a él en el momento decisivo, cuando cesen las reacciones nucleares en su interior. Para las estrellas aún más masivas, la aventura continúa, aunque durará menos tiempo. Aunque son más masivas, y por tanto disponen inicialmente de mayores cantidades de combustible nuclear, estas estrellas lo consumen a un ritmo mucho más rápido, imposible de compensar con las reservas de que dispone. Por ello tienen una esperanza de vida mucho más corta: menos de 50 millones de años para una estrella diez veces más masiva que el Sol, por ejemplo. Pero el número de etapas de su corta existencia será mayor. El carbono producido durante el ciclo anterior reaccionará para formar neón y un poco de magnesio. A continuación, el neón se fusionará en magnesio o se desintegrará en oxígeno. A continuación, el oxígeno se fusionará para formar silicio. Por último, el silicio se fusionará para formar hierro y níquel, y ese será entonces el principio del fin.

Durante las reacciones nucleares en las estrellas, los núcleos atómicos se fusionan para formar otros núcleos más masivos. Esto funciona porque el «pegamento» del núcleo masivo[6] es más eficaz que el pegamento de los reactantes más ligeros: por tanto se puede liberar energía de esta forma. Pero la eficacia del pegado no mejora indefinidamente a medida que el núcleo se hace más y más grande. Es algo que el lector ya sabe, porque los núcleos atómicos más grandes no están tan bien pegados. Así ocurre por

---

6. El término técnico es «energía de enlace», pero «pegamento» es más sugerente.

ejemplo en el caso del uranio, que libera energía cuando se escinde en núcleos más pequeños. Es el principio de la bomba de Hiroshima y de las centrales nucleares, como vimos en el capítulo 8. Ahora bien, si se libera energía fusionando núcleos pequeños y también se libera energía fisionando núcleos grandes, eso demuestra que en algún lugar entre los dos hay un núcleo que es prácticamente irrompible y no transformable, en el sentido de que fusionarlo en algo más grande o escindirlo en algo más pequeño no libera ninguna energía, sino que por el contrario la consume. Este núcleo, o estos núcleos, porque son dos, son el hierro y el níquel. El lector quizá empiece a columbrar lo ineluctable. En las estrellas masivas llega un momento en que la temperatura del núcleo estelar permite que el silicio se transforme en hierro. Pero este núcleo estelar de hierro es inerte, en él no se produce ya ninguna reacción, nada. El núcleo de estas estrellas masivas no es por tanto muy diferente del de una enana blanca. Así pues, en ausencia de nuevas reacciones nucleares, es la presión de degeneración de los electrones, como en el caso de una enana blanca, la que lo mantiene. A diferencia de las enanas blancas, ese núcleo estelar está rodeado de materia, ese silicio que aún no se ha fusionado en hierro y níquel (luego, un poco más lejos, el oxígeno que se va a fusionar en silicio, etc.). Y el silicio en la periferia del núcleo estelar sigue sintetizando hierro y aumentando la masa del núcleo estelar de hierro, que sigue siendo inerte. Este núcleo estelar crece y crece... hasta que alcanza el límite de Chandrasekhar. En ese momento, sin nada que lo mantenga, colapsa en una fracción de segundo. Esta vez no hay casi nada que se oponga a su colapso, porque no hay ninguna reacción nuclear que pueda producir la energía necesaria para contrarrestarlo. Chandrasekhar casi ha ganado, pero todavía no. Porque la estrella tiene un último as en la manga (o más bien en su núcleo). Al colapsar el núcleo, los electrones están obligados a apretujarse unos contra otros, pero al mismo tiempo tienen características que se lo impiden. Esta situación insostenible encuentra una salida radical: ¡los electrones van ni más ni menos que a desaparecer! No de golpe, sino reaccionando con partículas tan abundantes como ellos: los protones de los núcleos de hierro y níquel. La compresión que experimenta el núcleo de una estrella masiva es tal, que la temperatura alcanza valores impresionantes, capaces de destruir los núcleos de hierro. En cierto modo, los protones son liberados de los núcleos y se fusionan con los electrones para producir neutrones. En menos de un segundo, el núcleo de la estrella se transforma en una bola de neutrones extraordinariamente densa: su tamaño se ha reducido hasta unos veinte kilómetros y su masa es igual al límite de masa de Chandrasekhar, es decir, 1,4 masas solares. El lector puede comprobarlo con su calculadora: la densidad de este objeto es del orden de 500 millones de toneladas por centímetro cúbico. Por si faltaban cifras astronómicas, he aquí otra[7]. Esta densidad equivale a varias decenas de miles de torres Eiffel apretujadas en un dedal, o a la densidad obtenida al comprimir toda la Tierra en una esfera de 300 metros de diámetro. Sea cual sea la analogía, las cifras son tan enormes que parecen absurdas. Pero son exactas.

---

7. Y ya lo advierto, dentro de algunas páginas las habrá aún más impresionantes.

Cabría pensar que, como el neutrón es inestable, esta bola de neutrones, conocida como «protoestrella de neutrones», acabará desapareciendo. Pero no es así. El neutrón, cuando está él solo, es inestable, pero lo es mucho menos cuando está en compañía de otros neutrones y protones. Cuando no hay suficientes protones, los neutrones no logran pegarse unos a otros, por lo que no existen núcleos atómicos formados por muchos neutrones. En el caso que nos ocupa es la gravedad la que se encarga de hacer de pegamento, lo que es suficiente para que el neutrón sea perfectamente estable. La bola de neutrones es estable e incluso casi indestructible. No es fácil transformarla en otra cosa. Eddington vuelve a salirse con la suya, pero por muy poco. Porque la bola de neutrones no es más que el núcleo de la estrella masiva. En uno o dos segundos, este núcleo, que tenía el tamaño de una enana blanca, es decir, aproximadamente el tamaño de la Tierra, se ha contraído hasta convertirse en una esfera de 20 kilómetros de diámetro. Pero el resto de la estrella sigue ahí y cae a una velocidad vertiginosa sobre ese núcleo que acaba de colapsar. A partir de ahí hay dos posibilidades. La masa de estas capas exteriores puede ser, astronómicamente hablando, moderada, en cuyo caso rebota contra ese núcleo de neutrones casi indestructible e incompresible. La colisión es tan violenta (¡incluso a escala astronómica!) que la onda de choque resultante disloca completamente la estrella, que se transforma en una enorme bola de fuego en rápida expansión en cuyo centro queda únicamente el núcleo colapsado y ahora puesto al descubierto. La luminosidad aumenta (porque aumenta la superficie de la estrella que está explotando), y ello de forma considerable. La estrella se vuelve decenas de miles o incluso millones de veces más brillante de lo que era justamente antes, y estas estrellas masivas son ya de suyo muy brillantes. Es el fenómeno de la supernova, que se suele resumir diciendo que la explosión de la estrella es tan luminosa como toda una galaxia entera. No es exactamente así, pero no le anda muy lejos. El canto del cisne de la estrella se hace visible no solo en toda la galaxia, sino a gran distancia, a varios millones o incluso miles de millones de años luz, con la salvedad, claro está, de que la señal luminosa tardará millones o miles de millones de años en hacer el recorrido: no se puede sobrepasar el límite de velocidad autorizado. Cuando la estrella es realmente muy masiva, el destino es diferente. Hay tanta masa en las capas exteriores de la estrella que estas son capaces de comprimir un poco más el núcleo de neutrones. Y aunque el núcleo de neutrones es prácticamente indestructible, tiene sin embargo un punto débil: no es mucho más grande que un agujero negro de la misma masa. Y si se comprime un objeto por debajo del tamaño de un agujero negro de masa equivalente, ya no hay salida: se transforma en un agujero negro. ¡Chandrasekhar gana!

Desgraciadamente para él, en 1935 se está todavía lejos de imaginar el alcance de sus conclusiones. Otro gran nombre de la ciencia detesta la idea de que la naturaleza pueda engendrar ese «absurdo» tan insoportable para Eddington: Albert Einstein. A él tampoco le gustan los agujeros negros y se propone demostrar que no existen. Así pues, se pone a calcular cómo sería un astro con un radio menor que un agujero negro. Un astro así *sería* un agujero negro, porque la luz emitida por su superficie estaría más acá del límite del que no puede escapar. Lo que Einstein pretende averiguar es cómo se organizaría la materia en su interior. Y el resultado que encuentra le encanta: ¡*no existe* ninguna configuración de materia más pequeña que un agujero negro! Publica su resultado en 1939 en un artículo cuya conclusión es inequívoca: «El principal resultado de esta investigación es que las "singularidades de Schwarzschild" [uno de los nombres dados por entonces a los agujeros negros] no existen en la realidad física. [...] Las singularidades de Schwarzschild no existen porque la materia no puede estar concentrada de forma arbitraria». Los cálculos de Einstein son un poco técnicos pero fácilmente comprensibles para cualquier estudiante que haya seguido cursos de relatividad. Y son perfectamente correctos. Pero Einstein ha cometido un error, casi el mismo que le impidió hacer el descubrimiento de la expansión del universo: supuso una distribución *estática* de la materia en el interior del agujero negro. Y, de hecho, no existe distribución estática de la materia en un agujero negro. La materia, o incluso usted mismo si cometiera la locura de arrojarse dentro de él, no puede permanecer en reposo en un agujero negro. No solo no es posible escapar de un agujero negro, sino que además uno es atraído irremediablemente hacia el centro. En el interior de un agujero negro se producen fenómenos tan extremos que la noción de «centro» es allí bastante sutil, pero, por decirlo en sentido (un poco) figurado, lo que ocurre es que todo es atraído hacia el centro y se aglutina en un punto cuya densidad se va a volver más o menos infinita. Creyendo demostrar que los agujeros negros no existen, Einstein demostró sin saberlo que el interior de los agujeros negros es una región de lo más desconcertante... pero él no lo entendió, como tampoco nadie antes que él.

¿Cuándo y gracias a quién se empieza a comprender correctamente los agujeros negros? Gracias a uno de los científicos más ambiguos de la historia de la ciencia, Robert Oppenheimer (1904-1967), cuyo nombre está indisolublemente ligado a la bomba atómica. Antes de desempeñar un papel decisivo en su fabricación, Oppenheimer fue un físico teórico de primera fila que contribuyó en gran medida al desarrollo de esta disciplina al otro lado del Atlántico, donde hasta entonces reinaba en solitario la física experimental. Fue, sobre todo, un notable todoterreno que se interesó por una amplia gama de temas a los que se dedicaba cada vez durante un tiempo relativamente corto, el suficiente para escribir uno o dos artículos científicos, a menudo de gran calidad y a veces incluso revolucionarios, como veremos[8]. En 1938 y 1939 estudia la estructura interna de una hipotética estrella de neutrones y publica dos artículos extraordinarios sobre el tema. En el primero determina las características generales de estos objetos, es decir, su tamaño y su densidad, con valores del orden de lo dicho ya anteriormente. A continuación realiza el mismo ejercicio que Chandrasekhar sobre las enanas blancas. Con su alumno George Volkoff (1914-2000) demuestra que, por razones bastante similares a las encontradas por Chandrasekhar, existe también una masa máxima más allá de la cual no puede existir una estrella de neutrones. El valor de la masa es difícil de evaluar, ya que el detalle de las interacciones que pueden existir entre los neutrones se conoce todavía mal, pero la existencia de una masa máxima queda establecida

8. Esta notable capacidad de adaptación le valió ser propuesto para dirigir el Proyecto Manhattan, destinado a dotar a Estados Unidos del arma atómica.

con certeza: existe *necesariamente* una masa límite, muy probablemente situada en torno a tres o cuatro veces la masa del Sol. Más allá de este límite la estrella de neutrones no tiene más remedio que colapsar, y en ausencia de un mecanismo capaz de detener este colapso va a transformarse en un agujero negro. Porque Oppenheimer va más lejos que sus predecesores. Ni Chandrasekhar ni mucho menos Eddington o Einstein tuvieron la curiosidad o la audacia de preguntarse qué ocurriría exactamente cuando las fuerzas de presión dentro de un astro ya no son capaces de contrarrestar las fuerzas de la gravedad. Oppenheimer, sí. Junto con otro de sus alumnos, Hartland Snyder (1913-1962), publica en paralelo otro artículo titulado «Sobre una contracción gravitatoria continuada», en el que estudia lo que ocurre cuando una estrella de neutrones colapsa. Los cálculos son complejos, pero haciendo algunas aproximaciones, los autores obtienen el meollo sustancial de su modelo: en lenguaje moderno, comprenden que un observador exterior que presencie el colapso lo verá frenarse gradualmente a medida que el radio de la estrella que colapsa se hace igual al radio del agujero negro de masa equivalente. Sin embargo, el colapso *no se detiene ahí*. Continúa, ahora invisible para el observador exterior. Como ya comprendió Einstein incluso antes de 1915, cuanto más cerca se está de un objeto masivo, más despacio transcurre el tiempo. Y este «estiramiento» del tiempo se hace infinito en la superficie de un agujero negro, es decir, que lo que allí ocurre parece ralentizarse visto desde el exterior. Pero esto no significa que todo se detenga, sino que lo que ocurre más allá queda para siempre fuera de nuestro campo de visión: esta es la esencia misma de un agujero negro. Desde el punto de vista de alguien que se encuentra en la superficie de la estrella que colapsa, el colapso continúa tras alcanzar el tamaño crítico. El sorprendente corolario de esta situación es que la superficie de un agujero negro no es realmente una superficie. No es material, no es tangible, no hay absolutamente nada allí. Lo que separa el interior del exterior de un agujero negro es ese imperceptible punto de no retorno más allá del cual no se puede ver nada cuando se está en el exterior y que no se puede cruzar dando media vuelta si se está en el interior. No hay por tanto ninguna incoherencia en la teoría de Einstein y, sobre todo, los agujeros negros parecen destinados a formarse en el corazón de las estrellas masivas. El círculo se ha cerrado, o mejor dicho debería haberse cerrado, porque los artículos de Oppenheimer se publican en el verano de 1939, al comienzo de la Segunda Guerra Mundial. Por lo tanto se van dejando poco a poco de lado, sobre todo porque lo que falta en este magnífico edificio intelectual son hechos que confirmen lo que, de momento, no es más que un vasto conjunto de hipótesis.

16. Reconstruir el puzle

Gran parte del guion del capítulo anterior no es conocido en el momento de la ponencia de Chandrasekhar. Cuando este concibe en 1930 la idea de la masa máxima de las enanas blancas, ni siquiera se ha descubierto el neutrón, cosa que haría en 1932 el norteamericano James Chadwick (1891-1974). Para entonces, la existencia del átomo no suscitaba ya ninguna duda (gracias a Albert Einstein, recuérdese), pero su estructura interna seguía siendo un misterio. Se sabía que estaba formado por un núcleo rodeado de electrones, pero se ignoraba qué contenía ese núcleo. Según una hipótesis en boga, contenía tantos protones como electrones había en la periferia, pero para explicar su masa, que era mayor que la de los protones por sí solos, se suponía que en él había también pares de protones-electrones para darle la masa requerida. Tampoco se conocen en aquella época todos los detalles de las reacciones nucleares que tienen lugar en el núcleo del Sol, detalles que serían preci-

sados unos años más tarde por uno de los alumnos de Arnold Sommerfeld, Hans Bethe (1906-2005), que recibió con
toda justicia por ello el Premio Nobel de Física de 1967, un
Nobel muy especial para los astrónomos, porque fue la primera vez que el comité de los premios acordó incluir la astronomía y la astrofísica entre las disciplinas elegibles para
el premio de física. Hoy día puede que esto parezca incongruente, pero hasta entonces *ningún* descubrimiento astronómico había sido considerado merecedor del premio más
prestigioso de la ciencia. Si el lector se pregunta por qué
Edwin Hubble no lo recibió, recuerde: su principal defecto
es que murió en 1953, quince años demasiado pronto. La
misma suerte corrió Henrietta Leavitt, de quien un rumor
persistente pero no confirmado afirma que Hubble dijo
que era ella la que se merecía el Nobel, porque fue gracias
a sus trabajos sobre las cefeidas como él pudo descubrir la
naturaleza de las galaxias y la expansión del universo. Nacida en 1868, habría tenido que cumplir cien años para tener alguna posibilidad. Subrahmanyan Chandrasekhar
tuvo más suerte. Ganó el Premio Nobel, aunque tuvo que
armarse de paciencia. Oficialmente, el premio se le concedió por «sus estudios teóricos de los procesos físicos de
importancia en la estructura y evolución de las estrellas»,
una formulación bastante alambicada que engloba toda su
prolífica obra (publicó más de 300 artículos científicos a lo
largo de su dilatada carrera), pero de la cual los trabajos
realizados en 1930 en el barco que le llevó a Europa constituyen el ejemplo más logrado. ¿El año de su galardón?
1983, más de medio siglo después de allanar el camino
para demostrar que la formación de agujeros negros era ineluctable.

Sin embargo, desde los años treinta se viene sospechando que algunas de las etapas descritas anteriormente puede que se produzcan. Edwin Hubble, una vez más, desempeña en ello un papel casi involuntario pero decisivo por dos veces. En primer lugar, porque cuando anuncia que la nebulosa de Andrómeda es un objeto extragaláctico, varios astrónomos se preguntan inmediatamente por la naturaleza de un suceso que se había observado allí en 1885 (a saber —eso se pensaba— una nova) y que además había sido bastante brillante, porque había sido visible a simple vista. En 1934, los astrónomos Walter Baade (1893-1960) y Fritz Zwicky (1898-1974) caen en la cuenta de que si la galaxia de Andrómeda está situada, como afirma Hubble, mucho más lejos que los límites de nuestra galaxia, entonces una nova visible a simple vista tenía que ser una nova extraordinariamente brillante, es decir, por utilizar sus propias palabras, una «super-nova», término que perdurará, solo que sin el guion intermedio. Y como en 1934 se acaba de descubrir el neutrón, Baade y Zwicky no se detienen ahí. Casi de inmediato plantean la hipótesis de que si, por la razón que sea, se formara una estrella de neutrones en el núcleo de una estrella, entonces produciría una fantástica liberación de energía capaz de explicar la luminosidad de la «supernova» de 1885.

Falta en ese momento identificar claramente una supernova que sea suficientemente cercana para poder estudiarla en detalle y detectar en su interior el residuo compacto. El objeto que hizo de puente entre todo este edificio intelectual y el mundo real ya lo he mencionado brevemente pero en un contexto completamente distinto: es esa famosa mancha difusa que Charles Messier confundió con un cometa en 1758 y que catalogó poco después con el nombre de M1. Poco más de un siglo después, el astrónomo irlandés William Parsons (1800-1867), más conocido por su título nobiliario de Tercer Conde de Rosse, había hecho un croquis detallado de este objeto, destacando por primera vez su estructura filamentosa, que alrededor de 1850 llevó a bautizarla con el nombre de nebulosa del Cangrejo. La naturaleza de este objeto permaneció desconocida hasta 1921, cuando el astrónomo Carl Otto Lampland (1873-1951) comparó imágenes de M1 con otras tomadas ocho años antes, en 1913. Lampland observa que M1 parece ahora ligeramente más grande y deduce que probablemente se trata de los restos de una explosión estelar: una nova, piensa él. En 1928, Edwin Hubble dispone de una base temporal más amplia para la comparación de esas imágenes y puede determinar la velocidad de expansión y deducir de ella que la fecha de la explosión debió de remontarse a 900 años atrás, en plena Edad Media. ¿Podría ser que hubiese sido observada? No hay ninguna posibilidad de encontrar rastros de observaciones realizadas por europeos en aquellos tiempos remotos en los que el interés por los fenómenos celestes (y por la ciencia en general) estaba en estado latente, pero Hubble recuerda un artículo escrito siete años antes por el astrónomo sueco Knut Lundmark (1889-1958) donde se mencionan numerosas observaciones astronómicas antiguas procedentes del Lejano Oriente que hacen referencia a fenómenos que podrían asemejarse a las novas. El propio Lundmark no efectuó ningún trabajo de recopilación, sino que se basó principalmente en las investigaciones de dos científicos franceses de la misma familia, a saber, Jean-Baptiste

Biot, el padre (¿no prometí que volveríamos a hablar de él?) y Édouard Biot, el hijo (1803-1850). Este último es sinólogo, especialista en la civilización china, y ha descubierto que entre las numerosas crónicas imperiales escritas a lo largo de los siglos, algunos capítulos mencionan diversos sucesos astronómicos notables. A instancias de su padre decide poner en conocimiento de los astrónomos europeos las observaciones de sus colegas asiáticos de tiempos pretéritos.

En el mundo chino, el cielo es el reflejo de lo que ocurre en la Tierra, de manera que los sucesos celestes se consideran anunciadores de sucesos terrestres venideros. Aunque las motivaciones que subyacen a sus observaciones celestes son por tanto de naturaleza astrológica, la importancia concedida a estas predicciones hace que los astrónomos chinos sean observadores especialmente meticulosos. Édouard Biot se da cuenta de ello comparando, por un lado, lo que la mecánica celeste de su tiempo dice sobre las fechas de los eclipses y otras aproximaciones de planetas, y por otro, las menciones de tales fenómenos en los documentos chinos. Se le ocurre entonces que quizás también se registraron otros sucesos menos fáciles de interpretar y que podrían revestir asimismo algún interés. Entre ellos figuran las menciones de lo que los astrónomos chinos llaman de manera muy poética «estrellas invitadas», que describen la aparición, a veces fugaz, a veces más prolongada, de un astro en el cielo. Algunas de estas estrellas invitadas también son fáciles de identificar: se trata de cometas, llamados con indudable pragmatismo por los astrónomos chinos «estrellas escoba». Édouard Biot logra así exhumar un cierto número de pasos del cometa más famoso de todos, el cometa

Halley[1], del que ya hemos hablado. Por ello, confía bastante en que las otras menciones de estrellas invitadas puedan revelar algún secreto, en particular las menciones de novas lo bastante luminosas como para haber sido vistas sin instrumentos. Entre otras observaciones exhuma la de una estrella invitada que apareció, tras conversión al calendario europeo, al amanecer del 4 de julio de 1054 en las proximidades de la estrella llamada *Tianguan* por los astrónomos chinos y que corresponde a la estrella catalogada por los europeos con el nombre de Zeta Tauri, cerca de la cual se encuentra M1. Según las crónicas de que dispone Biot, la estrella invitada fue visible hasta finales de año. Tres cuartos de siglo más tarde, Lundmark redescubre el trabajo de Biot pero no establece la conexión con la nebulosa del Cangrejo, cosa que hizo poco después el inevitable Hubble no sin cierto orgullo[2] y tanto más fácilmente cuanto que, a diferencia de Lundmark, ha comprendido que la explosión que la originó data de unos nueve siglos atrás.

En el momento en que Hubble establece la relación entre la nebulosa del Cangrejo y una explosión estelar es imposible saber de qué tipo de explosión se trata, pero poco a poco se va imponiendo la hipótesis de que es una supernova. Porque exhumando otras fuentes chinas resulta que la estrella invitada resucitada por Biot no desapareció al fi-

---

1. Investigaciones más a fondo realizadas a finales del siglo pasado lograron encontrar en los documentos chinos la mención de todos los pasos del cometa Halley desde el año 240 a. C.
2. En el artículo que escribió sobre el particular utiliza un signo de exclamación en la frase donde anuncia la asociación entre la nebulosa del Cangrejo y la explosión observada en 1054. Este simple signo de puntuación denota una rara señal de entusiasmo para un artículo científico, tradicionalmente escritos en un estilo sobrio, impersonal y, por supuesto, desprovisto de emociones.

nal del mismo año en que apareció, como creía el científico francés, sino al final del *año siguiente*. Y lo que es aún más notable, estas fuentes mencionan que casi inmediatamente después de su aparición la estrella era lo suficientemente brillante como para ser visible a plena luz del día durante más de tres semanas, superando en el máximo de su brillo al de Venus. No cabe duda de que se trata de un acontecimiento de brillo y duración excepcionales y por consiguiente de una supernova. Pero ¿qué hay en el centro? La mayoría de las nebulosas —en el sentido moderno del término— son regiones del cielo ricas en gas e iluminadas por una u otra razón por estrellas brillantes. Esto es especialmente cierto en el caso de la nebulosa más brillante del cielo, la de Orión (o M42: Charles Messier está en todas partes). En esas condiciones no es de extrañar que estas nebulosas sean más brillantes en el centro que en la periferia. Pero la nebulosa del Cangrejo es en ese sentido muy especial. En efecto, es claramente más brillante en el centro, pero si realmente es el remanente de una explosión estelar... ¡no debería quedar nada en su interior para iluminar lo que fuere! Eso podría ocurrir en la periferia de la nebulosa, cuando el material eyectado por la supernova choca con el medio interestelar. Este, por tenue que sea, interactúa con el material eyectado y forma una envoltura débilmente luminosa que puede verse en las fotografías de larga exposición. Así ocurre, por ejemplo, con el bucle de Cygnus, un delicado entrelazamiento de volutas que se extiende sobre una vasta zona aproximadamente circular en la constelación del mismo nombre. Pero en su centro no hay absolutamente nada que brille. Entonces, ¿por qué la nebulosa del Cangrejo es tan diferente, tan brillante en su centro? En los años cincuenta y sesenta emerge poco a poco la explicación. Cuando el núcleo de una estrella masiva colapsa para convertirse en una estrella de neutrones, cambia bruscamente de tamaño. Al igual que el Sol y los planetas, todos los astros del cosmos giran sobre sí mismos. Pero si antes de colapsar el astro giraba lentamente, después su rotación aumenta de manera considerable. Es el conocido efecto de la patinadora, que gira mucho más deprisa cuando lleva los brazos pegados al cuerpo. En el caso de una estrella, el efecto es desproporcionadamente mayor. Si pensamos en términos de órdenes de magnitud, cuando dividimos el radio de una estrella por diez, su velocidad de rotación se multiplica por cien. Consideremos el Sol, que gira sobre sí mismo en unas pocas semanas, digamos que quince días[3]. Si su radio disminuye desde su valor actual (unos 650 000 km) hasta el de una estrella de neutrones (10 km), su velocidad de rotación aumenta en algo así como 4000 millones de veces. El Sol ya no gira sobre sí mismo en quince días, sino... en menos de un milisegundo. Por supuesto, el núcleo de una estrella masiva no es realmente del tamaño del Sol (es más bien del tamaño de la Tierra), pero ha alcanzado ese menor tamaño tras contraerse. Por tanto, es lógico pensar que el núcleo de una estrella de neutrones recién formada gira muy, muy rápido. Pero hay otra cosa que aumenta a medida que la estrella se contrae: su campo magnético, que también crece en las mismas proporciones. Por tanto, una estrella de neutrones es, desde el punto de vista

3. La superficie del Sol efectúa una vuelta completa en un mes aproximadamente, pero se sabe ahora que el núcleo solar gira sobre sí mismo en solamente te siete días.

magnético, un imán de fuerza alucinante en rapidísima rotación. Recordemos ahora el capítulo 1, al hablar de James Clerk Maxwell y Michel Faraday: ¿qué hace un imán en rotación? Produce un campo eléctrico, que a su vez genera un campo magnético, y así sucesivamente: es por tanto un emisor muy potente de ondas electromagnéticas. Una estrella de neutrones brilla (un poco) en la superficie porque está caliente, pero sobre todo brilla muy intensamente debido a su rotación; de hecho brilla como cientos de miles de soles. Pero este brillo no tiene por qué reducirse a la luz visible. Produce en cascada numerosos fenómenos que se extienden por una gama muy amplia de longitudes de onda, desde las ondas de radio hasta los rayos X. Este razonamiento lo hizo por primera vez el italiano Franco Pacini (1939-2012) en noviembre de 1967, pero en un primer momento pasó completamente inadvertido porque nada indicaba que estos objetos emitiesen una radiación especialmente intensa o característica en tal o cual rango de longitudes de onda, por lo cual resultaba difícil detectarlos. Afortunadamente, esta situación no duró mucho tiempo.

Y es que en aquella época la radioastronomía es una disciplina en plena expansión. Debe su existencia a una consecuencia pacífica de la Segunda Guerra Mundial, que había asistido al desarrollo del radar, es decir, de receptores especialmente sensibles en el rango de las ondas de radio. En este contexto, la inglesa Jocelyn Bell (1943-)[4], entonces estudiante de doctorado en la Universidad de Cambridge, detecta apenas pocos meses después del artículo de Pacini una fuente de radio periódica. Con precisión metronómi-

4. Sin ningún parentesco con el John Stewart Bell del capítulo 14.

ca, la fuente envía una especie de pitidos relativamente cortos a intervalos de exactamente 1,337 302 088 segundos. Pensando que se trataba de una interferencia terrestre, no le presta atención, pero enseguida advierte que el instrumento que utiliza detecta cada día esta fuente con cuatro minutos de adelanto respecto al día anterior, exactamente como lo haría un objeto en el cielo que, debido al movimiento de la Tierra alrededor del Sol, ve cómo la hora de su salida y ocaso se desfasa cuatro minutos cada día. La extrema regularidad de la señal le confiere un aspecto terriblemente artificial, por lo que es bautizada confidencialmente con el nombre de LGM-1 (donde LGM es el acrónimo de *Little Green Men*, «hombrecillos verdes»), al que se le une poco después LGM-2 al detectarse otra fuente del mismo tipo. Pero estas fuentes no tienen nada que ver con inteligencias extraterrestres. Lo que ha descubierto Jocelyn Bell es la emisión de ondas de radio producidas por la rotación de una estrella de neutrones, también llamada «púlsar» por la extrema regularidad de la señal que emite, cuya forma recuerda a las pulsaciones cardíacas. La periodicidad se debe a que la señal de radio emitida por el púlsar escapa en la forma de dos haces centrados en los polos magnéticos de la estrella. Lo importante es que, como ocurre en la Tierra, el eje magnético y el eje de rotación no tienen por qué coincidir, por lo que, a medida que gira el púlsar, el haz de radio barre el cielo como si fuese un enorme faro cósmico. Esto lo había predicho ya Franco Pacini, pero como su artículo pasó inadvertido, hizo falta que su razonamiento fuese revisitado por otro investigador, Thomas Gold (1920-2004), para que la comunidad científica comprendiera cuál era la naturaleza de estos púlsares recién descubiertos. Lo curioso es que en la época en que Gold y Pacini proponen, cada uno por su lado y con solo seis meses de diferencia, asociar las estrellas de neutrones con los púlsares, ambos desconocen el trabajo del otro... ¡a pesar de que sus despachos se encuentran a pocos metros uno de otro! En efecto, el joven Franco Pacini (28 años en aquel momento) era desde hacía algunos meses profesor visitante en el centro de radiofísica e investigación espacial de la Universidad Cornell, donde trabajaba Thomas Gold. El primero inició su carrera en el mundo de la investigación con el estudio de las estrellas de neutrones, mientras que el segundo, más veterano y más ecléctico, trabajaba por aquel entonces en diversos temas que iban desde la cosmología a la explotación científica de las misiones a la Luna. Aunque eran prácticamente vecinos, probablemente nunca habían tenido hasta entonces intereses comunes para intercambiar ideas sobre los astros compactos. Poco después del artículo de Thomas Gold, los radioastrónomos buscan el mismo tipo de señal en dirección a la nebulosa del Cangrejo, pero tienen dificultades para encontrarla, no porque sea débil, sino porque el púlsar del Cangrejo (como se llama ahora) gira a una velocidad mucho mayor, más de 30 veces por segundo, cosa que los receptores de radio de la época apenas pueden detectar porque necesitan un tiempo de integración más largo cuando las señales astronómicas son débiles.

A partir de entonces, el círculo estaba prácticamente completo. M1 era el remanente de una explosión increíblemente potente observada nueve siglos atrás. Seguía siendo tan luminosa porque en su centro había sobrevivido una intensa fuente de energía, y las señales de radio periódicas indicaban con seguridad que se trataba de un púlsar, es decir, una estrella enormemente compacta resultante de la explosión de una supernova. El descubrimiento de los púlsares era por tanto el eslabón que faltaba para describir la evolución de las estrellas masivas. Así pues, parece natural que la persona que los descubrió recibiera el Premio Nobel. Sin embargo, no fue así; por el contrario, el resultado de esta gran aventura dio lugar a una de las mayores injusticias y a una de las mayores controversias de la historia del Premio Nobel en cualquiera de las disciplinas. En efecto, tras los años de rigor necesarios para evaluar la importancia de este resultado, el Comité Nobel *no* concedió el premio a Jocelyn Bell, sino que prefirió otorgarlo en 1974 a dos de sus homólogos, hombres y de mayor edad. El primero, Martin Ryle (1918-1984), era un pionero de la radioastronomía. Contribuyó en gran medida al desarrollo de la instrumentación utilizada por Jocelyn Bell para descubrir los púlsares. Su premio parece por tanto bastante justificado. En cambio, el segundo galardonado con el Premio Nobel fue... el director de tesis de Jocelyn Bell, de quien no consta en ningún documento que desempeñase ningún papel decisivo en el descubrimiento de su alumna, a la que, por lo demás, había animado a estudiar otros campos de la radioastronomía. En ultimísimo término cabría imaginar que al haberla ayudado a poner el pie en el estribo podría asociársele al premio, pero ¿por qué diablos excluir a Jocelyn Bell? ¿Porque era demasiado joven? ¿O porque era mujer? De ambas cosas había precedentes. En 1915, el australiano William Bragg (1890-1971) se convirtió (y sigue siéndolo hoy) en el ganador más joven del Nobel de Física, con solo 25 años, aunque por un trabajo realizado con su padre, mientras que Marie Curie recibió el premio dos veces, en 1903 y 1911 (este último el de química). Casi medio siglo después de la no concesión del premio a Jocelyn Bell, nadie sabe a ciencia cierta qué motivó esa decisión cuando menos extraña, debido a que es imposible consultar los archivos del Comité Nobel. Pero el fallo es especialmente desafortunado e injusto, sobre todo porque se trataba del primer Premio Nobel concedido íntegramente por un trabajo relacionado con la astronomía. Es cierto que siete años antes Hans Bethe lo había recibido por establecer los detalles de las reacciones nucleares en el Sol, pero también (y quizás sobre todo) por todos sus trabajos en física nuclear. Quiere decir que en ese caso la astronomía no fue la única recompensada. Pero en 1974 sí lo fue. La polémica sobre el «olvido» de Jocelyn Bell comenzó desde el mismo momento en que se anunció el premio y nunca llegó a apagarse del todo. Además, ocasionó daños colaterales, porque algunos grandes nombres de la astronomía salieron enseguida en defensa de Jocelyn Bell, a veces con un gran coste personal. Este fue por ejemplo el caso de Fred Hoyle (1915-2001). No hemos tenido tiempo ni espacio para hablar de él, pero digamos para simplificar que fue uno de los grandes arquitectos de nuestra comprensión de la evolución de las estrellas, como Chandrasekhar y Robert Fowler (1911-1995), este último un astrónomo estadounidense que recibió el Premio Nobel en 1983 junto con el primero. Si bien la contribución de Chandrasekhar domina sobre la de los otros dos, la comparación de las aportaciones científicas de Hoyle y Fowler no permite explicar por qué se concedió el premio al segundo y no al primero, sobre todo teniendo en cuenta que fueron coautores (con otros dos astrónomos) de su artículo más famoso en el que se describen a grandes rasgos el conjunto de los procesos nucleares en el interior de las estrellas[5]. Premiar a Fowler y excluir a Hoyle parece un poco cuestionable, sobre todo porque los estatutos del Comité Nobel permiten que el premio en cada categoría (física en este caso) lo compartan hasta tres personas cada año. La razón habría que buscarla al parecer en una sanción implícita impuesta por los miembros del Comité Nobel a quien les había criticado, aunque con toda razón y con la virulencia que correspondía.

Dicho esto, la ciencia, como ya señalé en otro contexto, está organizada de manera que quien gana al final es quien tenía razón desde el principio. El nombre de Jocelyn Bell lo conocen todos los astrónomos e incluso un poco más allá. El nombre de su director de tesis[6] es mucho menos conocido, lo que sin duda es justo reflejo de la situación. A partir de 1974 no recibió prácticamente ninguna otra distinción científica, a diferencia de Jocelyn Bell, que recibió casi todos los premios de prestigio en astronomía.

Pero, a propósito, ¿qué hay de los premios científicos recibidos por Albert Einstein? Pues bien, como era de esperar, ganó el galardón supremo, pero aunque legítimamente lo habría merecido al menos por partida cuádruple (por sus tres primeros artículos de 1905, más la relatividad general), solo lo recibió una vez, en 1922[7], «por el conjunto de los

---

5. Se trata del artículo llamado «B2FH»; véase de nuevo *Pourquoi le Soleil brille*, de Roland Lehoucq.
6. Reconozco haber omitido deliberadamente mencionar su nombre, porque nunca defendió a su alumna en esta polémica, afirmando, por el contrario, que el mérito era suyo.
7. Para ser exactos, recibió en 1922 el premio correspondiente a 1921, después de que el Comité Nobel aplazara su decisión durante un año. El retraso

servicios prestados a la física teórica, y en particular por su descubrimiento de las leyes del efecto fotoeléctrico», una formulación lo suficientemente vaga como para incluir casi toda la producción del gran científico, pero que a fin de cuentas parece muy ingrata, una ingratitud que por lo demás Einstein denunció indirectamente: no estando en Europa en el momento de la recepción del premio, no pronunció el equivalente de su discurso de aceptación hasta 1923, y en él no habló de otra cosa que de la relatividad (especial y general), sin la menor mención del efecto fotoeléctrico. Consolémonos comprobando por ejemplo que desde 1975 el Comité Nobel ha concedido en al menos siete ocasiones el premio por trabajos o descubrimientos que se explican en el marco de la relatividad general, que es la gran obra de su vida[8]. Y por otro lado, estas consideraciones académicas no tienen ninguna importancia, porque el genio de Albert Einstein no necesitó de premios oficiales para ser reconocido en el mundo entero. Es sin duda ahí donde se manifiesta la plena magnitud de su aura, que sobrepasa con mucho el marco científico.

se debió en parte a las dificultades que encontró el comité para juzgar por sí mismo (es decir, sin recurrir a expertos externos) la importancia de las contribuciones de Einstein, algunos de cuyos trabajos fueron recibidos con cierta reticencia por varios miembros del comité.
8. Algunos ejemplos son el premio concedido en 2011 a los descubridores de la constante cosmológica (véase el capítulo 13), y el de 2017 por la detección de la fusión de agujeros negros, de lo que hablaré dentro de dos capítulos.

17. El final de la búsqueda

Por muy notables que fuesen el descubrimiento de los púlsares, su identificación con cadáveres de estrellas masivas y el nexo establecido con una supernova de hace más de 900 años, cuidadosamente documentada por los astrónomos chinos en el siglo XI, todo ello no respondía a *la* pregunta de partida: ¿existen los agujeros negros? Porque la búsqueda no había terminado todavía. Los agujeros negros existían *en potencia*, porque desde los trabajos de Oppenheimer no había duda de que las estrellas de neutrones tenían una masa máxima. Pero ¿existían *realmente*? La prueba cierta, irrefutable, definitiva, tendría todavía que esperar algunos años más... y sobre todo *muchos más* hasta ser aceptada.

De hecho, en los años sesenta no estaba claro que los astrónomos tuvieran realmente la esperanza de disponer algún día de semejante prueba. En cualquier caso, esta llegó un poco por casualidad. Ya dije que en los años de posguerra se asistió al desarrollo de la radioastronomía. Evidentemente, la observación del cielo en longitudes de onda distintas de las visibles para nuestros ojos revelaba cosas nuevas sobre el universo. Así ocurría con la radiación ultravioleta, emitida en cantidades más o menos grandes por las estrellas. El lector habrá seguramente oído que esta radiación es peligrosa para la salud, razón por la cual se recomienda evitar una exposición excesiva al Sol cuando el «índice ultravioleta» anunciado en las previsiones meteorológicas es demasiado alto. Este índice refleja simplemente la intensidad de la radiación recibida en la superficie de nuestro planeta, intensidad que depende sobre todo de la insolación y por tanto de la altura del Sol sobre el horizonte, por lo cual el índice es especialmente alto en verano. Desde finales del siglo XIX se sospechaba que la atmósfera actuaba como un filtro de los rayos ultravioleta, buena noticia para los organismos vivos, protegidos así contra esta radiación tan nociva... pero muy mala noticia para los astrónomos que quieren estudiar la radiación UV emitida por el Sol o las estrellas. Y en ese aspecto no hay solución posible desde la Tierra. Es sobre todo el ozono, un gas formado por tres átomos de oxígeno, el que absorbe gran parte de la radiación ultravioleta a partir de una altitud de 50 km. Ni siquiera en la cima de las montañas más altas es posible escapar a esta capa absorbente. Y lo que es cierto para la radiación ultravioleta lo es aún más para los rayos X. Estos rayos, aún más deletéreos que los ultravioleta, son emitidos en pequeñas cantidades por el Sol: si nuestros ojos solo fueran sensibles a esta radiación, nuestra estrella, vista desde el espacio, tendría un brillo comparable al de la luna llena, de sobra suficiente para que los telescopios especializados puedan detectar esta radiación procedente no solo del Sol sino también de otras estrellas. En el caso del Sol, el origen de la radiación es bien conocido: está ligada a la actividad magnética de nuestra estrella, que es la causa también de las manchas solares que en ocasiones producen fenómenos localizados y efímeros, especialmente energéticos, conocidos como erupciones solares. Al objeto de estudiar mejor las erupciones solares y detectar las de otras estrellas, varios científicos norteamericanos cifraron a principios de los años 60 sus esperanzas en la exploración espacial con vistas a estudiar los rayos X provenientes del cosmos, ninguno de los cuales atraviesa la atmósfera. El problema, en aquella época, es que la exploración espacial es una apuesta tecnológica e ideológica, no científica. Si se envían ingenios al espacio es para enviar allí personas y llevarlas algún día a la Luna. Los científicos norteamericanos tienen que conformarse aquí con los modestos cohetes de la clase Aerobee, una especie de primos hermanos de los cohetes V-2 construidos en los años 40 por la Alemania nazi para bombardear Londres. Aunque no están diseñados para poner satélites en órbita, son sin embargo capaces de alcanzar altitudes de 200 o 300 km y transportar unos 60 kg de material científico. Por iniciativa de Bruno Rossi (véase el capítulo 6), el astrónomo norteamericano de origen italiano Riccardo Giacconi (1931-2018) aprovecha esta oportunidad para intentar detectar rayos X procedentes de astros distintos del Sol. El primer lanzamiento de un cohete Aerobee con este fin supera todas sus expectativas y causa conmoción en la comunidad astronómica. La bajísima sensibilidad de su experimento solo le permite detectar una única fuente astronómica de rayos X, pero una fuente que tiene propiedades extraordinarias, en primer lugar la de ser lo suficientemente intensa como para ser detectada a pesar de lo rudimentario de la instrumentación. Situada en la constelación de Escorpio y bautizada como Sco X-1, resulta ser inmensamente más brillante de lo que Giacconi y sus colegas esperaban. Por desgracia para los astrónomos, no se va a avanzar sino muy despacio en el estudio de este insólito astro, por una razón: la muy corta duración del vuelo de los cohetes Aerobee solo permite un tiempo de observación de cinco minutos, a razón de uno o dos lanzamientos al año hasta finales de los años sesenta. Se estima que a lo largo de toda esa década, el tiempo total de observación del cielo en el dominio de los rayos X apenas superó una hora. Suficiente sin embargo para que dos vuelos Aerobee más tarde se detectaran otras fuentes, entre ellas dos anunciadas en 1965. La primera es la nebulosa del Cangrejo, demostrando así que había una intensa fuente de energía que la alimentaba, resultado en el que Franco Pacini se basaría dos años más tarde para proponer que la fuente era una estrella de neutrones en rápida rotación. Pero fue sobre todo la otra fuente, descubierta en la constelación del Cisne (y bautizada Cygnus X-1, siguiendo la misma nomenclatura), la que iba a desempeñar un papel decisivo. En aquella época pionera, los detectores de rayos X son terriblemente miopes. Es difícil localizar con precisión las fuentes en el cielo, e igual de difícil determinar si son fuentes puntuales (como puede ser una estrella) o fuentes extensas (como puede ser una nebulosa). Sin embargo, un año más tarde, Sco X-1 es finalmente identificada como una fuente puntual, y lo que es más importante, se logra determinar su contrapartida óptica, es decir, el astro que emite esos rayos X pero esta vez observado a través de su luz visible. Y aquí es donde aparecen las propiedades extraordinarias —o en cualquier caso completamente inesperadas— de Sco X-1. Se trata en efecto de una estrella con la mitad de masa que el Sol y muy distante. Menos masiva, y por tanto menos brillante, solo que en el dominio de los rayos X es *al menos mil veces más brillante* que el Sol en luz visible, un resultado en absoluta contradicción con todo lo que se sabe sobre las estrellas.

Para progresar realmente en el estudio de este extraño objeto es necesario disponer de un verdadero telescopio instalado permanentemente en el espacio y capaz de funcionar durante años. Siempre bajo el impulso de Riccardo Giacconi, la NASA emprende la construcción de un telescopio dedicado específicamente a esa tarea y que, cosa rara, recibirá un nombre africano: Uhuru. La palabra significa «libertad» en suajili —la lengua oficial de Kenia— en referencia a la plataforma de lanzamiento del satélite situada frente a la costa keniana y al hecho de que el lanzamiento fue el 12 de diciembre, fecha del aniversario de la reciente independencia del país. Uhuru multiplicó decenas de miles de veces el tiempo de observación invertido hasta entonces en el campo de los rayos X y ayudó a descubrir muchas otras fuentes. Una de ellas aclararía la naturaleza de estos objetos inesperados: Centaurus X-3 (que, como habrán deducido, es la tercera fuente de rayos X detectada en la constelación del Centauro). El flujo de rayos X que emite desaparece repentinamente a intervalos muy regulares, mientras que el estudio de la luz de la contrapartida óptica indica que la estrella efectúa un movimiento de vaivén con el mismo período. Los astrónomos deducen de ello que están observando no uno sino dos astros: una estrella ordinaria y el objeto emisor de rayos X, en órbita uno alrededor del otro. Si el sistema se observa de canto y la estrella ordinaria es mayor que la zona emisora de rayos X, entonces esta última quedará completamente oculta cuando pase por detrás de la estrella compañera; es algo parecido a lo que ocurre con la estrella doble Algol, en la constelación de Perseo, cuya luminosidad disminuye brevemente en dos ocasiones cuando una de las estrellas pasa por delante de la otra, un fenómeno conocido desde la antigüedad (aunque muy misterioso en aquel entonces). Y si Centaurus X-3 o Sco X-1 son potentes emisores de rayos X, es porque una de las estrellas de la pareja no es, o ya no es, una estrella, sino un astro compacto. Este vampiriza a su compañera, cuya masa cae a una velocidad vertiginosa hacia él y se calienta hasta alcanzar temperaturas muy elevadas (el porqué lo sabremos dentro de algunas páginas). Semejante configuración era totalmente inesperada para los astrónomos de la época. Les resultaba difícil imaginar que pudiera existir una pareja formada por una estrella ordinaria y una estrella de neutrones, porque parecía obvio que la supernova que dio lugar a la estrella de neutrones debería haber hecho pedazos la estrella ordinaria vecina. Evidentemente no era ese el caso. Y si aún quedaba alguna duda, la entrada en escena de Cygnus X-1 va ahora a despejarla.

El cielo es menos luminoso en el dominio de los rayos X que en el dominio visible, pero en cambio la energía individual de los fotones de rayos X es mucho mayor que la de los fotones de la luz visible. En consecuencia, el *número* de fotones de rayos X detectados es muy pequeño. Por ejemplo, durante el primer vuelo Aerobee que descubrió

Sco X-1 se detectaron algunas decenas de fotones X por segundo[1]. Esto permite etiquetar los tiempos de llegada de los fotones detectados. Y Cygnus X-1 presenta una propiedad tan inesperada como reveladora: el flujo de rayos X varía de manera muy errática en la escala del milisegundo. Se trata de una observación valiosa porque revela algo sobre el tamaño de este objeto. Para entenderlo, imaginemos que una persona situada en el centro del Sol lo enfría instantáneamente y hace desaparecer todos los fotones que contiene. Visto desde la Tierra, no ocurriría nada durante ocho minutos, el tiempo que tardarían en llegar hasta nosotros los fotones emitidos antes del instante fatídico. Pero después el Sol no desaparecería instantáneamente. El centro del disco solar será lo que se apague primero, porque es la parte de la superficie solar que está más cerca de nosotros (situada delante del centro geométrico del Sol) y por tanto la que va a mostrar con el menor retardo temporal lo que está ocurriendo. Una vez oscurecido el centro del disco solar, la oscuridad se extenderá hacia el exterior en poco más de dos segundos. ¿Por qué dos segundos? Porque las regiones en la periferia del disco, como por ejemplo los dos polos del Sol, se encuentran a la misma distancia que el centro de la estrella, es decir, un radio solar más lejos. Por tanto, vemos lo que ocurre allí con un desfase igual al tiempo que tarda la luz en recorrer esa distancia adicional, es decir, algo más de dos segundos para un radio de 650 000 km. Visto desde la Tierra, el Sol tardará dos segundos en apa-

---

1. A efectos de comparación, en una noche de luna llena entran cada segundo en nuestros ojos decenas de miles de millones de fotones, y ello sin mirar siquiera a la Luna directamente.

garse por completo. En general, la luminosidad de un astro no puede variar notablemente en un tiempo inferior al que tarda la luz en recorrer su tamaño. Con variaciones de luminosidad del orden del milisegundo (o incluso menos, ya que esa era la resolución temporal de los instrumentos de Uhuru), Cygnus X-1 revela que su tamaño es como máximo igual a la distancia recorrida por la luz en un milisegundo, es decir, 300 km, cifra que excluía la posibilidad de que se tratara de algo distinto de una estrella de neutrones o un agujero negro. Pero ¿cómo decidir entre las dos posibilidades? Algunas fuentes de rayos X, como el púlsar del Cangrejo, muestran en el dominio de los rayos X la misma modulación característica de los púlsares observada en el dominio de las ondas de radio, pero, por el contrario, la ausencia de pulsaciones no permite decidir si se trata de un púlsar (y, por tanto, de una estrella de neutrones) cuyo haz nunca llega a la Tierra, o bien de un agujero negro. Si hay que atribuir a una sola persona el mérito de haber aportado la prueba decisiva sobre esta última cuestión, es al astrónomo canadiense Tom Bolton (1943-). Hay que decir enseguida que esta no es la etapa más difícil cubierta por él. Pero es la última y, por tanto, la más decisiva. De entrada, Bolton puede apoyarse en la identificación de la contrapartida óptica de Cygnus X-1. La región en la que esta se encuentra está atravesada por el disco de la Vía Láctea y por tanto es particularmente rica en estrellas, lo que dificulta aún más la identificación del astro que es un emisor tan potente de rayos X. Los astrónomos lo logran basándose en el hecho de que el manantial de energía responsable de tal emisión de rayos X también genera durante sus estallidos de actividad muchas otras radiaciones, especialmente en el dominio radio. Aunque los radiotelescopios son pésimos generadores de imágenes —no disponen del equivalente de una película fotográfica para producir imágenes durante una observación—, están en cambio dotados de una extraordinaria precisión de apuntamiento. Y los astrónomos descubren que en la zona de incertidumbre donde los telescopios de rayos X han podido localizar Cygnus X-1 solo hay una estrella que emite ondas de radio. ¿Su nombre? HDE 226868. Como es lógico, el acrónimo no les dice absolutamente nada, pero las dos primeras letras indican su pertenencia al catálogo de estrellas que la ha inventariado, en este caso el catálogo Henry Draper, bautizado así en honor del astrónomo aficionado Henry Draper (1837-1882). Draper pertenece a esa gran tradición americana de aficionados enamorados de la astronomía que contribuyeron a mejorar el saber de los profesionales, ya sea aportando fondos (como hizo John Daggett Hooker, o antes que él James Lick [1796-1876], que financió el observatorio que lleva su nombre; véanse los capítulos 13 y 12 respectivamente) o, en el caso de Draper, aportando competencias, por muy aficionado que fuese. Henry Draper fue uno de los pioneros de la astrofotografía. Fotografió el primer espectro estelar (Vega, en 1872), la primera nebulosa (la de Orión, en 1880) y el primer cometa (en 1881). Llevó a cabo numerosos proyectos astronómicos junto con su esposa, Anna Draper (1839-1914), una rica heredera que se encargó de que la pareja no pasara necesidades. A la muerte prematura de su marido, Anna decidió continuar su labor donando su equipo y cuantiosos fondos a la Universidad de Harvard, donde trabajaba Charles Pickering, y sobre todo contribuyendo a que este comprendiera la inmensa aportación que la fotografía podía hacer a la astronomía. Esto en cuanto a los «benefactores» que habían servido de inspiración a Pickering. La elaboración del catálogo de Henry Draper forma así parte del minucioso trabajo de las numerosas «calculadoras» de las que se había rodeado Pickering para llevar a buen puerto todos estos proyectos. En este contexto, no cabe duda de que fue una de ellas, probablemente Williamina Fleming, quien catalogó y estudió brevemente esta estrella, que en aquel momento nada hacía pensar que dejaría huella. Más de medio siglo después, esta historia bascula con Tom Bolton. Además de la rápida variabilidad del astro, observa que existe lo que parece ser una modulación mucho más lenta de su radiación X. Como es natural, sospecha que esta variación se debe al hecho de que está en presencia de dos astros en órbita uno alrededor del otro y que por tanto los vemos desde ángulos diferentes durante su órbita, lo cual modificaría el flujo de luz que recibimos de ellos. Los datos en el rango de los rayos X son demasiado fragmentarios para verificar la hipótesis, por lo que, para estar seguros, hay que observar el espectro de la luz visible de la estrella durante varios días y comprobar si la velocidad de la estrella con respecto a la Tierra varía efectivamente de forma periódica. Bolton lo hace en el otoño de 1971 y llega a la conclusión de que los dos astros orbitan uno alrededor del otro en 5 días, 14 horas y 24 minutos; y a continuación comprueba que la modulación de Cygnus X-1 observada por el satélite Uhuru es compatible con este periodo, confirmando de paso, si es que hacía falta, que HDE 226868 es la contrapartida óptica de Cygnus X-1. Pero la parte decisiva reside en lo que revela el movimiento de la estrella. Su espectro, que Bolton se toma la molestia de estudiar con más detalle a lo largo de 1972, muestra que la velocidad de la estrella varía en varias decenas de kilómetros por segundo en el transcurso de su órbita. Las «calculadoras» de Harvard habían observado que esta estrella era particularmente caliente, una de las más calientes de todas las que existen, con una temperatura superficial de 30 000 grados. En aquel momento ellas no lo sabían, pero en 1972, es decir, décadas más tarde de investigación sobre la evolución estelar, se sabe que una estrella tan caliente es por fuerza especialmente masiva, al menos diez veces más que el Sol, tal vez incluso veinte o treinta veces. Y las leyes de la mecánica celeste son tajantes: para que la compañera invisible de HDE 226868 provoque semejante desplazamiento a su imponente compañera, tiene que ser masiva, incluso muy masiva, al menos igual a 3,4 veces la masa del Sol, aunque Tom Bolton señala que *sin ninguna duda* es mucho más grande. En efecto, lo que revela el espectro de una estrella es su desplazamiento a lo largo de la línea visual. No dice nada sobre los desplazamientos de la estrella en las demás direcciones. Si tenemos dos estrellas que orbitan una alrededor de la otra y las observamos desde el plano de su órbita, la velocidad máxima indicada por la espectroscopia dará fielmente el verdadero valor de la velocidad orbital de la estrella. Pero si se observa el sistema al bies, la espectroscopia *subestimará* la verdadera velocidad de la estrella. Sin embargo, prosigue Tom Bolton, el sistema HDE 226868-Cygnus X-1 no se ve de canto, porque, si así fuera, observaríamos el mismo fenómeno de eclipse que en el caso de Centaurus X-3. Y la inclinación del sistema dista mucho de ser despreciable: el sistema HDE 226868-Cygnus X-1 está relativamente junto (razón por la cual los dos astros giran uno alrededor del otro en menos de 6 días), y el intenso brillo de la estrella HDE 226868 indica que es de tamaño bastante grande (más de diez veces el del Sol). Por último, la distancia que separa Cygnus X-1 de la superficie de su compañera apenas puede superar el radio de la propia estrella. En estas condiciones, la ausencia de eclipse significa que vemos el sistema más bien desde arriba que de canto, por lo que la velocidad real de la estrella en su órbita es significativamente mayor que la medida, lo que a su vez significa que su compañera debe tener una masa tanto mayor. Esta información geométrica, junto con una estimación de la masa de HDE 226868, le basta a Tom Bolton para deducir que la masa de Cygnus X-1 es de unas 10 masas solares. Aunque la cifra es incierta, es unas tres veces mayor que la masa máxima de una estrella de neutrones, aun cuando en torno a esta otra cifra también subsiste cierta incertidumbre. Pero no la suficiente como para alterar la conclusión. «Los datos indican que [la compañera de HDE 226868] es un agujero negro», anuncia Tom Bolton a finales de 1972, sin utilizar ningún condicional, que obviamente le parece superfluo (y con razón).

Hasta aquí, la etapa decisiva. Fin de partida, cabría pensar. Solo que queda otra etapa más, que va a resultar sorprendentemente difícil: la de convencer. Se suele decir que en ciencia cualquier afirmación extraordinaria requiere una prueba extraordinaria. A menudo es verdad. Y está claro que, a principios de la década de 1970, afirmar que se había descubierto un agujero negro era *efectivamente* una afirmación extraordinaria. O era todavía, deberíamos decir, puesto que ya no lo es. ¿Se debía eso a la reticencia de Eddington cuarenta años atrás? ¿O a la de Einstein? Sea como fuere, el anuncio es acogido con extrema cautela. Sin embargo, el razonamiento de Tom Bolton es de una simplicidad casi bíblica, basado en cálculos de primeros años de universidad. Los datos en los que se apoya son también cristalinos y no requieren ningún tratamiento sofisticado para deducir algo de ellos. Pero no es suficiente. No de inmediato, ni para todo el mundo. Ni de Cygnus X-1, ni de algunos de sus congéneres que se irán descubriendo poco a poco, se hablará durante mucho tiempo como de agujeros negros, sino como de «candidatos a agujeros negros».

Si hace falta alguna prueba para convencerse de ello, avancemos una década. Muchas generaciones de estudiantes han bebido en la que durante mucho tiempo fue la obra de referencia sobre el particular, cuyo título, perfectamente justificado, es *Agujeros negros, enanas blancas y estrellas de neutrones − La física de los objetos compactos*. La primera edición del libro se publicó en 1983, quince años después del descubrimiento de los púlsares, más de cuarenta años después de los trabajos de Oppenheimer, casi cincuenta años después de la controversia Chandrasekhar-Eddington y, sobre todo, más de diez años después de las primeras estimaciones de la masa de Cygnus X-1 que llevaron a la ineluctable conclusión de que se trataba de un agujero negro. En la actualidad se conocen bien todas las etapas de la evolución estelar, se observan púlsares por centenas, sabemos evaluar bien la masa de las estrellas, se observan algunas cuya masa es decenas y decenas de veces la del Sol, se observan supernovas en muchas galaxias, en resumen, no cabe ninguna duda de que a grandes rasgos se domina todo lo relacionado con la evolución de las estrellas. El hecho de que las estrellas más masivas están destinadas a originar agujeros negros apenas cabe ponerlo en duda desde un punto de vista teórico. Pero cuando se menciona la idea de que estos objetos realmente existen, subsiste la inquietud. Lo que hoy podría parecer una reminiscencia arcaica de una antigua disputa científica sigue estando ahí, a la vez impalpable y omnipresente. En su libro, los dos autores, Stuart Shapiro (1947-) y Saul Teukolsky (1947-), hacen gala de una prudencia casi caricaturesca cuando hablan de Cygnus X-1. En la página 5 lo describen primero como un «buen candidato a agujero negro» y poco después (p. 12) únicamente como un «candidato a agujero negro». Unos capítulos más tarde nos dicen que «tiene muchas posibilidades de ser un agujero negro» (p. 256). Más adelante aún, que es «la primera prueba plausible de que los agujeros negros pueden existir realmente en el espacio» (p. 336). Poco después, Cygnus X-1, nos dicen, se distingue de las otras fuentes de rayos X identificadas como púlsares por el hecho de que conduce a «una conclusión dramáticamente diferente» (p. 372). ¿Quieren más? Tenemos el «posible candidato a agujero negro» (p. 375), luego «la fuente [de rayos X] con más probabilidades de ser un agujero negro» (p. 382), y finalmente, nos dicen, el estudio de Cygnus X-1 lleva a «la profunda conclusión de que ¡lo más probable es que sea un agujero negro!» (p. 387, incluidos los signos de exclamación), conclusión que, sin embargo, nos sentimos obligados a no considerar tan «profunda», porque los autores muestran una prudencia que parece rayana en la mala fe. En resumen, como a pesar de todo los autores se sienten obligados a escribir las cosas negro sobre blanco, dicen que la conclusión de Tom Bolton (de más de diez años atrás, y verificada varias con creciente precisión a lo largo de los años siguientes) «conduce a la identificación preliminar de

Cygnus X-1 como un agujero negro»; admírese de paso el evidente talento para el circunloquio. Porque, claro está, aunque tales precauciones oratorias son de rigor, lo que ocurre es que, caso improbable de que no todo el mundo lo haya entendido, si esta identificación es correcta, entonces —nos susurran los autores— «este descubrimiento será sin duda uno de los más notables de la historia de la ciencia». Pero ¿es realmente así? ¿O se trata simplemente del eco de una disputa que desgarró el mundo de los astrofísicos medio siglo atrás y que nunca acabó de extinguirse del todo? Esta es la hipótesis defendida por varios historiadores de la ciencia, que no dudan en afirmar que Eddington fue responsable de al menos un cuarto de siglo de estancamiento en el estudio de los agujeros negros. Esto es obviamente difícil de decir para el autor de estas líneas, nacido poco después de los artículos de Tom Bolton y para quien la existencia de los agujeros negros siempre ha formado parte del paisaje. Pero para las generaciones anteriores las cosas fueron muy distintas y el lento proceso de aceptación seguramente exasperó a más de uno.

Esta situación contribuyó sin duda a rodear los agujeros negros de una extraña aura entre el público general, con una mezcla de fascinación, temor y misterio. Habría muchas cosas que decir sobre estos fascinantes objetos[2], pero me contentaré aquí con disipar dos o tres clichés (falsos) sobre ellos. En primer lugar, los agujeros negros no son remolinos gigantes que succionan todo a su paso. Si alguna mano titánica comprimiera el Sol para convertirlo en un

---

2. Por lo demás, tengo ya escrito un libro sobre el particular, citado en la bibliografía.

agujero negro de la misma masa, eso no cambiaría absolutamente nada en el movimiento de los planetas. Nuestra buena y vieja Tierra seguiría su curso como si nada, igual que sus siete hermanos planetarios. La única diferencia es que ya no habría nada que los iluminara, lo que por supuesto sería una muy mala noticia para la vida terrestre. Un agujero negro emparejado con otra estrella sí puede vampirizarla si está demasiado cerca de él, o si durante su evolución la estrella crece lo bastante como para que sus capas exteriores dejen de estar sólidamente pegadas a ella, pero la misma situación puede darse con dos estrellas ordinarias: en determinadas condiciones, una puede transferir masa a la otra. La única diferencia es que esta transferencia de masa es potencialmente reversible cuando ocurre entre dos estrellas, mientras que con una estrella y un agujero negro solamente se produce en un sentido. La otra idea equivocada es la supuesta peligrosidad de los agujeros negros. No, un científico loco no puede crear un agujero negro, y aunque así fuera, el agujero no engulliría la Tierra: sea cual sea su tamaño o masa inicial, un agujero negro tiene un ritmo de crecimiento muy lento que no le permite duplicar su masa en menos de 40 millones de años. Cuenten después otros 40 millones de años para que la masa vuelva a duplicarse, y así sucesivamente: incluso si la masa inicial del agujero negro fuese de miles de millones de toneladas (es decir, la masa de una pequeña montaña comprimida no se sabe cómo en un volumen del tamaño de un átomo para formar un agujero negro), el engullimiento de la Tierra tardaría en producirse más de mil millones de años. Así que no se levanten por la mañana preguntándose si un agujero negro de las profundidades del cosmos se va a tragar la Tierra. Los agujeros negros son objetos mucho más raros que las estrellas (probablemente unas diez mil veces más raros), por lo que si alguna vez un astro colisionara con la Tierra, sería una estrella. Pero las inmensas distancias que median entre las estrellas —nuestra vecina estelar más cercana está a más de 4 años luz, es decir, a más de 40 billones de kilómetros— y sus velocidades relativas comparativamente moderadas significan que, incluso si esperamos más de mil millones de años, es estadísticamente casi imposible que una estrella se acerque a menos de 15 000 millones de kilómetros de la Tierra, es decir, 100 veces la distancia entre la Tierra y el Sol. Como los agujeros negros son diez mil veces menos numerosos, la probabilidad de un encuentro cercano con uno de ellos se reduce en la misma proporción. Y aunque tuviéramos la increíble mala suerte de que esto ocurriera, la distancia de aproximación seguiría siendo lo suficientemente grande como para no tener consecuencias dramáticas. Así que no hay ningún accidente a la vista.

Digamos de paso que aunque desde hacía tiempo se estaba ya al cabo de la calle, los más refractarios a la idea de la existencia de los agujeros negros tuvieron finalmente que rendirse a la evidencia con otra serie de pruebas indiscutibles, esta vez no provenientes de las parejas de estrellas sino del centro de las galaxias: todas las galaxias resultan albergar en su interior un agujero negro gigante con una masa millones de veces superior a la del Sol o incluso mucho más, una certeza que se fue imponiendo progresivamente en los años 90, especialmente en el caso del agujero negro central de la Vía Láctea. Si el lector quiere saber más sobre estos objetos de excepcional desmesura, solo tiene que esperar un capítulo más; volveremos sobre ello.

18. $E = mc^2$ sigue ahí

Llegados a este punto, el lector quizá tenga la impresión de que nos alejamos claramente de la celebérrima ecuación $E = mc^2$. Cierto que los agujeros negros son objetos interesantes, fascinantes incluso; cierto que son producidos por estrellas que extrajeron su energía gracias a $E = mc^2$ y que no pudieron evitar convertirse en agujeros negros porque la famosa $E = mc^2$ ya no les era de ninguna ayuda. Pero una vez formado el agujero negro, $E = mc^2$ parece muy lejana. Sin embargo, va a volver, y cabría decir que por la puerta grande, porque aquí va a alcanzar la cúspide de su potencia. Dicho de otro modo, como estamos en astronomía donde las cifras son a menudo... astronómicas, vamos a enfrentarnos aquí con el extremo de los extremos. Juzguen si no.

La relatividad general nos dice que el espacio es un ente que se deforma bajo el efecto de la materia. Sin embargo, no se deforma fácilmente. La deformación del espacio en las proximidades de la Tierra no es muy grande. Suficiente para hacer que caiga una manzana o incluso para que la Luna orbite alrededor de la Tierra, pero en términos de variaciones reales de longitud o de duración, el efecto es realmente muy pequeño. Sin embargo existe. Pensemos en la Tierra alrededor del Sol (o en la Luna alrededor de la Tierra, o en cualquier cosa orbitando alrededor de otra). La Tierra deforma localmente el espacio porque produce un campo gravitatorio. El Sol hace lo propio, gracias a lo cual la Tierra puede girar alrededor de él. Por tanto, el espacio es deformado por todo este pequeño mundo, pero la deformación cambia en el transcurso del tiempo porque la Tierra, y en menor medida el Sol, se mueven alrededor de su centro de gravedad común. Imaginemos ahora que metemos una cuchara en un cuenco de agua. La cuchara desplaza el agua. En cierto sentido, la ha deformado. Después, siempre que la cuchara no se mueva, no ocurre nada más. Pero si removemos el agua en el cuenco, vamos a producir deformaciones que varían con el tiempo, y si el cuenco es lo bastante grande, veremos en la superficie del agua círculos que se propagan hacia fuera. El desplazamiento local del agua en una zona se propaga hacia fuera. Después de descubrir su teoría en 1915, Einstein comprende inmediatamente que ese mismo fenómeno que acabamos de describir se va a producir en las deformaciones del espacio causadas por cuerpos que orbitan unos alrededor de otros. Dicho de otro modo, los movimientos de los cuerpos masivos hacen vibrar el espacio-tiempo, donde, al igual que en la superficie de un líquido en reposo, aparecerán una especie de arrugas que se alejan del lugar donde los cuerpos se mueven. En este caso, como el espacio es tridimensional,

son más bien casquetes esféricos que conllevan una ínfima
deformación del espacio-tiempo y que se suceden unos a
otros mientras los cuerpos situados en el centro estén en
movimiento; pero por lo demás el principio es el mismo.
Einstein comprende que estas vibraciones del espacio-tiempo no son más que ondas, como las sonoras o las electromagnéticas, solo que su naturaleza, como es lógico, es diferente en cada caso: el sonido es una vibración del aire, la
luz es una vibración de los campos eléctricos y magnéticos,
y aquí tenemos vibraciones del propio espacio, a las que en
1916 Einstein llamó naturalmente *ondas gravitacionales*.
Pero en todos los casos el fenómeno es de carácter ondulatorio. Sin embargo, la génesis de estos entes fue más complicada de lo que parece. Einstein y varios físicos en los
años 20 y 30 dudan durante mucho tiempo antes de ponerse de acuerdo sobre la realidad del fenómeno, preguntándose si no se trataría de un artefacto matemático sin
interés, situación que Arthur Eddington resume con la hipótesis, medio seria, medio en broma, de que las ondas gravitacionales «se mueven a la velocidad del pensamiento»,
una forma de decir que quizá solo existiesen en la mente de
los físicos. El propio Einstein zanja la cuestión unos veinte
años más tarde, no sin un giro sorprendente. En 1936, con
la ayuda por una vez de un joven colaborador del que ya
hemos hablado brevemente, Nathan Rosen, cree haber detectado un error en su razonamiento de 1916 y envía a la
revista científica *Physical Review* un artículo de título bastante explícito: «¿Existen las ondas gravitacionales?», re-
considerando sus conclusiones de veinte años atrás. Para su
gran sorpresa y disgusto, la revista le responde algún tiempo después que no puede publicar el artículo tal cual, ya

que, en opinión del revisor a quien se ha pedido evaluarlo, se basa en un razonamiento incorrecto. Este sistema de revisión por pares, que ahora es la norma en todos los campos científicos, estaba todavía en sus primeros balbuceos en aquella época, y Einstein, poco hecho a la idea de que su trabajo sea evaluado antes de publicarlo, se siente muy molesto al saber que un revisor —además anónimo— le dice que ha entendido mal un punto de su propia teoría. «Nosotros (el Sr. Rosen y yo) le habíamos enviado nuestro manuscrito *para su publicación* y no le habíamos autorizado a mostrárselo a especialistas antes de enviarlo a la imprenta», escribe un Einstein visiblemente enojado al editor de la revista (las cursivas son suyas). Y prosigue: «No veo ninguna razón para responder a los comentarios —en cualquier caso erróneos— de su experto anónimo. En vista de este incidente, prefiero publicar el artículo en otra parte». Se apresura entonces a enviar el artículo a otra revista, bastante menos prestigiosa, pero en la que no se utiliza el procedimiento de revisión por pares. Sin embargo, las observaciones del revisor anónimo denotan una relectura particularmente atenta del manuscrito y por ello no pueden tomarse a la ligera. De hecho, llegan a calar en la mente no tanto de Einstein como de Leopold Infeld (1898-1968), otro investigador con el que está en contacto. Los dos trabajan juntos (y con un tercer investigador, Banesh Hoffmann [1906-1986]) en un problema particularmente difícil: implementar en el marco de la relatividad general la influencia mutua de los planetas en su órbita alrededor del Sol. Unos meses antes de finalizar este otro proyecto, Infeld tiene la oportunidad de hablar con el revisor y termina estando de acuerdo con sus argumentos, logrando luego convencer a Einstein, quien al parecer se había dado cuenta él mismo de su error. El proceso de publicación del artículo en la segunda revista está ya muy avanzado, pero Einstein consigue que se corrija el contenido, con la consiguiente modificación radical de las conclusiones y por supuesto del título, que ahora pasa a ser simplemente «Sobre las ondas gravitacionales». Digamos de paso que la identidad del revisor anónimo se mantuvo en secreto durante casi setenta años y que no fue hasta el siglo XXI cuando la revista *Physical Review* reveló oficialmente su nombre, Howard Percy Robertson (1903-1961), que en aquel entonces era el mejor especialista norteamericano en la relatividad general y que entre otras cosas había mejorado en ciertos aspectos los modelos del universo en expansión de Friedmann y Lemaître, antes de contribuir a difundir al otro lado del Atlántico la teoría de Einstein y en particular todo lo relacionado con la cosmología[1].

Habiéndose llegado a un consenso sobre la existencia de las ondas gravitacionales, se plantea ahora otro problema, mucho más arduo pero de gran importancia: estas ondas ¿transportan energía? En el caso de las ondas sonoras y electromagnéticas es así, por lo que era lógico que también lo fuese en el caso de las ondas gravitacionales, pero esta intuición resultará particularmente difícil de demostrar. Albert Einstein es otra vez el primero en dar en 1918 una respuesta afirmativa a esta cuestión, pero siguiendo un razonamiento heurístico bastante poco riguroso, y no es hasta medio siglo después —mucho después de su muerte— cuan-

---

1. Por ejemplo, en su libro *The Realm of the Nebulæ*, Hubble cita a Robertson en lugar de a Lemaître a propósito de los modelos del universo en expansión, véase el capítulo 13.

do se disipan las últimas dudas gracias al gran esfuerzo colectivo de un gran número de mentes brillantes[2]. Pero lo más importante es que el resultado, una vez establecido, abre muchos horizontes. Las ondas gravitacionales no solo son discretas mensajeras de los fenómenos gravitacionales, sino que a su vez actúan sobre ellos: la energía que transportan la toman del sistema que las produce. Pero cuando un sistema emite energía es exactamente lo mismo que cuando dos núcleos atómicos la liberan al fusionarse para formar uno más grande: el nuevo estado es más estable, los núcleos están ahora más «pegados» uno al otro. En el caso de dos cuerpos que orbitan uno alrededor del otro esto equivale a decir que están físicamente más próximos. Dos cuerpos girando uno alrededor del otro van a ir acercándose ineluctablemente como resultado de sus movimientos que generan ondas gravitacionales.

Cuando la órbita de dos cuerpos se encoge, sus movimientos son cada vez más rápidos. Es algo que el lector seguramente ya sabe. La Estación Espacial Internacional orbita a unos 400 km de altura sobre la superficie terrestre y da una vuelta alrededor de nuestro planeta en poco más de hora y media. De ello se deduce fácilmente que su velocidad es del orden de 8 kilómetros por segundo (unos 28 000 km/h si se prefiere). En cambio la Luna tarda algo menos de un mes en rodear la Tierra, estando a unos 400 000 km de ella. Su velocidad es del orden de 1 km/s. Es decir, cuanto más próximos están los cuerpos, más rápido giran el uno alrededor del otro y más intensa es la emi-

2. Entre ellos un protagonista importante de los capítulos anteriores, Subrahmanyan Chandrasekhar.

sión de ondas gravitacionales, lo cual acelera aún más su aproximación mutua. Si no ocurre nada que perturbe el fenómeno, los dos cuerpos acabarán por chocar uno con otro. Pero estén tranquilos, para los objetos del sistema solar, las velocidades son moderadas (por ejemplo, la Tierra gira alrededor del Sol a 30 km/s) y la emisión de ondas gravitacionales es tan débil que cabe ignorarla por completo. Para que empiece a desempeñar cierto papel habría que esperar varias decenas de trillones de años (un 1 seguido de 19 ceros). Pero con cuerpos mucho más masivos, y sobre todo mucho más próximos entre sí, la historia es muy diferente. Dos estrellas masivas en órbita mutua tienen ya más probabilidades de aproximarse una a otra en espacios de tiempo más cortos. La cosa tampoco tendrá en este caso ninguna consecuencia, porque sus vidas, de algunas decenas de millones de años, son demasiado cortas para que las ondas gravitacionales hagan su trabajo. Ahora bien, si no es en vida, podría serlo en el más allá, cuando hayan dejado de brillar y se hayan transformado en cadáveres estelares con toda la eternidad por delante. Y el proceso puede acelerarse al final de su vida como estrellas, porque al explotar en supernova puede ocurrir que la trayectoria del cadáver estelar resultante se vea modificada significativamente. La órbita de las dos estrellas puede entonces reducirse considerablemente, dando lugar a un sistema de dos agujeros negros en órbita cercana. Todo está entonces listo para el drama, o en todo caso para el suceso más violento de todo el universo desde el Big Bang.

Los agujeros negros son objetos muy compactos. Son incluso, por definición, los objetos más pequeños que pueden existir para una masa dada. La consecuencia es que un objeto que orbite cerca de un agujero negro tendrá una velocidad considerable, ciertamente inferior a la de la luz, pero del mismo orden, una velocidad inmensamente superior a la de la Tierra alrededor del Sol, que con 30 kilómetros por segundo equivale solo a 0,01 % de la velocidad de la luz. Este valor tan pequeño explica por qué nuestro planeta produce muy pocas ondas gravitacionales en su órbita alrededor del Sol y por tanto ese tiempo de fusión desmesuradamente grande de 10 trillones de años. Pero con parejas de objetos más masivos, más compactos y sobre todo más próximos entre sí, todo cambia. Porque, como Einstein empezó a intuir ya en 1916, la emisión de ondas gravitacionales aumenta muy rápidamente con la velocidad orbital (cosa que se demostró rigurosamente unas décadas más tarde). Históricamente, las ondas gravitacionales se observaron por primera vez de forma indirecta gracias a una pareja de dos púlsares en órbita uno alrededor del otro. Las señales emitidas por los púlsares son de una regularidad perfecta, por lo que cualquier movimiento de uno con respecto al otro se manifiesta a través de una ligera modulación de los tiempos de llegada de las señales que emiten. ¿No nos recuerda eso a algo? Es exactamente así como Ole Rømer demostró la finitud de la velocidad de la luz. Pero volviendo a los púlsares. Con la instrumentación moderna es posible determinar el tiempo de llegada de las señales de ciertos púlsares con una precisión superior al microsegundo y a partir de ahí determinar con extrema precisión su órbita y su eventual evolución en el tiempo. Porque ¿qué creen que hacen dos púlsares orbitando uno alrededor del otro? Emitir ondas gravitacionales, naturalmente. En 1974 se identificó por primera vez una pareja de púlsares que atendían por el dulce nombre[3] de PSR B1913+16. Desde la Tierra solamente es detectable uno de los púlsares, porque el haz de ondas de radio emitido por su compañero nunca es interceptado por la Tierra. Pero eso no es ningún problema, porque la observación de un solo púlsar permite determinar las características físicas y orbitales de la pareja. Se sabe así que los dos astros tienen masas casi idénticas (1,441 y 1,387 masas solares, es decir, en ambos casos cifras muy próximas a la masa de Chandrasekhar) y que recorren una órbita relativamente cercana que nunca los separa más de 3,2 millones de kilómetros. Recorren una órbita completa en 7 horas 45 minutos 6,975 segundos, pero, debido a las ondas gravitacionales que emiten, la órbita se va desgastando lentamente. Su periodo orbital disminuye 0,07 microsegundos a cada revolución y la distancia media que los separa disminuye algo más de 4 milímetros con cada órbita, es decir, unos 5 metros al año, efecto ínfimo pero acumulativo que acaba por observarse al cabo de algunos años gracias a la extraordinaria regularidad de las señales emitidas por los púlsares. El descubrimiento y el estudio detallado de PSR B1913+16 se deben a los norteamericanos Russell Hulse (1950-) y Joseph Taylor (1941-), siendo el primero alumno del segundo en aquella época. Ambos recibieron el Premio Nobel de Física en 1993, sin que esta vez el Comité Nobel hiciera distinción alguna entre el estudiante y el director de tesis, contrariamente a su fatal error de 1974.

---

3. Este extraño nombre no es otro que el acrónimo «PSR», que significa «púlsar», seguido de las coordenadas celestes aproximadas donde se encuentran estos objetos, lo que evita toda confusión con otros púlsares.

Como los dos púlsares son mucho más masivos que un planeta y sobre todo están mucho más juntos, emiten muchas más ondas gravitacionales que la pareja Tierra-Sol. Por tanto, el sistema PSR B1913+16 «brilla» en el dominio de las ondas gravitacionales tanto como una pequeña estrella en el de la luz visible. Pero eso no basta, ni de lejos, para detectar directamente esas ondas, es decir, para detectar desde la Tierra las vibraciones del espacio generadas por los dos cuerpos. Para ello hay que considerar una pareja de objetos mucho más extremos, a saber, dos agujeros negros, preferiblemente mucho más masivos que el Sol y sobre todo mucho más próximos entre sí que la pareja PSR B1913+16. Con semejantes objetos es gigantesca la cantidad de energía transportada en la forma de ondas durante el proceso final en el que los objetos giran en espiral uno alrededor del otro para luego fusionarse. Y aquí es donde entra $E = mc^2$. Fue este proceso de fusión el que se observó por primera vez el 14 de agosto de 2015. Casi un siglo después de su predicción por Einstein, instrumentos muy sensibles específicamente diseñados para ese fin lograron finalmente detectar el ínfimo tren de ondas gravitacionales emitidas por la fase final de colisión de dos agujeros negros. Y la forma exacta de este tren de ondas permite determinar la masa de los agujeros negros antes y después de la fusión. ¿Sus masas iniciales? 36 y 29 veces la del Sol. ¿La masa del agujero negro resultante? 62 masas solares. Sí, 62, aunque 36 más 29 son 65. ¡Ahí falta algo! Como habrán comprendido, ese algo es la energía transportada por las ondas gravitacionales. Durante la fase final de la coalescencia de los agujeros negros (ese es el término utilizado en astronomía, en lugar de fusión o colisión) las ondas gravitacionales se llevaron nada menos que el equivalente de tres masas solares. Pero donde las cifras producen de verdad mareo es cuando se considera que si bien el acercamiento progresivo de los agujeros negros dura cientos de millones de años, resulta que la mayor parte de las ondas gravitacionales se emiten durante la fase *final* de la coalescencia. Y en el caso de estos dos agujeros negros, los cálculos (y ahora las observaciones) indican que esta fase dura apenas... dos décimas de segundo. Algunos capítulos atrás dije que el Sol perdía cada segundo 4 millones de toneladas, es decir, 800 000 toneladas en dos décimas de segundo. En cambio, en la colisión de estos dos agujeros negros se perdieron *en el mismo periodo de tiempo* tres veces la masa del Sol, es decir, algo así como (excepcionalmente voy a poner todos los ceros) 6 000 000 000 000 000 000 000 000 000 toneladas. Pueden contar, el segundo número tiene 22 ceros más que el primero. Esto significa que durante el tiempo ciertamente breve que dura la colisión de los dos agujeros negros, estos «brillan» en ondas gravitacionales algo así como 10 000 000 000 000 000 000 000 veces más de lo que brilla una estrella típica en luz ordinaria. En una galaxia como la nuestra hay del orden de cien mil millones de estrellas, y en el universo observable hay del orden de cien mil millones de galaxias. Un 1 seguido de 22 ceros es por tanto el número aproximado de estrellas en todo el universo observable, donde las galaxias se extienden hasta donde se pierde la vista. Esto significa que durante el breve periodo de la coalescencia, la minúscula región del espacio en la que se produce (que cabría fácilmente en el volumen ocupado por la Luna) brilla tanto o más que todas las estrellas del universo observable. Por supuesto, los agujeros negros solo brillan en forma de ondas gravitacionales, pero ya se trate de luz o de ondas gravitacionales, sigue siendo más o menos lo mismo, porque no es ni más ni menos que la expresión de $E = mc^2$, esta vez llevada a su paroxismo más desmesurado.

19. Verlo para creerlo

La detección de las ondas gravitacionales se anunció a bombo y platillo en febrero de 2016, casi un siglo después de su predicción por Albert Einstein[1]. Si hubiera tenido lugar mucho antes, habría sido un gran momento en la historia de la ciencia, porque aunque el concepto es poco conocido fuera del mundo científico, las ondas gravitacionales son una de las manifestaciones más emblemáticas de la relatividad general y además una especialmente querida para su descubridor. Pero si además tenemos en cuenta la extrema dificultad de su detección directa y la larguísima espera que ello trajo consigo, estamos ante un momento verdaderamente singular, lo que refuerza aún más su importancia histórica. Aun así, es probable que muchas personas, entre ellas quizá el lector, se sintieran decepcionadas por el anuncio. Hay pocas cosas tan poco tangibles como

---

1. Para ser más exactos, 99 años y 8 meses.

una onda gravitacional. No se «ve», escapa totalmente a nuestros sentidos. A lo más, los no especialistas han visto gráficos[2] de los cuales «se» les ha asegurado —es decir, los científicos les han asegurado— que, sí, son la prueba de que las ondas gravitacionales existen y que, sí, esas pequeñas oscilaciones rojas y azules revelan la colisión entre dos agujeros negros hace mucho tiempo en una galaxia muy lejana[3]. Los agujeros negros y las ondas gravitacionales existen, afirmaron los científicos, pero había que creer en su palabra.

Sin embargo, por un feliz azar los avances tecnológicos permitieron poco después aportar una prueba mucho más concreta, más directa de la existencia de estos objetos. Esta prueba es la que la astronomía ofrece a menudo al público: las imágenes directas. Pero ¿cómo ver un agujero negro, es decir, un objeto perfectamente oscuro, contra el fondo del cielo, que es casi perfectamente negro? En general, es imposible, salvo en un caso especialmente interesante. La luz no puede escapar de un agujero negro, ni tampoco puede escapar la materia que cae en él. Pero, paradójicamente, *antes* de desaparecer para siempre, la materia puede volverse muy luminosa. En efecto, como vamos a ver, la materia no tiene realmente otra alternativa: en esas circunstancias tiene que volverse muy luminosa. Esta afirmación, paradójica en apariencia, es en realidad bastante sencilla de entender. Imaginemos que tenemos una piedra en la mano y que la dejamos caer. La piedra caerá en movimiento acelerado hacia el sue-

---

2. Los gráficos en cuestión se encuentran aquí: https://journals.aps.org/prl/pdf/10.1103/PhysRevLett.116.061102
3. Para ser más exactos, el suceso se produjo en una galaxia situada a más de mil millones de años luz y por tanto hace más de mil millones de años.

lo y este interrumpirá la caída. Recordemos lo que dijimos en el capítulo 8: un objeto, al ser atraído por el campo gravitatorio terrestre, gana energía cinética, que por supuesto se disipa casi instantáneamente al chocar contra la superficie. Como vimos allí, con una caída de un metro sobre la superficie de nuestro planeta, la energía que se disipa no es muy grande: apenas diez julios por kilogramo. Pero cuanto mayor es la altura desde la que dejamos caer la piedra, mayor será la energía disipada. A partir de cierta altura, dicha energía será tan grande que la piedra no resistirá el impacto y se romperá. Y con una altura de caída mucho más grande cesará incluso de existir como tal: la energía se disipará en forma de calor, y este puede ser suficiente para vaporizar íntegramente la piedra. Esto es lo que ocurre de hecho en el más romántico de los sucesos astronómicos: las estrellas fugaces. En efecto, una estrella fugaz no es más que un trocito de roca o un simple grano de polvo que en un momento de su trayectoria cruza la Tierra. Aun en el caso de que inicialmente dicha trayectoria coincida casi con la de la Tierra, el trozo de roca será atraído por esta y entrará en su atmósfera a una velocidad de como mínimo 40 000 km/h, es decir, algo más de 11 km/s. Si la roca se desplaza por el sistema solar siguiendo una trayectoria muy diferente de la de la Tierra, entonces la velocidad puede ser cercana a los 250 000 km/h (o 70 km/s si se prefiere) en el momento del encuentro. Con semejante energía, el rozamiento en la atmósfera terrestre es muy intenso y, como se comprenderá, la piedra se vaporiza por completo mucho antes de llegar al suelo. Desaparece a gran altura dejando una hermosa estela luminosa, vestigio de su fulgurante pero muy efímera existencia terrestre. El mismo razonamiento puede aplicarse sustituyendo la Tierra por cualquier otro objeto astronómico. El resultado es siempre el mismo: cuando el trozo de roca golpea la superficie del objeto, disipará la energía acumulada en forma de energía cinética mientras caía hacia el objeto, o posiblemente la libere vaporizándose antes de llegar al suelo. Y cuanto más pequeño y más masivo sea el objeto, mayor será la energía disipada por el impactador. Pensemos por ejemplo en una enana blanca: una roca que se estrellase contra su superficie tendría una velocidad en el momento del impacto de unos 6000 km/s. ¿Y en la superficie de una estrella de neutrones? 150 000 o incluso 200 000 km/s. Y con valores así, la energía disipada es del mismo orden de magnitud que la canónica $E = mc^2$... Seguramente el lector estará pensando que este razonamiento es poco probable que sea válido para un agujero negro, porque los agujeros negros no tienen una superficie contra la que pueda estrellarse la materia que cae en él. Y tendría toda la razón, salvo que hay un «pero».

Cuando la cantidad de materia que cae sobre un objeto (sea un agujero negro u otra cosa) es muy grande, llega un momento en que la pequeñez del objeto se convierte en un cuello de botella. En lugar de caer directamente sobre el objeto, la materia se verá frenada por la que la precede, y poco a poco se organizará en la forma de un disco alrededor del objeto, un poco como los anillos de Saturno, solo que más extenso, más grueso y, sobre todo, más masivo. Cada una de las partículas del disco describe una órbita circular alrededor del objeto central, y las leyes de la gravitación nos dicen que cuanto más cerca están del objeto central, más rápido giran a su alrededor. Esto es exactamente lo que ocurre en el sistema solar: la Tierra gira alrededor del Sol a unos 30 km/s, mientras que Mercurio, más próximo a aquel, viaja a 48 km/s, y Neptuno, mucho más lejos, a solo 5,5 km/s. En el sistema solar, estas diferencias de velocidad tienen poca importancia, ya que los planetas se encuentran a mucha distancia unos de otros. Pero en el interior del disco que rodea a un agujero negro hay un sinfín de granos de polvo o de simples átomos, como ocurre en el aire ambiente, y cada porción del disco orbita a una velocidad ligeramente diferente de la de la porción vecina. Estas diferencias de velocidad provocan fricción entre las distintas partes del disco, y la fricción significa disipación de energía en forma de calor. Cuando un satélite artificial, una piedra o un simple átomo en órbita alrededor de un planeta pierde energía, irremediablemente se irá acercando lenta pero inexorablemente al planeta. Las partículas del disco giran alrededor del objeto central no en círculos sino en espiral, disipando energía y condenadas a caer sobre él algún día. Así pues, aunque el objeto sea un agujero negro y aunque no haya liberación de energía en el momento del impacto, las partículas del disco sufrirán una pérdida de energía bastante considerable en el disco, *antes* de entrar en el agujero negro. Cálculos más detallados indican que la materia que cae a un agujero negro perderá una cantidad de energía equivalente como mínimo al 6 % de su mc^2, cifra que incluso puede acercarse al 40 % en algunos casos. Es una cantidad considerable. Recordemos que lo que hace que brille el Sol es la conversión de hidrógeno en helio, que libera «solo» el 0,7 % del mc^2 del hidrógeno. Además, solo se convertirá realmente el 10 % del hidrógeno disponible (un rendimiento neto del 0,07 % en relación con la masa disponible), y lo que es más importante, esta conversión tendrá lugar a lo largo de toda la vida de la estrella, más de diez mil millones de años en el caso del Sol. Cuando la materia cae a un agujero negro, el rendimiento de la operación (la cantidad de energía por unidad de masa) es considerablemente mayor (del 6 al 40 % en lugar del 0,07 %) y tiene lugar en mucho menos tiempo. El resultado es que el entorno de un agujero negro es en algunos casos *mucho más luminoso* que una estrella. Por ejemplo, con un caudal de materia lo mayor posible cayendo a un agujero negro de masa igual a la del Sol, esa materia brillaría 30 000 veces más que este. Esa es la razón por la que el objeto compacto de Sco X-1 era mucho más luminoso que su estrella compañera. Es fácil comprender entonces cómo poder ver un agujero negro: basta con sorprenderlo en pleno festín. En ese caso seguiremos sin ver su superficie, pero podremos distinguir su *silueta* recortada sobre el fondo luminoso producido por la materia que cae inexorablemente hacia él. La versión científico-artística del fenómeno es la que quizá el lector haya visto en la película *Interstellar:* un disco oscuro rodeado de un halo de luz, cuyo aspecto depende del ángulo con que se vea el disco. Aunque la película de Christopher Nolan se aparta en algunos casos de la exactitud científica, permite captar parte de la esencia del fenómeno. En la vida real, un agujero negro rodeado por su disco de materia será más o menos luminoso dependiendo de su masa y del flujo de materia que lo alimenta. El agujero negro de *Interstellar* es, en palabras del asesor científico de Christopher Nolan[4], muy masi-

---

4. El norteamericano Kip Thorne (1940-), uno de los más grandes especialistas actuales de la relatividad general y uno de los fundadores del instrumento LIGO que detectó la primera coalescencia de agujeros negros.

vo pero bastante «anémico» porque no está muy bien alimentado y por tanto no brilla mucho, solo lo justo para iluminar y calentar un poco los planetas que orbitan a su alrededor. Pero algunos agujeros negros gigantes en plena crisis de bulimia pueden ser puntualmente mucho más luminosos que la galaxia en la que se encuentran. El lector quizás lo haya comprendido: es exactamente la configuración de los cuásares mencionados brevemente en el capítulo 14, que no son más que la combinación de un agujero negro muy masivo alimentado a veces por un inmenso flujo de materia. Y sea cual sea el tamaño del agujero negro, el flujo que lo alimenta es un poco turbulento, lo que explica los saltos de luminosidad de estos objetos: de milisegundos para los agujeros negros pequeños como Cygnus X-1, y de semanas para los agujeros negros mucho más masivos y por tanto mucho más grandes como los cuásares, lo que en ambos casos permite estimar su tamaño.

Pero ¡ay!, cuando se trata no ya de detectar un agujero negro sino de fotografiarlo directamente, aparece un obstáculo importante: los agujeros negros son objetos «pequeños», en el sentido de que son los objetos más pequeños para una masa dada. Para *ver* realmente un agujero negro no basta con detectar su presencia a través de la luz emitida por la materia que engulle. Aparte de eso tiene que ser lo suficientemente grande o estar lo suficientemente cerca para que nuestros telescopios puedan distinguir su silueta. Y, por desgracia, esta vez las cifras no están en absoluto del lado de los astrónomos... Consideremos el caso del primer agujero negro jamás detectado, Cygnus X-1. En principio, la materia que absorbe de su estrella compañera debería permitir distinguir su silueta, solo que se encuentra a poco más de 6000 años luz de la Tierra, es decir, a sesenta mil billones de kilómetros. En cuanto a su tamaño, es bastante fácil de calcular. El tamaño de un agujero negro es proporcional a su masa, a razón de 3 kilómetros de radio por masa solar. Esa es la razón por la cual en los cálculos de Karl Schwarzschild mencionados al principio del capítulo 15 señalé que ocurriría algo extraño si el Sol tuviera menos de tres kilómetros de radio. Cygnus X-1 es unas diez veces más masivo que el Sol, por lo que su diámetro es de solo... 60 kilómetros. En realidad, sin embargo, un agujero negro parece siempre más grande de lo que es en realidad. Al igual que en las proximidades del Sol, la trayectoria de la luz se desvía al pasar cerca de un agujero negro, pero como es lógico en mucha mayor medida, de modo que cuando miramos un agujero negro desde la distancia, este actúa como un sistema óptico que literalmente enfoca la luz, haciendo que su silueta parezca más grande de lo que realmente es. Este fenómeno óptico multiplica por 2,5 su tamaño. En otras palabras, si se intenta distinguir la silueta de Cygnus X-1, esta no parecerá que mide 60 km, sino 150. Algo es algo, pero muy poco comparado con la distancia astronómica que lo separa de nosotros. Entreténgase el lector en hacer una regla de tres[5] y comprobará que ver la silueta de un objeto tan pequeño a esa distancia es como ver un objeto del tamaño de una micra en la Luna. En otras palabras, si desde la Tierra pudiéramos ver una bacteria en la Luna, entonces podríamos albergar la esperanza de ver la silueta de Cygnus X-1. Permítanme decirles de inme-

5. O conténtese con pedir a sus hijos que hagan el cálculo como ejercicio de matemáticas.

diato (aunque ya lo habrán intuido incluso antes de decirlo yo) que es totalmente inconcebible poder llegar a construir un instrumento óptico con semejante agudeza. Ni siquiera es un problema técnico, sino una verdadera imposibilidad física: las leyes de la óptica y el fenómeno de la difracción significan que un telescopio con semejante poder de resolución (este es el término técnico utilizado por los astrónomos) tendría que ser mucho más grande que la Tierra.

A falta de poder ver los agujeros negros que podríamos llamar «normales», los astrónomos disponen de un último recurso: observar uno de los agujeros negros gigantes. Aunque los agujeros negros más numerosos son con diferencia los producidos por la evolución de las estrellas masivas (véase el capítulo 15), los astrónomos sospechaban ya desde los años sesenta (y la detectaron luego a partir de los noventa) la existencia de agujeros negros mucho, mucho más grandes (y, por tanto, mucho, mucho más masivos). Estos agujeros negros gigantes, simplemente denominados «agujeros negros supermasivos», son muy raros: no hay más de uno por galaxia, y están situados en su centro. Estos objetos son algo completamente fuera de lo común, con una masa que a menudo se cuenta por millones de masas solares, pero que alegremente puede superar los mil millones. Sin embargo, su origen sigue siendo por el momento un misterio. Dado que siempre se encuentra uno de ellos en el centro de las galaxias, parece seguro que evolucionan a la par que la galaxia que los alberga; y, en efecto, se comprueba que cuanto más masiva es la galaxia, más masivo es su agujero negro supermasivo. Los detalles de su formación y evolución siguen siendo sin embargo bastante misteriosos. Pero igual da: si existen, por qué no intentar verlos.

Ahora bien, incluso en este caso, las cifras no son nada alentadoras. El agujero negro supermasivo más cercano es lógicamente el de nuestra galaxia, la Vía Láctea. Bautizado, por diversas razones, con el nombre de «Sgr A*»[6], no está demasiado lejos, astronómicamente hablando: solo a 26 000 años luz, es decir, algo más de cuatro veces la distancia de Cygnus X-1. En cambio es incomparablemente más masivo y por tanto incomparablemente más grande: con sus cuatro millones de masas solares, su diámetro se acerca a los veinticinco millones de kilómetros, es decir, 400 000 veces más que Cygnus X-1. Por último, si está cuatro veces más lejos pero es 400 000 veces más grande, su tamaño aparente será 100 000 veces mayor. Esto hace concebir esperanzas, pero la misma regla de tres de antes va a rebajar rápidamente el entusiasmo: la silueta de este agujero negro es apenas mayor que la de un objeto de 10 centímetros (un pomelo, por ejemplo) depositado en la Luna. ¿Podemos conseguir algo mejor con otro agujero negro? No, pero podemos igualarlo. En cuanto salimos de nuestra galaxia, las distancias aumentan muy rápidamente. Aparte de algu-

6. Si de verdad quieren saberlo todo, aquí está: «Sgr» es la abreviatura oficial de la constelación de Sagitario, la región del cielo donde se encuentra el centro de nuestra galaxia. La «A» proviene de que en la década de 1940, en los albores de la radioastronomía, eran muy pocas las fuentes de ondas de radio detectadas en el cielo, y se nombraban por la constelación a la que pertenecían —Sgr en este caso— seguido de una letra por orden alfabético. Sgr A es por tanto la primera fuente de ondas de radio detectada en la constelación de Sagitario. Las mejoras posteriores en los instrumentos permitieron detectar varias subestructuras dentro de Sgr A, entre ellas una que parece ser tan puntual como una estrella, de ahí el término Sgr A* (pronunciado «Sagitario A estrella»). Solo mucho más tarde se identificó Sgr A* con un agujero negro supermasivo, sin que eso llevara a los astrónomos a rebautizarlo con un nombre menos bárbaro.

nas galaxias pequeñas, como las Nubes de Magallanes, nuestra vecina más cercana es la galaxia de Andrómeda (M31, ¿recuerdan?), que ya está a 2 millones de años luz, es decir, 80 veces más lejos que el agujero negro supermasivo de nuestra galaxia. Por lo tanto, el agujero negro supermasivo de M31 tendría que ser más de 80 veces más masivo que Sgr A* para que fuese más fácil de observar, lo que no es el caso, un resultado que no resulta sorprendente, ya que M31 y nuestra galaxia son bastante similares y sus respectivos agujeros negros supermasivos deben de ser por lo tanto bastante semejantes también. Lo mismo ocurre con los demás miembros de nuestro vecindario galáctico inmediato, excepto uno. En efecto, nuestra galaxia se encuentra relativamente cerca del centro de un supercúmulo. Los supercúmulos de galaxias son las estructuras más grandes que se encuentran en el universo. Como su nombre indica, son grandes concentraciones de galaxias, a veces más de diez mil. En el centro de un supercúmulo se encuentran una o dos galaxias especialmente imponentes, y ese es el caso del que se encuentra no lejos de nuestra galaxia. Su galaxia gigante se llama M87: otro objeto más encontrado por Charles Messier. M87 está 25 veces más lejos que M31, pero su imponente tamaño hace que sea fácilmente observable con un instrumento pequeño. Esa es la razón de que pudiera ser catalogada por Charles Messier, a pesar de que es uno de los objetos más lejanos de su catálogo. Así pues, M87 es una galaxia gigante, e incluso una de las más grandes y más masivas conocidas: con un diámetro cercano a un millón de años luz, es entre ocho y diez veces más extensa que nuestra Vía Láctea, y sobre todo cientos de veces más masiva. Como era de esperar, su agujero negro central sigue esta tendencia hacia las proporciones titánicas: más de 6000 millones de masas solares, es decir, más de 1500 veces la masa de Sgr A*. Por último, el agujero negro central de M87, llamado M87*, siguiendo el ejemplo de su primo Sgr A*, más débil que él, está 2000 veces más lejos, pero es casi 2000 veces más masivo y, por tanto, casi 2000 veces más grande. Lo uno compensa lo otro, por lo que observar M87* entraña el mismo orden de dificultad que observar Sgr A*. Son estos dos objetos los que han acaparado la atención de los astrónomos a efectos de obtener una imagen de ellos.

No les sorprenderá si les digo que ver detalles tan pequeños como un pomelo en la Luna es un reto tecnológico endemoniadamente complicado. Sin entrar en detalles técnicos, digamos que es imposible distinguir detalles tan pequeños con un solo telescopio. Es necesario movilizar toda una red de ellos, preferiblemente lo más separados posible unos de otros. Llevar a cabo una operación de este tipo con telescopios ópticos (es decir, telescopios sensibles a la luz que ven nuestros ojos) está actualmente fuera del alcance de nuestras tecnologías: para ello sería necesario utilizar una red de telescopios espaciados varios kilómetros, cuando solo sabemos hacerlo con distancias de algunas decenas de metros. En su lugar, nos vemos obligados a utilizar una red de radiotelescopios (sensibles a las ondas de radio), pero a costa de que la red sea mucho más extensa. Y la red más extensa imaginable tiene el tamaño... de toda la Tierra. Así pues, gracias a la utilización de radiotelescopios situados en Europa, Estados Unidos, las islas Hawái, México, Chile e incluso el Polo Sur, los astrónomos lograron finalmente producir la primera imagen de un agujero negro, en este caso la de M87*. Utilizo deliberadamente la expresión «producir una imagen» en lugar de «hacer una foto» porque la forma en que se obtuvo esta imagen tiene francamente poco que ver con la forma en que funcionan las cámaras fotográficas al uso; pero no importa: al cabo de muchos años de esfuerzo y peripecias varias, un equipo internacional logró «ver lo invisible», ver la primera imagen de un agujero negro. Claro está, para quienes están acostumbrados a las magníficas imágenes del telescopio espacial Hubble, esta imagen no es muy bella, de hecho es francamente borrosa[7], pero eso es porque el objeto fotografiado requiere un zoom incomparablemente mayor que lo que puede ofrecer el más célebre de los telescopios espaciales. Para comprobarlo, tome el lector su imagen favorita de las tomadas por el telescopio Hubble durante sus treinta años de rica existencia y amplíela hasta que solo pueda ver un único píxel de la imagen en su pantalla. Subdivida ahora ese enorme píxel en mil filas y mil columnas, es decir, en un millón de subpíxeles. Pues bien, la imagen de M87* es *más pequeña* que uno de esos subpíxeles. Dicho de otro modo, aunque el Hubble pudiera producir imágenes mil veces más detalladas, no sería suficiente para distinguir la silueta de M87*.

¿Qué nos muestra esa imagen? Una zona negra rodeada por un círculo naranja ligeramente achatado. Este círculo es el disco de materia que rodea al agujero negro y que se ve desde arriba con un ligero ángulo de inclinación. El disco es más extenso de lo que se ve, pero solo su parte interior, la más cercana al agujero negro, es lo suficientemente

---

7. Admítanlo, se han quejado de que sea tan borrosa.

brillante como para ser visible, ya que es ahí donde la disipación de energía es mayor. El borde interno del disco se encuentra en las proximidades inmediatas del agujero negro, M87*. Por tanto, lo que se ve es la silueta del agujero negro, rodeada por el disco de materia que aquel está engullendo. Y como estamos llegando al final del libro, quizá pueda darles una última cifra astronómica, o incluso dos: el brillo del disco permite determinar que actualmente este alimenta al agujero negro a razón de una masa terrestre al día, una cifra en realidad muy modesta teniendo en cuenta la cantidad de materia que este objeto extraordinario ha tenido que engullir desde su creación, que en realidad asciende a 400 o 500 masas terrestres al día *por término medio*, y esto sin interrupción desde hace 10 000 o 12 000 millones de años... Por último, no se dejen engañar por la calidad aparentemente mediocre de la imagen. Al contrario, díganse que esa en apariencia pobre calidad de la imagen es una señal de que estamos en el límite de lo posible; y sobre todo, alégrense de que el objeto más emblemático del cosmos se haya vuelto por fin accesible a los sentidos humanos.

20. El último misterio

Los agujeros negros son objetos astronómicos como los demás. Siempre lo han sido, por supuesto (la Madre Naturaleza no necesita nuestra opinión al respecto), pero la idea tardó en calar en la mente de los astrónomos, o al menos en la de algunos de ellos, refractarios a la idea misma de su existencia. Pero eso es ya cosa del pasado. Ya no estamos en el debate sobre la existencia o inexistencia de estos objetos. Se trata de una cuestión zanjada desde hace unos treinta años o más. Hace tiempo que los agujeros negros dejaron de ser entidades puramente abstractas que solo podían estudiarse con la fuerza del pensamiento. Lo que ahora interesa a los astrónomos es comprender lo mejor posible la manera en que interactúan los agujeros negros con su entorno, algo que el conocimiento del «objeto» agujero negro por sí solo no basta para determinar, del mismo modo que conocer el funcionamiento de las estrellas no basta para comprender cómo su ciclo de vida influye en la evolución de las galaxias a través del modo en que redistribuyen una parte de la materia de la que se han apropiado. El principal reto con que se enfrentan ahora los estudiosos de los agujeros negros no es muy distinto del que afrontan quienes se interesan por otros objetos astronómicos: comprender la partitura que cada uno de ellos interpreta en la gran sinfonía cósmica que se ejecuta desde hace 13 800 millones de años «ante nuestra mirada admirativa y asombrada», como tan acertadamente dijo Galileo hace cuatro siglos. Sin embargo, queda todavía un punto fundamental en relación con el cual los agujeros negros siguen siendo y quizá seguirán siendo durante mucho tiempo objetos aparte.

El interior de los astros es generalmente inaccesible. Incluso sin ir al otro extremo del cosmos, el mismo centro de nuestra buena y vieja Tierra está ya fuera de nuestro alcance, mal que le pese a Julio Verne y a su *Viaje al centro de la Tierra:* demasiado caliente y, sobre todo, demasiado opresivo. Aun así, podemos predecir algunas propiedades del interior del planeta. Las leyes que lo rigen son las de la gravitación (la de Isaac Newton o la de Albert Einstein, igual da, porque son equivalentes en este contexto), junto con el comportamiento de la materia en las condiciones de temperatura, densidad y presión reinantes allí abajo. Estas condiciones físicas se conocen razonablemente bien, pero no se conoce tan bien el estado exacto de la materia: a semejantes presiones, las nubes electrónicas de los átomos se interpenetran de un modo difícil de modelizar, lo que hace imposible determinar la compresibilidad de la materia a las presiones que reinan allí. Sin embargo, las leyes físicas que rigen son perfectamente conocidas. Son las de la mecánica cuántica que rigen el comportamiento de la materia a escala atómica, cuyo camino Einstein empezó a abrir demostrando que la luz es, según los casos, una onda o una partícula (véase el capítulo 4). En otras palabras, el interior de la Tierra es ciertamente inaccesible *en la práctica*, ya sea mediante la experimentación o la modelización, pero *en principio* es «conocible» porque las leyes fundamentales que actúan allí son conocidas.

Es en este último punto en el que los agujeros negros se distinguen de casi todo lo que existe en el universo. Volvamos por un momento al final del capítulo 15 y a Robert Oppenheimer. El científico norteamericano explicó en 1939 cómo se produce cualitativamente el colapso de un astro en agujero negro. Visto desde el exterior, el colapso parece detenerse cuando el astro alcanza el tamaño de un agujero negro, pero un observador situado en su superficie vería cómo el colapso continúa sin que nada se lo impida hasta que la materia, cada vez más comprimida, alcanza una densidad infinita. Pero ¿qué puede significar eso? En física nos interesan las relaciones y la evolución de diversas magnitudes como la presión, la densidad o la temperatura. Son ecuaciones matemáticas que determinan la evolución de estas magnitudes, que son números. Pero, claro, ninguna ecuación puede manejar situaciones en las que estas magnitudes se hacen infinitas. Si aparecen infinitos en la evolución de un sistema físico, es porque hay un error en alguna parte. ¿Cuál es el error en el caso de un agujero negro? Una de las *predicciones* de la relatividad general es que la densidad de la materia que forma el agujero negro se hace allí infinita.

Esta última observación no está exenta de ironía. Con la relatividad especial y su emblemática $E = mc^2$ Einstein mostró que existe un límite absoluto para la velocidad de propagación de la luz y por tanto que la teoría de la gravitación de Newton era ciertamente inexacta. La sustituyó entonces por su propia teoría, cuyo propósito era corregir un defecto de la de Newton. Y esta teoría predice, mal que le pese a su creador, la existencia de agujeros negros... en los que la materia alcanza una densidad infinita, lo cual es obviamente absurdo. La teoría de Einstein predice su propia ruina. La serpiente se muerde la cola. ¿Cómo salir entonces de este círculo vicioso? Cuando los físicos estudian el mundo, intentan primero determinar las leyes que lo describen. Pero estas leyes son una forma de modelizar la realidad, como ya vieron Empédocles y algunos otros hace 2400 años (véase el capítulo 2). Por ejemplo, Newton dice que la fuerza ejercida por la Tierra puede asimilarse a un objeto matemático llamado «vector». Puede que este concepto les resulte familiar, porque se estudia en secundaria. Un vector se puede simbolizar mediante un segmento con una flecha en un extremo. Pero nadie ha visto nunca una flecha colgando hacia abajo de una manzana. El vector en cuestión es una entidad abstracta cuya finalidad es describir los fenómenos, pero en ningún momento se atribuye realidad física a las entidades matemáticas utilizadas para describir la realidad. En otras palabras, el *modelo* que utilizamos para describir la realidad *no es* la realidad. Es, en el mejor de los casos, una aproximación. En este sentido, la teoría de Einstein es una aproximación mejor que la de Newton. La teoría de Newton describe muy bien los movimientos de los planetas alrededor del Sol, pero de forma imperfecta. En el momento de escribir estas líneas, la teoría de Einstein aún no ha fallado nunca. Pero predice que sin duda fallará en el interior de los agujeros negros. Sabemos por tanto con certeza que es incompleta, lo cual sin embargo no es necesariamente malo: si una teoría tiene limitaciones, más vale saber dónde están, en lugar de creer ingenuamente que siempre funcionará. Un ejemplo trivial de la vida cotidiana: cuando coges el ascensor, ¿prefieres que ponga «peso máximo 630 kg» o que tuviera un cartel que diga «no se sabe a partir de qué peso se romperá el cable»? Cuando hay límites, más vale conocerlos.

Cabría pensar que esta historia de las densidades infinitas no es tan grave. Tal vez bastase con modificar ligeramente las leyes de la relatividad general en las condiciones extremas que dan lugar a la aparición de los agujeros negros para evitar la catástrofe. Pero no es así, como se sabe gracias a varios resultados obtenidos por el único físico de la era moderna cuya fama se acerca a la de Einstein, el único cuyo nombre es conocido en casi todo el mundo y al que es imposible no mencionar cuando se habla de los agujeros negros: el inglés Stephen Hawking (1942-2018). De entrada dejemos claro que Stephen Hawking fue un gran científico, un grandísimo científico incluso, que nada tenía que envidiar a la mayoría de los mencionados en este libro. Sin embargo, no se le puede comparar con Albert Einstein. Según él mismo, su fama se debió en primer lugar y sobre todo a la terrible minusvalía que le sobrevino cuando aún no había cumplido los 25 años. Aquejado de la enfermedad de Charcot, un trastorno neurodegenerativo que poco a poco le dejó paralizado por completo, se encontró así atrapado en un cuerpo débil, a lo que se sumó luego una neumonía contraída en 1985 que le obligó a someterse a una traqueotomía para facilitar la respiración, privándole definitivamente del habla. Enseguida pudo contar con la ayuda de un sintetizador vocal, algo bastante revolucionario en aquella época; pero las limitaciones tecnológicas de entonces solo pudieron dotarle de una voz robótica, artificial, incluso descarnada, lo que reforzó la imagen —simbólica, por supuesto— de un ser transformado en espíritu puro, una imagen impactante tratándose de alguien que consagró su carrera a estudiar los objetos más inaccesibles a la experimentación directa, es decir, los agujeros negros.

Hay dos razones por las que es difícil dejar de mencionar a Stephen Hawking al final de este libro. La primera es el fenómeno más importante que descubrió. Está directamente relacionado con la ecuación $E = mc^2$, y podría decirse que es su más pura encarnación. Este resultado, que le hizo famoso para siempre, se remonta a 1975, año en que demostró que los agujeros negros... no eran del todo negros. Para entender esta afirmación, que muchos físicos teóricos consideran uno de los resultados más importantes obtenidos en su disciplina en los últimos cincuenta años, hay que remontarse a la propia definición del concepto: un agujero negro es una región de la que no es posible escapar. Si estás fuera, puedes eventualmente escapar; si estás dentro, no hay salida. Pero las cosas son un poco más complicadas, porque en el mundo microscópico las leyes de la mecánica cuántica dicen que ningún objeto puede estar perfectamente localizado: recordando lo que dijimos en el capítulo 4, Einstein fue el primero en ver que las entidades del mundo microscópico se comportan mitad como partículas, mitad como ondas. Ahora bien, una onda es un objeto intrínsecamente extenso; no es posible localizarlo con una precisión arbitraria. Por tanto, esta indeterminación sobre la posición de los objetos también se aplica a una partícula atrapada en el agujero negro o incluso a la frontera del propio agujero negro. Por todas estas razones (cuyos detalles desgraciadamente nos llevaría mucho tiempo explicar), los agujeros negros pierden energía emitiendo una radiación muy, muy, muy débil, un flujo muy débil de fotones de longitud de onda muy larga. Como la energía de los fotones disminuye a medida que aumenta su longitud de onda (véase el capítulo 1), estos fotones poseen una cantidad ínfima de energía, pero como la energía se conserva en el proceso, es necesario que el único otro actor presente, es decir, el propio agujero negro, la pierda. Y la única energía del agujero negro es su masa. Así pues, la masa del agujero negro disminuye en un valor m dado por la inevitable $E = mc^2$, siendo E la energía de los fotones que emite. Los cálculos de Hawking nos dicen que, durante este proceso, no es la materia que formó el agujero negro la que se transforma en luz y escapa de esta forma. Es la esencia misma del agujero negro, la deformación del espacio que engendra, la que se transforma en energía. Porque el agujero negro, una vez formado, ha perdido en cierto modo la memoria de la materia que lo produjo; la única información que ha subsistido durante su formación (y durante su crecimiento ulterior) es la masa de la materia que entró en juego. Y esta masa, nos dice Hawking, se transforma en energía que se escapa a lo lejos. Utilizando los términos propuestos por Stephen Hawking, los agujeros negros «se evaporan», un fenómeno tan inesperado como notable desde el punto de vista de los físicos... pero completamente carente de interés para los astrónomos, por una sencilla razón: la energía de los fotones emitidos es extremadamente débil y estos se emiten a un ritmo igual de pequeño, por lo cual el proceso se produce a un ritmo increíblemente lento. Incluso los agujeros negros más pequeños imaginables, que siguen teniendo sin embargo entre tres y cinco veces la masa del Sol, no verán disminuir significativamente su masa como consecuencia del fenómeno de evaporación sino al cabo de un número de años increíblemente grande: escrito en cifras, sería algo así como un 1 seguido de sesenta y siete ceros...

Ahora bien, por sorprendente que sea este resultado (por lo demás perfectamente inverificable, pero cuya existencia parece establecida de forma extremadamente convincente), no es el que nos interesa aquí, sino otro que había obtenido varios años antes. En efecto, Stephen Hawking puede considerarse como el sepulturero definitivo de las esperanzas de Eddington de que hubiera una ley de la naturaleza que impida la existencia de agujeros negros. En 1939 Oppenheimer demostró que una estrella de neutrones estaba abocada a convertirse en un agujero negro si alcanzaba una determinada masa crítica, pero quedaba una última zona gris: su demostración exigía que la estrella de neutrones fuera suficientemente esférica. Tal vez aún fuera posible que, debido a su rapidísima rotación, la fuerza centrífuga dispersase parte de la materia de la estrella de neutrones en trance de colapsar, permitiéndole así escapar a su ineluctable destino. Una vez más fue Stephen Hawking quien logró demostrar que no podía ser ese el caso, gracias a un trabajo realizado en colaboración con su colega matemático Roger Penrose (1931-). Roger Penrose es un matemático de primerísima línea. Entre el gran público probablemente sea más conocido por descubrir lo que se ha dado en llamar «teselaciones de Penrose», un método para llenar un plano con un pequeño número de motivos que encajan entre sí de forma aproximadamente idéntica uno con otro, pero que a la larga nunca se ordenan exactamente de la misma manera[1]. En términos generales, el tema predilecto de este insaciable y polifacético matemático es la geometría en sus diversas formas, lo que naturalmente le llevó a interesarse por la relatividad general, la teoría geométrica del espacio-tiempo. Junto con Stephen Hawking, se propuso determinar si existían restricciones más precisas que condicionaran la formación o no formación de agujeros negros. Este trabajo se llevó a cabo en los años sesenta, en una época en la que los mejores ordenadores estaban lejos de rivalizar con los smartphones de gama baja actuales. Imposible por tanto abordar la cuestión mediante simulaciones con ordenador, porque el problema general sigue estando hoy día fuera del alcance de los ordenadores modernos más potentes. Así que fue a base de puro razonamiento como Hawking y Penrose llegaron a su importante resultado, a saber, que la formación de un agujero negro es absolutamente inevitable una vez que una estrella de neutrones comienza a colapsar, sean cuales sean los detalles de su estructura interna, su rotación, su campo magnético o cualquier otra cosa. La formación de un agujero negro era el resultado cierto, ineludible y universal del colapso, y ello, como también demostraron Penrose y Hawking, aunque las leyes de la gravitación en las proximidades de los agujeros negros difieran de las encontradas por Einstein.

---

1. Cualquier motor de búsqueda proporciona numerosos ejemplos de las magníficas estructuras que este método permite construir.

En resumen, allí donde Eddington y Einstein pensaban y esperaban que hubiera una ley fundamental que impidiese la existencia de los agujeros negros, Hawking y Penrose invirtieron completamente el argumento al demostrar que había una ley fundamental (la relatividad general o una variación de ella) que hacía inevitable su existencia.

La historia no ha terminado sin embargo, porque nada ha cambiado en lo que se refiere al problema de partida de este capítulo. En el centro de un agujero negro las leyes de la gravitación predicen que la materia alcanza con bastante rapidez una densidad infinita, lo que es señal de que estas leyes se tornan inoperantes: un conjunto de ecuaciones que determinan la evolución de una magnitud física como la densidad, la presión o la temperatura se vuelve inoperante en el momento en que una de estas magnitudes se hace infinita, lo que generalmente es señal de que las leyes son erróneas o de que han alcanzado los límites de su campo de aplicación. En las condiciones más extremas posibles, es decir, en el centro de un agujero negro, la teoría de Einstein acaba alcanzando sus propios límites, por una razón fácilmente identificable: las leyes establecidas por Einstein suponen implícitamente que la materia está formada por entidades tangibles, perfectamente localizadas individualmente en el espacio. Pero las leyes del mundo microscópico dicen que no es así. Y a las densidades extremas que se alcanzan eventualmente en el centro de un agujero negro ya no se puede ignorar la naturaleza profunda de las partículas elementales, fotones, electrones, protones, neutrones o sus componentes. Y a la inversa, las leyes del mundo microscópico, que suelen hacer abstracción de los campos gravitatorios, ya no pueden permitirse esa omisión. Por tanto es necesario maridar la relatividad general con la mecánica cuántica, los dos grandes libros de leyes de la naturaleza que rigen nuestro mundo, una tarea que, por muchas razones técnicas, resulta ser formidablemente compleja, hasta el punto de que, después de décadas de investigación, nadie ha encontrado una solución ni tampoco la certeza de que alguno de los caminos explorados sea el correcto. Para muchos físicos teóricos, lograr «casar» estos dos mundos, o «unificarlos», por utilizar la terminología actual, es el mayor problema con que se han enfrentado nunca. Se trata, por supuesto, de una cuestión de punto de vista, ya que cada disciplina científica tiene a veces la debilidad de creer que los grandes problemas que aborda son los más importantes, los más fundamentales, los más grandiosos, los más esto o lo otro. Pero para Stephen Hawking y muchos de sus colegas, esta es (o será) la culminación de la búsqueda de las leyes fundamentales de la naturaleza, a la que Einstein hizo hasta ahora la mayor contribución. Conocer estas leyes últimas será quizá también comprender la naturaleza exacta del Big Bang y resolver el problema del origen del universo. En un arrebato de lirismo que personalmente siempre me ha parecido teñido de cierto misticismo, Hawking concluía su libro *Breve historia del tiempo* con estas palabras: «Si encontramos la respuesta a eso, sería el triunfo último de la razón humana: porque en ese momento conoceríamos la mente de Dios»[2].

2. Compárese esta cita de Hawking con lo que dijo Einstein de forma mucho más neutra sobre el mismo tema: «La tarea suprema del físico es llegar a unas leyes elementales y universales a partir de las cuales se pueda construir el cosmos por pura deducción. Para llegar a estas leyes no hay ningún camino lógico: solamente se puede llegar a ellas por intuición, basada en la empatía con la experiencia».

Pero a la espera de ese día, quizás (o sin duda) muy lejano, el interior de los agujeros negros, tan cercano a nosotros y sin embargo terriblemente fuera de nuestro alcance, oculta los fenómenos a la vez más fundamentales y peor conocidos que pueda haber.

¿Conoceremos entonces algún día ese «triunfo último de la razón humana»? Y en caso afirmativo, ¿cuándo? Una cita atribuida al físico danés Niels Bohr (1885-1962) dice que «las predicciones son difíciles, sobre todo cuando conciernen al futuro». Este adagio humorístico pero no obstante cargado de sabiduría es sin duda un buen incentivo para no entrar demasiado en este tipo de cuestiones. Es evidente que todos los científicos, e incluso cualquier persona interesada en la ciencia, esperan que la unificación de la relatividad general y la mecánica cuántica se logre en algún momento de su vida. Los medios de comunicación no se quedan atrás, y de vez en cuando publican titulares sobre «un nuevo Einstein» en cuanto algún investigador, ya sea reconocido o iconoclasta, parece haber descubierto una pista considerada apresuradamente como prometedora. Muy a menudo, el anuncio se desinfla como un suflé y la figura tutelar de Albert Einstein recupera rápidamente su lugar, vigilando de nuevo el mundo de la física con la mirada sabia y benévola del gran hombre. Una cosa es segura en todo caso: probablemente nunca habrá un «nuevo Einstein», por la misma razón que Einstein no fue el «nuevo Newton», como tampoco este fue el «nuevo Galileo». Si hay una lección que aprender de los muchos científicos citados en este libro es su gran diversidad: todos son diferentes, y no hay razón para pensar que la cosa vaya a ser distinta con aquellos que se elevarán aún más alto que Einstein y que «verán más lejos porque se habrán subido a hombros de gigantes», como dijo Isaac Newton con gran humildad al rendir homenaje a Galileo y a algunos de sus otros gloriosos predecesores.

Si hubiese que resumir lo que me parece que es el sentir general de mis colegas, me gustaría citar un episodio que se remonta a 1930. Cuando Eddington anunció en noviembre de 1919 que había verificado la teoría de Einstein, este no se encontraba en Inglaterra, pero sí la visitó en varias ocasiones en los años siguientes. El 27 de octubre de 1930 se celebró una recepción en su honor en el Hotel Savoy de Londres. El escritor irlandés George Bernard Shaw (1856-1950), que fue uno de los oradores, le rindió este notable homenaje en forma de pregunta: «Napoleón y otros hombres de su gran talla fueron hacedores de imperios. Pero hay una especie de hombres que van aún más lejos. No son hacedores de imperios sino hacedores de universos. Y después de dar forma a esos universos, sus manos no están manchadas con la sangre de ningún ser humano. Ptolomeo creó un universo que duró 1400 años[3]. También Newton creó un universo que duró 300 años. Einstein, por su parte, ha creado un universo y no sabría yo decir cuánto durará». Casi un siglo después, la pregunta sigue en pie.

3. El orador hace referencia al modelo denominado de Ptolomeo que colocó la Tierra en el centro del universo, rodeada de la Luna, el Sol y los planetas que giraban en torno a ella. Véase (una vez más) *Por qué la Tierra es redonda*, Alianza Editorial.

21. La evolución de una teoría

La expansión del universo implica que la materia se va diluyendo y enfriando con el tiempo. Si recorremos al revés el hilo de los acontecimientos, lo que ocurre es lo contrario. De ello se deduce lógicamente el concepto del Big Bang: una fase extraordinariamente densa y caliente de la que surgió el universo tal y como lo conocemos. Si esa fase existió realmente, entonces tuvo que ser también muy luminosa debido a su altísima temperatura. Este brillo fulgurante del universo primitivo se diluyó y enfrió luego, pero nada puede haber hecho que desapareciera totalmente. Hoy día tiene que existir todavía una especie de eco luminoso del Big Bang, una «radiación fósil» si se quiere. Esta radiación fue descubierta en 1965, un poco accidentalmente, por dos radioastrónomos de los Laboratorios Bell, Arno Penzias (1933-2024) y Robert Wilson (1936-). La prueba definitiva del Big Bang estaba ahí, pero Einstein ya no estaba en este mundo para verla. Fallecido en 1955, tampoco vivió lo suficiente para asistir a la primera identificación de un agujero negro, el famoso Cygnus X-1, a principios de la década de 1970. Así pues, nunca tuvo la prueba definitiva de que los dos monstruos que su teoría había engendrado existían realmente, a pesar de haber rechazado vehementemente la idea tanto de lo uno como de lo otro. Es por tanto difícil adivinar cómo vería él lo que hoy se ha convertido en la gran obra de su vida. Sin duda no le habría gustado que sus consecuencias más extremas se hayan convertido en los objetos más emblemáticos de la astronomía, hasta el punto de que sus nombres, «Big Bang» y «agujero negro», han pasado a formar parte del vocabulario cotidiano. En cambio le gustaría sin duda saber que por fin se han detectado las ondas gravitacionales, aunque sea por medio de esos agujeros negros cuya existencia le desagradaba tanto. Y sin duda le encantaría saber que su teoría ya no es solo una descripción de los fenómenos, sino una *herramienta* para sondear el universo. En efecto, uno de los primeros efectos cuya existencia predijo, la desviación de la luz por objetos masivos, se utiliza en casi todos los campos de la astronomía, ya sea la búsqueda de exoplanetas, la determinación de la masa de las galaxias o incluso el estudio detallado de los movimientos de los planetas del sistema solar. Y, por supuesto, se sentiría honrado al saber que otro efecto de su teoría, la variación del flujo del tiempo en función de la distancia a objetos masivos, se utiliza en miles de millones de dispositivos electrónicos. En efecto, los sistemas de posicionamiento por satélite (GPS, Galileo y otros) funcionan determinando el tiempo invertido por las señales emitidas por esas constelaciones de satélites, tiempos que están indexados por relojes atómicos a bordo de estos últimos. En este contexto, la localización solamente puede hacerse mediante cálculos que tengan en cuenta el hecho de que los relojes terrestres no funcionan al mismo ritmo que los de los satélites que orbitan a 20 000 km de altitud: sin relatividad, no hay GPS.

Pero en el fondo poco importa lo que Einstein pensara de todo esto. Lo importante es el inestimable legado que nos dejó, del que los científicos de hoy son sus felices herederos.

Epílogo
¿Por qué $E = mc^2$?

En ciencia, lo que se busca fundamentalmente es explicar el mundo que nos rodea. La manzana cae del árbol porque es atraída por la Tierra, según una ley matemática surgida en la mente de Isaac Newton hace tres siglos y medio. Pero algunos, ya sean científicos o simples curiosos, podrán plantearse con razón otra pregunta: ¿por qué la Tierra atrae la manzana? No es necesariamente fácil responder a esta otra pregunta. El dominio del científico es sobre todo el del *cómo:* a partir del momento en que se comprueba que la Tierra atrae la manzana, se va a intentar determinar la ley que describe esta atracción. Fue Isaac Newton quien dio con una muy buena aproximación, mejorada unos doscientos años más tarde por Einstein. Pero tanto en un caso como en otro, no hemos respondido a una pregunta que puede considerarse aún más fundamental: *¿por qué* la Tierra atrae la manzana? En términos más generales, ¿por qué las leyes físicas que observamos son como son? Estas preguntas rara vez son fáciles de responder. Aun así, en algunos casos el porqué de estas leyes se determina a través de una especie de reducción al absurdo. El mundo tal y como lo conocemos está conformado por las leyes físicas que lo gobiernan. Imaginar que se cambian estas leyes es cambiar, a menudo radicalmente, el mundo resultante. Si cambiáramos las leyes de la física nuclear, muchos átomos sencillamente no podrían existir... y, en consecuencia, tampoco podría existir la vida. Esto sigue sin decirnos por qué estas leyes son como son, pero al menos podemos encontrar una explicación sencilla del hecho de que las observemos tal y como son: si no fuese así, ¡no estaríamos aquí para hablar de ellas! En otras palabras, estamos bastante cerca del «si no fuera igual, sería diferente», un proverbio que los Shadoks probablemente no negarían, aunque todo ello está envuelto en una ciencia más seria de lo que parece.

Pero la ecuación $E = mc^2$ es diferente. Su origen, su porqué original, se puede rastrear mejor que en el caso de muchas otras. Esta ecuación es la consecuencia absolutamente ineluctable de la relatividad especial. Y esta relatividad especial la construyó Einstein a partir de la desconcertante propiedad de que la luz viaja siempre a la misma velocidad, independientemente del movimiento de quien la mide. Ante todo, esta relatividad implica que existe una velocidad límite para cualquier forma de interacción o transferencia de información, de la que la luz es el ejemplo más evidente. Y si la información viaja a una velocidad finita, es imposible que un observador lo sepa todo sobre el universo actual. Cuando observamos las estrellas cercanas, situadas a pocos años luz de distancia, no las vemos como son hoy, sino como eran hace muchos años. Por ejemplo, Betelgeuse, la estrella de la constelación de Orión reconocible por su color rojizo y celebrada en varias obras literarias de ciencia ficción, desde *El planeta de los simios* de Pierre Boulle hasta la *Guía del autoestopista galáctico* de Douglas Adams. Es una estrella masiva situada a 640 años luz de nosotros. Se encuentra al final de su vida, y pese a los autores citados, no es un buen lugar para vivir, aunque solo sea porque su brevísima vida es incompatible con la aparición y evolución de vida inteligente en su vecindad. De esta estrella sabemos que está viviendo los últimos miles de años de su breve existencia, porque su masa y su brillo hacen que consuma sus reservas mucho más deprisa que en el caso de nuestro modesto Sol. Un día u otro —un abrir y cerrar de ojos a escala cósmica— acabará explotando como supernova. Tal vez ya haya explotado, pero no lo sabremos hasta dentro de 640 años, cuando la luz de su explosión llegue hasta nosotros tras un viaje de 640 años luz, iluminando poco a poco nuestra galaxia. Pero no lo sabremos antes, y no tenemos ninguna forma de saberlo: ninguna información sobre su posible explosión puede llegarnos instantáneamente.

$E = mc^2$ es la seguridad de que la instantaneidad no existe, es la certeza de que nadie puede ser omnisciente. Es una especie de límite absoluto del conocimiento. Un límite que sin duda podemos utilizar en nuestro beneficio, especialmente en astronomía, porque, gracias a él, mirar lejos es mirar antes, pero es, y siempre será, un límite definitivo.

Postfacio
de Étienne Klein

El Sr. Einstein, lejos de los cañones,
creyendo trabajar para él mismo,
descubrió ecuaciones
que os van a caer sobre los morros.

LÉO FERRÉ, «Y en a marre»

¿Qué añadir a lo que nos acaba de contar Alain Riazuelo?
No veo que falte nada en su magnífico libro, porque describe no sólo el origen y el significado de la fórmula $E = mc^2$,
sino también sus innumerables consecuencias en los campos de la física y la cosmología.

Me contentaré por tanto aquí con una pequeña digresión
para denunciar la asociación demasiado directa que nos hemos acostumbrado a hacer entre esta fórmula y el arma nuclear.

Todo el mundo lo sabe: primero fue *Little Boy*, lanzada
sobre Hiroshima el 6 de agosto de 1945, su explosión a
seiscientos metros de altura, acompañada de un relámpago brutal, seguido de una bola de fuego y de una onda expansiva devastadora que hizo vibrar los cuerpos hasta
despedazarlos, abrasando las carnes y matando de golpe a
setenta y cinco mil personas que ni lo habían visto venir,
y a miles más después. Y luego, tres días más tarde, *Fat*

Man lanzada sobre Nagasaki, provocando un desastre similar.

En el imaginario colectivo, $E = mc^2$ está ligada a estos dos trágicos acontecimientos. Esta amalgama comenzó un año después del primer ensayo de una bomba atómica, que tuvo lugar el 16 de julio de 1945 en el campo de tiro de Alamogordo en Nuevo México. Para conmemorarlo, y en previsión de la prueba nuclear prevista para los días siguientes, la revista *Time* publicó en su portada del 1 de julio de 1946 una chocante representación de Einstein «el cosmoclasta», es decir, «el destructor del orden». Muestra el rostro benévolo del científico, melena alborotada, facciones marcadas, la mirada perdida a lo lejos como interrogando a la posteridad, mientras al fondo una columna de llamas y humo se eleva hacia una nube en forma de cabeza de cobra. Inscrita en la nube, la ecuación $E = mc^2$ simboliza el pacto fáustico que la física más teórica habría concluido allí con el Mal más concreto.

Sin embargo, $E = mc^2$ tiene que ver con la bomba atómica lo mismo que con el crepitar de una cerilla o la caída de un lápiz.

Volvamos al año 1905. Agotado por la redacción de su artículo sobre la teoría de la relatividad que más tarde se llamaría «especial», Einstein tuvo que guardar cama varios días en el mes de julio. Aceptó luego la propuesta de su mujer, Mileva, de irse de vacaciones. Los Einstein partieron con su hijo Hans-Albert a Titel, en Serbia, donde Albert conoció a sus suegros. El viaje no le impidió seguir desarrollando el hilo de sus ideas. Entre paseo y paseo vio que el matrimonio entre el espacio y el tiempo que había celebrado en junio engendraba un extraño vástago: el principio de la relatividad, asociado a las ecuaciones del electromagnetismo, indica que la masa de un cuerpo es una medida directa de la energía que contiene.

Unas semanas más tarde, en septiembre de 1905, envió a la revista *Annalen der Physik* el quinto y último artículo del año, titulado «¿La inercia de un cuerpo depende de su movimiento?» En apenas tres páginas ofrecía una demostración general de la ecuación $E = mc^2$. Imaginemos, dice Einstein, un cuerpo que emite luz, es decir, ondas electromagnéticas. Por ejemplo, un metal calentado. En este proceso el cuerpo pierde una cierta cantidad de energía, exactamente igual a la transportada por las ondas electromagnéticas producidas por él. Puesto que las ondas electromagnéticas no tienen masa, cabría esperar que esta pérdida de energía no fuese acompañada de ninguna pérdida de masa: ¿cómo podría un cuerpo perder masa si no irradia nada que sea masivo? Lo que Einstein demuestra, mediante cálculos basados en los principios de su teoría de la relatividad especial y en los de la mecánica, fue que en realidad el cuerpo pierde masa simplemente porque pierde energía. Para ser más exactos, si pierde energía E, pierde simultáneamente una masa igual a E/c^2. Si la letra c, que representa la velocidad de la luz, aparece en esta fórmula, es porque se ha supuesto que el cuerpo pierde energía al emitir luz. Pero Einstein atribuyó a su fórmula un alcance universal al decir que debe seguir siendo cierta aunque la luz no intervenga en el proceso por el cual el cuerpo pierde energía. Por consiguiente, si un cuerpo pierde energía, bajo la forma que sea, *ya sea luminosa o no*, también pierde masa en virtud de una fórmula que en todos los casos implica... ¡la velocidad de la luz! Así pues, la velocidad de la luz ya no es sólo la velocidad de la luz. Interviene explícitamente en todos los procesos físicos, incluidos aquellos en los que la luz como tal no desempeña ningún papel. Su estatus cambia así radicalmente. Con Einstein deja de ser la velocidad de propagación de un fenómeno físico particular para convertirse en una constante universal de la física.

Y aún hay más. La masa, que hasta entonces solo medía la cantidad de materia contenida en un cuerpo, pasa ahora a medir también su contenido de energía: cualquier cuerpo con masa pasa así a estar dotado de una «energía másica», es decir, de una energía que posee por el mero hecho de tener masa. La fórmula $E = mc^2$ indica explícitamente que esta energía másica se calcula multiplicando la masa por el cuadrado de la velocidad de la luz. En esta operación, el estatuto de la velocidad de la luz cambia por segunda vez. Se le otorga un papel más amplio que el de una velocidad asociada a desplazamientos, ya que la equivalencia que se establece aquí entre masa y energía no hace referencia a ningún movimiento: incluso inmóvil, en reposo, un cuerpo con masa contiene energía.

La fórmula $E = mc^2$ se aplica a todos los fenómenos en los que se intercambia o transforma energía. Pero no hay nada en ella que sugiera el proceso por el cual se podría liberar la energía contenida en un trozo de materia. Menos aún la energía contenida en un átomo... puesto que la existencia del átomo, y *a fortiori* la de sus componentes, no estaba en absoluto demostrada en aquella época, como nos ha contado Alain Riazuelo.

La bomba atómica nació de un suceso totalmente distinto: el descubrimiento fortuito, en diciembre de 1938, por Lise Meitner (1878-1968) y Otto Hahn (1879-1968), de una propiedad singular y sorprendente del núcleo de un isótopo del uranio, el uranio-235: la de poder fisionarse, liberando una gran cantidad de energía. Que esta energía podía calcularse utilizando $E = mc^2$ era algo evidente para cualquier físico de aquella época. Lo único asombroso, e incluso desconcertante, era que este núcleo de uranio se fisionara y desencadenara una reacción en cadena inducida por la liberación concomitante de varios neutrones. A partir de ahí, el resto caía por su propio peso, siempre que se pusieran los medios necesarios. Pero en los años treinta Einstein no estaba para nada interesado en la física nuclear, que por entonces estaba en pleno apogeo. Tenía una única obsesión: elaborar una teoría unificada de la gravitación y el electromagnetismo. Así, cuando Niels Bohr fue a visitarlo a Princeton a principios de 1939 para discutir con él los datos más recientes sobre la fisión de los núcleos de uranio, el padre de la relatividad no le concedió más que una cortés indiferencia. Hicieron falta las explicaciones de su amigo húngaro Leó Szilárd (1898-1964) unos meses más tarde para que Einstein finalmente recapacitara y admitiera la posibilidad de una reacción en cadena explosiva, que Enrico Fermi (1901-1954), refugiado desde hacía poco en América, se disponía a demostrar experimentalmente. «¡Nunca se me había ocurrido!», exclamó Einstein tras escuchar a su amigo. En cuanto estuvo convencido sintió la necesidad de actuar. Consciente de que Hitler era capaz de cualquier cosa —sobre todo de lo peor—, quiso alertar al presidente de los Estados Unidos del cataclismo que podría provocar la fisión del uranio y la reacción en cadena, aunque seguía siendo muy escéptico acerca de la posibilidad de fabricar una bomba atómica. También le informó sobre los progresos realizados por los físicos alemanes en el campo de la física nuclear. El

2 de agosto de 1939 firmó una carta escrita por Leó Szilárd y Eugene Wigner (1902-1995), otro físico húngaro, dirigida al presidente Franklin Roosevelt. Comienza así:

Señor:

Recientes trabajos de E. Fermi y L. Szilárd, que me han sido comunicados en forma manuscrita, me llevan a pensar que el elemento uranio podría ser convertido en una nueva e importante fuente de energía en un futuro inmediato. Ciertos aspectos de la situación que ha surgido parecen exigir vigilancia y, de ser necesario, rápida acción por parte de la Administración. Considero por tanto mi deber llevar a su atención los siguientes hechos y recomendaciones.

En los últimos cuatro meses se ha demostrado la probabilidad —gracias a los trabajos de Joliot en Francia y de Fermi y Szilárd en América— de que sea posible provocar una reacción nuclear en cadena en una gran masa de uranio, lo que generaría grandes cantidades de energía y grandes cantidades de nuevos elementos similares al radio. Hoy parece casi seguro que esto se pueda lograr en un futuro inmediato.

Este nuevo fenómeno también conduciría a la fabricación de bombas, y es concebible —aunque mucho menos seguro— que se puedan construir así bombas extremadamente potentes de un nuevo tipo. Una sola bomba de esta clase, transportada por barco y detonada en un puerto, podría muy bien destruir todo el puerto y parte del territorio circundante. Sin embargo, tales bombas podrían muy bien ser demasiado pesadas para ser transportadas por aire. [...]

El resto de la historia es conocido: esta carta contribuyó a la decisión de lanzar dos años después (tras el ataque japonés a Pearl Harbor el 7 de diciembre de 1941) lo que se convertiría en el Proyecto Manhattan. Irónicamente, lo único que Einstein tenía en mente cuando firmó la carta era impedir que los alemanes utilizaran la bomba atómica, caso de que lograran fabricarla. El 6 de agosto de 1945, cuando se enteró por la radio de que se había arrojado *Little Boy* sobre Hiroshima, solo pudo articular estas palabras: «¡Pobre de mí!». Profundamente conmovido por el drama de Japón, país que había visitado en 1921, le parecía como si hubiese sido él mismo quien había apretado el botón. Einstein era un solitario que amaba a sus semejantes. Jamás imaginó este crimen contra la humanidad. Es la suprema y terrible paradoja de la bomba atómica: fue el resultado último pero indirecto del acto epistolar de un hombre bueno.

En su vejez, Einstein dijo que habría preferido ser un hombre cuyo trabajo inofensivo consistiera en reparar grifos y tuberías o construir paredes de ladrillo. Si él había desplegado una energía sobrehumana para desentrañar ciertos secretos de la materia, otros habían prolongado ese trabajo y otros aún habían abusado de esos secretos para destruir cientos de miles de vidas y ciudades enteras. Semejante balance no podía sino amargarle, aunque de su propia pluma se puede leer la siguiente puntualización que data de noviembre de 1945: «No me considero el padre de la liberación de la energía atómica. Mi papel en este asunto fue totalmente indirecto. De hecho, no creí que pudiera ser liberada en el transcurso de mi vida. Solo se hizo posible tras el descubrimiento accidental de la reacción en cadena, y eso no es algo que yo hubiera podido prever»[1].

---

1. Einstein, A., «Atomic War or Peace», *Atlantic Monthly*, noviembre de 1945.

Einstein, que tardó en comprender los peligros de la fisión, comprendió sin embargo mejor y más rápidamente que muchos otros que Hiroshima y Nagasaki representaban una bifurcación en la historia del pensamiento, una auténtica disrupción conceptual. De golpe, casi en un instante, la condición humana había empeorado irremediablemente.

Pero se sabe que la historia adora la ironía. Con Einstein no hizo ninguna excepción. El 1 de noviembre de 1952, la bomba de hidrógeno *Ivy Mike* devastó el atolón de Enewetak. Y no se limitó a destruir: el análisis de sus residuos en el laboratorio de Berkeley mostró que la explosión había provocado, mediante una sucesión de reacciones nucleares, la formación de dos nuevos elementos químicos muy radiactivos: el primero, con número atómico de 100, fue bautizado con el nombre de fermio (en honor a Enrico Fermi); el segundo, con número atómico de 99, es un metal blanco plateado que recibió el nombre de einstenio... Esta información secreta no se reveló hasta después de la muerte de Einstein, en 1955. Retardo afortunado, sabia precaución, porque es bastante seguro que este extraño homenaje le habría abatido.

Bibliografía

Referencias generales

HOCKEY, T., *Biographical Encyclopedia of Astronomers*, 3.ª ed., Berlín, Springer-Verlag, 2017.

LEHOUCQ, R., *Pourquoi le Soleil brille*, París, humenSciences, 2020.

PAIS, A., *El señor es sutil: la ciencia y la vida de Albert Einstein*, Ed. Ariel, 1984.

RIAZUELO, A., *Les trous noirs – À la poursuite de l'invisible*, París, DeBoeck Supérieur, 2018.

—, *Por qué la Tierra es redonda*, Madrid, Alianza Editorial, 2025.

Para los estudiantes y para quienes quieren serlo o volver a serlo

Para saberlo todo sobre la relatividad especial:

GOURGOULHON, É., *Relativité restreinte – Des particules à l'astrophysique*, Les Ulis, EDP Sciences, 2010.

Para la relatividad general (y el electromagnetismo):

UZAN, J.-P. y Deruelle, N., *Théories de la relativité*, París, Belin, 2014.

Sobre la evolución estelar:

KIPPENHAHN, R., Weigert, A. y Weiss, A., *Stellar Structure and Evolution*, 2.ª ed., Berlín, Springer-Verlag, 2012.

Algunas fuentes interesantes, capítulo por capítulo

Capítulo 1

«Double Slit Experiment – Water Wave Interference Pattern», cadena YouTube *AllRealityVideo*, 10 de junio de 2013.

BASDEVANT, J.-L., «Le Mémoire de Fresnel sur la diffraction de la lumière», Bibnum, Physique, consultado el 16 de noviembre de 2020.

BEAUBOIS, F., «Rœmer et la vitesse de la lumière», Bibnum, Physique, consultado el 13 de noviembre de 2020.

BERDNIKOV, A., «Ejemplo de patrón de interferencia con la luz», Wikimedia Commons, consultado el 19 de noviembre de 2020: https://commons.wikimedia.org/wiki/File: Double_slit_interference.png

SAMUELI, J.-J. y Moatti, A., «L'acte de naissance de l'électromagnétisme», Bibnum, Physique, consultado el 16 de noviembre de 2020.

Capítulo 2

ALLEAU, R., «Éléments, Théorie des», *Encyclopædia Universalis*, consultado el 18 de noviembre de 2020.

«Carl Wilhelm Scheele (1742-1786)», Société Chimique de France, consultado el 18 de noviembre de 2020.

FRERCKS, J., Weber, H. y Wiesenfeldt, G., «Reception and discovery: the nature of Johann Wilhelm Ritter's invisible rays», *Studies in History and Philosophy of Science*, Part A, vol. 40, 2009, pp. 143-156.

GUILLERME, J., «Cavendish Henry – (1731-1810)», *Encyclopædia Universalis*, consultado el 18 de noviembre de 2020.

WEST, J. B., «Carl Wilhelm Scheele, the discoverer of oxygen, and a very productive chemist», *American Journal of Physiology – Lung, Celular and Molecular Physiology*, vol. 307, 2014, pp. L811-L816.

—, «Joseph Priestley, oxygen, and the Enlightenment», *American Journal of Physiology – Lung, Celular and Molecular Physiology*, vol. 306, 2014, pp. L111-L119.

WHITE J. R., «Herschel and the Puzzle of Infrared», *American Scientist*, vol. 100, 2012, p. 218.

Capítulo 3

LE RILLE, A., Patrón de interferencia obtenido con un interferómetro de Michelson, Wikimedia Commons, consultado el 28 de enero de 2021: https://commons.wikimedia.org/wiki/File:MichelsonCoinAirLumiereBlanche.JPG

Capítulo 4

DUPLANTIER, B., «Le mouvement brownien, «divers et ondoyant»», Séminaire Poincaré 2005.

FLAMM, D., «History and outlook of statistical physics», arXiv:physics/9803005, 1998.

Capítulo 6

CANALES, J., *The Physicist & the Philosopher Einstein, Bergson and the Debate that Changed our Understanding of Time*, Princeton, Princeton University Press, 2015.

«Rayons cosmiques: particules de l'espace», *Centre Européen de la Recherche Nucléaire (CERN)*, consultado el 29 de enero de 2021.

RENOIRTE, F., «Henri Bergson, Durée et simultanéité à propos de la théorie d'Einstein [compte- rendu]», *Revue néoscolastique de philosophie*, 2e série, vol. 3, 1924, pp. 371-375.

Capítulo 8

«APS News: This Month in Physics History. May, 1911: Rutherford and the Discovery of the Atomic Nucleus», *American Physical Society*, vol. 15, mayo de 2006, consultado el 24 de noviembre de 2020.

Capítulo 10

ISAACSON, W., «Comment Einstein a réinventé la réalité», *Pour la Science*, vol. 457, noviembre de 2015.

Juhel, A., «Dans la Chaleur des Séries... Une Promenade Fouriériste ! (Partie 1)», consultado el 24 de noviembre de 2020.

KEESING, R. G., «The history of Newton's apple tree», *Contemporary Physics*, vol. 39, 1998, pp. 377-391.

LASKAR, J., «Des premiers travaux de Le Verrier à la découverte de Neptune», *Comptes Rendus Physique*, vol. 18, 2017, pp. 504-519.

TISSERAND, J. M., «Les travaux de Le Verrier», *Annales de l'Observatoire de Paris*, vol. 15, 1880, pp. 23-4.

Capítulo 11

Anónimo, «Stop Press News», *The Observatory*, vol. 42, 1919, p. 256.

BROUGHTON, P., «The First Predicted Return of Comet Halley», *Journal for the History of Astronomy*, vol. 16, 1985, pp. 123-132.

«La comète de Halley, la première comète périodique», Observatoire de Paris, consultado el 25 de noviembre de 2020.

«Highest resolution image of the 1919 solar eclipse», *Observatoire Européen Austral (ESO)*, consultado el 27 de noviembre de 2020.

Capítulo 12

CRELINSTEN, J., «William Wallace Campbell and the «Einstein Problem»: An Observational Astronomer Confronts the Theory of Relativity», *Historical Studies in the Physical Sciences*, vol. 14, 1983, pp. 1-91.

PETIT, G., «Vente record pour un manuscrit d'Albert Einstein», *Euronews*, diciembre de 2018.

HENTSCHEL, K., «Erwin Finlay Freundlich and Testing Theory of Relativity», *Archive for History of Exact Sciences*, vol. 47, 1994, pp. 143-201.

HOLTON, G., «Mach, Einstein, and the Search for Reality», *Daedalus, Historical Population Studies*, vol. 97, 1968, pp. 636-673.

MOATTI, A., *Einstein, un siècle contre lui*, París, Odile Jacob, 2007.

WHITEHEAD, A. N., *Science and the Modern World*, Nueva York, Free Press, 1970.

TRESCHMAN, K. J., «Early astronomical tests of General Relativity: the gravitational deflection of light», *Asian Journal of Physics*, vol. 23, 2014, pp. 145-170.

VON KLÜBER, H., «The determination of Einstein's light-deflection in the gravitational field of the sun», *Vistas in Astronomy*, vol. 3, 1960, p. 47-77.

KRIVINE, J.-P., «Einstein et l'astrologie: une citation fausse qui a la vie dure», *Science et Pseudo-Sciences*, vol. 250, 2001.

WILL, C. M., «The Confrontation between General Relativity and Experiment», *Living Reviews in Relativity*, vol. 17, n.º 4, 2014.

Capítulo 13

Entrevista de Milton Humason por Bert Shapiro, realizada hacia 1965, American Institute of Physics, consultado el 2 de diciembre de 2020.

BRASHEAR, R., «Edwin Hubble et l'Univers de galaxies», *Dossier Pour la Science*, vol. 56, julio de 2007.

BRÉMOND, A. y Chabot, H., «À l'aube de la découverte de l'expansion de l'Univers», Histoire & Mesure, vol. 21, 2006, pp. 157-186.

CHABERLOT, F., *La voie lactée – Histoire des conceptions et des modèles de notre galaxie des temps anciens aux années 1930*, París, CNRS Éditions, 2003.

DAVIS, T. M. y Lineweaver, C. H., «Expanding Confusion: common misconceptions of cosmological horizons and the superluminal expansion of the Universe», *Publications of the Astronomical Society of Australia*, vol. 21, 2004, pp. 97-109.

(Versión francesa traducida por los autores y simplifica-
da, «Les paradoxes du Big Bang», *Pour la Science*, vol. 330,
abril de 2005).

Hubble Space Telescope Science Institute, «Hubble views the
star that changed the Universe», comunicado de prensa del
23 de mayo de 201, consultado el 30 de noviembre de 2020.

LUMINET, J.-P., *L'invention du Big Bang*, París, Seuil, 2004.

MAYALL, N. U., «Milton L. Humason Some Personal Reco-
llections», *Mercury*, vol. 2, 1973, pp. 3-8.

«Historical Highlights from Mount Wilson Observatory's First
100 Years», *Observatorio de Monte Wilson*, consultado el 2 de
diciembre de 2020.

«Hubble's Famous M31 VAR ! Plate», *Observatorios Carnegie*,
consultado el 30 de noviembre de 2020.

OSTERBROCK, D. E., Brashear, R. S. y Gwinn, J. A., «Self- Made
Cosmologist: The Education of Edwin Hubble», en Kron,
R. G., *ASP Conference Series, Vol. 10, Evolution of the Universe
of Galaxies ; Proceedings of the Edwin Hubble Centennial Sym-
posium*, Astronomical Society of the Pacific, 1990, pp. 1-18.

SOBEL, D., *The Glass Universe – The hidden history of the wo-
men who took the measure of the stars*, Nueva York, Harper
Collins, 2016.

«IAU members vote to recommend renaming the Hubble law
as the Hubble-Lemaître law», Unión Astronómica Internacional, comunicado de prensa iau1812, octubre de 2018.

Capítulo 14

KE, Q. *et al.*, «Defining and identifying Sleeping Beauties in
science», *Proceedings of the National Academy of Sciences of
the United States of America*, vol. 112, 2015, pp. 7426-7431.

RENN J. y Sauer T., «Eclipses of the Stars – Mandl, Einstein, and the Early History of Gravitational Lensing», en Ashtekar A. *et al.*, *Revisiting the Foundations of Relativistic Physics – Festschrift in Honour of John Stachel*, Dordrecht, Kluwer Academic Publishers, 2003, p 69-92.

SIEGFRIED T., «The amateur who helped Einstein see the light», *ScienceNews*, octubre de 2015.

Capítulo 15

EISENSTAEDT, J., «D'Einstein aux trous noirs, le renouveau relativiste», *Dossier Pour la science*, vol. 38, enero de 2003.

«Monitorial system», *Encyclopaedia Britannica*, consultado el 3 de diciembre de 2020.

GOONERATNE, S., «The White Dwarf Affair: Chandrasekhar, Eddington and the Limiting Mass», tesis doctoral de la Universidad de Londres, 2005.

HIRSHFELD, A., «Williamina Fleming – Brief life of a spectrographic pioneer: 1857-1911», *Harvard Magazine*, vol. 119, enero-febrero de 2017, pp. 48-49.

HOLBERG, J. B., «The Discovery of the Existence of White Dwarf Stars: 1862 to 1930», *Journal for the History of Astronomy*, vol. 40, 2009, pp. 137-154.

MENA, J. G. y Peres, T. S. C., «The Chandrasekhar-Eddington dispute», *MacTutor History of Mathematics Archive*, School of Mathematics and Statistics – Universidad de St Andrews, Escocia, consultado el 3 de diciembre de 2020.

NAPIWOTZKI, R., «The galactic population of white dwarfs», *Journal of Physics: Conference Series*, vol. 172, 012004, 2009.

UZAN, J.-P. y Eisenstaedt, J., *Einstein et la Relativité Générale: une histoire singulière*, documental realizado por Lazzarotto

Q., producido por Look at Sciences, Institut Henri Poincaré – IHP & RMC Découverte, 2015.

WALI, K. C., *Chandra – A biography of S. Chandrasekhar*, Chicago, The University of Chicago Press, 1991.

Williamina Fleming, *Your Dictionnary*, consultado el 3 de diciembre de 2020.

Capítulo 16

«APS News: This Month in Physics History. February 1968: The Discovery of Pulsars Announced», *American Physical Society*, febrero de 2006, consultado el 3 de diciembre de 2020.

PENG YOKE, H., «Ancient and mediaeval observations of comets and novae in Chinese sources», *Vistas in Astronomy*, vol. 5, 1962, pp. 127-225.

MERALI, Z., «Pulsar discoverer Jocelyn Bell Burnell wins $3-million Breakthrough Prize», *Nature News*, septiembre de 2018.

«Hoyle Disputes Nobel Physics Award», *The New York Times*, marzo de 1975.

STEPHENSON, F. R., «The identification of early returns of comet Halley from ancient astronomical records», en Mason, J. W., Comet Halley. *Investigations, results, interpretations*, vol. 2, Hempstead, Ellis Horwood Limited, 1990, pp. 203-214.

STEPHENSON, F. R. y Green, D. A., *Historical Supernovae and their Remnants*, Oxford, Clarendon Press, 2002.

MCKIE, R., «Fred Hoyle: the scientist whose rudeness cost him a Nobel prize», *The Guardian*, octubre de 2010.

DE VAUCOULEURS, G. y Corwin, Jr. H. G., «S Andromedae 1885: A Centennial Review», *Astrophysical Journal*, vol. 295, 1985, pp. 287-304.

Capítulo 17

COURTY, J. M. y Treps, N., «La lumière, c'est combien de photons ?», *Dossier Pour la science*, vol. 53, octubre de 2006.
GIACCONI, R., «The dawn of X- ray astronomy», discurso Nobel, diciembre de 2002.

Capítulo 18

KENNEFICK, D., «Einstein Versus the Physical Review», *Physics Today*, vol. 58, 2005, pp. 43-48.
—, *Traveling at the Speed of Thought: Einstein and the Quest for Gravitational Waves*, Princeton, Princeton University Press, 2007.

Capítulo 19

THORNE, K. S., *The science of Interstellar*, Nueva York, W.W. Norton & Company, 2014.

Capítulo 20

HAWKING, S. W. y Ellis, G. F. R., *The large-scale structure of space-time*, Cambridge, Cambridge University Press, 1973.

Algunas monografías y artículos históricos mencionados en los capítulos anteriores

Capítulo 1

AMPÈRE, A.-M., «Théorie mathématique des phénomènes électro-dynamiques», *Mémoires de l'Académie des sciences de l'Institut de France*, vol. 6, 1823, pp. 175-388.

BIOT J.-B. y Savart, F., «Mémoire sur la mesure de l'action exercée à distance sur une particule de magnétisme par un fil conjonctif [Mémoire lu par MM. Biot et Savart à l'Académie des Sciences, dans la séance du 30 octobre 1820]», *Annales de Chimie et de Physique*, vol. 15, 1820, pp. 222-223.

COULOMB, C., «Premier mémoire sur l'électricité et le magnétisme», *Mémoires de l'Académie Royale des sciences*, vol. 88, 1795, pp. 569-577.

FARADAY, M., «V. Experimental researches in electricity», *Philosophical Transactions of the Royal Society of London*, vol. 122, 1832, pp. 1-16.

FIZEAU, H., «Sur une expérience relative à la vitesse de propagation de la lumière», *Comptes-rendus de l'Académie des Sciences*, vol. 29, 1849, pp. 90-92.

FOUCAULT, L., «Détermination expérimentale de la vitesse de la lumière; parallaxe du Soleil», *Comptes-rendus de l'Académie des sciences*, vol. 55, 1862, pp. 501-503

—, «Détermination expérimentale de la vitesse de la lumière; description des appareils», *Comptes-rendus de l'Académie des sciences*, vol. 55, 1862, pp. 792-796.

FRESNEL A., «Mémoire sur la diffraction de la lumière», *Mémoires de l'Académie des sciences de l'Institut de France*, vol. 5, 1821, pp. 339-475.

HERSCHEL, W., «Investigation of the powers of the prismatic colours to heat and illuminate objects ; with remarks, that prove the different refrangibility of radiant heat. To which is added, an inquiry into the method of viewing the sun advantageously, with telescopes of large apertures and high magnifying powers», *Philosophical Transactions of the Royal Society of London*, vol. 90, 1832, pp. 255-283.

—, «Experiments on the refrangibility of the invisible rays of the sun», *Philosophical Transactions of the Royal Society of London*, vol. 90, 1832, pp. 284-292.

HERTZ, H., «Ueber electrodynamische Wellen im Luftraume und deren Reflexion», *Annalen der Physik und Chemie*, vol. 34, 1888, pp. 609-623.

KOHLRAUSCH, R. y Weber, W., «Elektrodynamische Maassbestimmungen, insbesondere Zurückführung der Stromintensitäts-Messungen auf mechanisches Maass», *Abhandlungen der Königlich-Sächsischen Gesellschaft der Wissenschaften*, vol. 5, 1857, pp. 219-293.

MAXWELL, J. C., «On Physical Lines of Forces», *London, Edimburgh and Dublin Philosophical Magazine and Journal of Science*, partie 1, vol. 21, 1861, pp. 161-175; partie 2, vol. 21, 1861, pp. 281-291 et 338-348; partie 3, vol. 23, 1862, pp. 12-24; partie 4, vol. 23, 1862, pp. 85-91.

—, «A dynamical theory of the electromagnetic field», *Philosophical Transactions of the Royal Society of London*, vol. 155, 1865, pp. 459-512.

MAXWELL, J. C., *A Treatise on Electricity and Magnetism, vol. I et II.*, Oxford, Clarendon Press, 1873.

RITTER, J., «Von der Herren Ritter», *Annalen der Physik*, vol. 7, 1801, pp. 527.

—, «Versuche über das Sonnenlicht», *Annalen der Physik*, vol. 12, 1802, pp. 409-415.

RØMER, O., «Démonstration touchant le mouvement de la lumière par M. Römer de l'Académie Royale des sciences», *Journal des sçavans Du lundy 7 décembre M.DC.LXX.VI*, 1676, pp. 233-236.

YOUNG T., «On the Theory of Light and Colours», *Philosophical Transactions of the Royal Society of London*, vol. 92, 1802, pp. 12-48.

—, «Experiments and calculations relative to physical optics», *Philosophical Transactions of the Royal Society of London*, vol. 94, 1804, pp. 1-16.

Capítulo 2

ARISTÓTELES, *Acerca del cielo; Meteorológicas*, trad. Miguel Candel, Gredos, Madrid, 1996.

BLACK, J., «Experiments upon magnesia alba, quicklime, and some other alcaline substances», Essays and Observations: Physical and Literary, vol. 2, 1756, pp. 157-225.

CAVENDISH, H., «Three papers, containing experiments on factitious air», *Philosophical Transactions of the Royal Society of London*, vol. 56, 1766, pp. 14-184.

—, «Experiments on air», *Philosophical Transactions of the Royal Society of London*, vol. 75, 1785, pp. 372-384.

EMPÉDOCLES, *Fragments*, trad. A. Reymond, en *L'Aurore de la philosophie grecque*, John Burnet, París, Payot & Cie, 1919.

PLATÓN, *Timeo*, en *Diálogos*, Ed. Gredos, Madrid, 1992.

PRIESTLEY, J., *Experiments and Observations on Different Kinds of Air*, vol. 2, Londres, Johnson, 1775.

RUTHERFORD, D., *Dissertatio inauguralis de Aere fixo dicto, aut mephitico*, Edimburgo, Balfour & Smellie, 1772.

SCHEELE, C. W., *Chemische Abhandlung von der Luft und dem Feuer*, Upsala und Leipzig, Verlegt von Magn. Swederus, 1777.

Capítulo 3

MICHELSON, A., «The Relative Motion of the Earth and the Luminiferous Ether», *American Journal of Science*, vol. 22, 1881, pp. 120-129.

MICHELSON, A. y MORLEY, E., «On the Relative Motion of the Earth and the Luminiferous Ether», *American Journal of Science*, vol. 34, 1887, pp. 333-345, reimpreso en *The London, Edimburgh and Dublin Philosophical Magazine and Journal of Science*, vol. 24, 1887, pp. 449-463.

Capítulo 4

BOLTZMANN, L., «Weitere Studien über das Wärmegleichgewicht unter Gasmolekülen», *Wiener Berichte*, vol. 66, 1872, pp. 275-370.

BROWN, R., «A brief account of microscopical observations made in the months of June, July and August 1827, on the particles contained in the pollen of plants ; and on the general existence of active molecules in organic and inorganic bodies», *Philosophical Magazine*, Series 2, vol. 4, 1828, pp. 161-173.

CAVENDISH, H., «Experiments on air», *Philosophical Transactions of the Royal Society of London*, vol. 74, 1784, pp. 119-153.

FITZGERALD, G. F., «The Ether and the Earth's Atmosphere», *Science*, vol. 13, 1889, pp. 390.

GOUY, L.-G., «Note sur le mouvement brownien», *Journal de Physique Théorique et Appliquée*, vol. 7, 1888, pp. 561-564.

HERTZ, H., «Ueber einen Einfluss des ultravioletten Lichtes auf die electrische Entladung», *Annalen der Physik*, vol. 267, 1887, pp. 983-1000.

LORENTZ, H. A., «De relatieve beweging van de aarde en den aether», *Zittingsverslag van de Koninklijke Akademie van Wetenschappen*, vol. 1, 1892, pp. 74-79.

MAXWELL, J. C., «Illustrations of the dynamical theory of gases», *The London, Edimburgh and Dublin Philosophical Magazine and Journal of Science*, vol. 19, 1860, pp. 19-32.

PERRIN, J., «Mouvement brownien et réalité moléculaire», *Annales de Chimie et de Physique*, vol. 18, 1909, pp. 5-114.

Capítulo 6

BERGSON, H., *Durée et simultanéité. À propos de la théorie d'Albert Einstein*, París, Librairie Félix Alcan, 1923.

LANGEVIN, P., «L'évolution de l'espace et du temps», *Scientia*, vol. 10, 1911, pp. 31-54.

ROSSI, B. y Hall, D. B., «Variation of the Rate of Decay of Mesotrons with Momentum», *Physical Review*, vol. 59, 1941, pp. 223-228.

Capítulo 7

MINKOWSKI, H., «Space and Time», traducción al inglés de un discurso pronunciado en la 80.ª asamblea de físicos alemanes en septiembre de 1908 en Colonia, en Lorentz H. A.,

Einstein A., Minkowski, H. y Weyl, H., *The Principle of Relativity*, Mineola Dover Publications, 1952.

Capítulo 8

BROWN, D., *Ángeles y demonios*, Umbriel, 2004.

HAWKING, S. W., *Historia del tiempo. Del Big Bang a los agujeros negros*, Grijalbo, 1988.

RUTHERFORD, E., «The scattering of alpha and beta particles by matter and the structure of the atom», *The London, Edimburgh and Dublin Philosophical Magazine and Journal of Science*, Series 6, vol. 21, 1911, pp. 669-688.

Capítulo 9

NEWTON, I., *Principios matemáticos de la filosofía natural*, Alianza Editorial, Madrid, 2011.

Capítulo 10

ARAGO, F., «Planète de M. Le Verrier», *Comptes rendus hebdomadaires des séances de l'Académie des sciences*, vol. 23, 1846, pp. 659-663.

FOURIER, J., *Théorie analytique de la chaleur*, París, Firmin Didot, 1822.

GALLE G., CARTA a U.-J. Le Verrier del 25 septiembre.

HILBERT, D., «Grundlagen der Physik, Erste Mitteilung», *Nachrichten von der Koeniglichen Gesellschaft der Wissenschaften zu Goettingen, Mathematisch-Physikalische Klasse,* 1915, pp. 395-407.

LE VERRIER, U.-J., *Théorie du mouvement de Mercure*, París, Bachelier, 1845.

—, «Premier mémoire sur la théorie d'Uranus», *Comptes rendus hebdomadaires des séances de l'Académie des sciences*, vol. 21, 1845, pp. 1050-1055.

LE VERRIER U.-J., *Recherches sur les mouvements de la planète Herschel (dite Uranus)*, París, Bachelier, 1846.

—, U.-J., «Nouvelles recherches sur les mouvements des planètes (premier Mémoire)», *Comptes rendus hebdomadaires des séances de l'Académie des sciences*, vol. 29, 1849, pp. 1-5.

—, «Théorie du mouvement de Mercure», en *Annales de l'observatoire impérial de Paris*, t. 5, París, MalletBachelier, 1859.

«Apollo 15 Hammer-Feather Drop», cadena YouTube *NASA-SolarSystem*, 20 de julio de 2015.

NEWCOMB, S., «Discussion and results of observations on transits of Mercury from 1677 to 1881», *Astronomical Papers prepared for the use of the American Ephemeris and Nautical Almanac*, vol. 1, 1882, pp. 367-487.

VERNE J., *Autour de la Lune*, París, Hetzel, 1869.

Capítulo 11

CAMPBELL, W. W., «The Crocker Eclipse Expedition from the Lick Observatory, University of California, June 8, 1918», *Publications of the Astronomical Society of the Pacific*, vol. 30, 1918, pp. 219-240.

CLAIRAUT, A., *Théorie du mouvement des comètes, dans laquelle on a égard aux altérations que leurs orbites éprouvent par l'action des planètes*, París, Michel Lambert, 1760.

DYSON, F. W., «On the opportunity afforded by the eclipse of 1919 May 29 of verifying Einstein's theory of gravitation»,

Monthly Notices of the Royal Astronomical Society, vol. 77, 1917, pp. 445-447.

EDDINGTON, A. S., «The total eclipse of 1919 May 29 and the influence of gravitation on light», *The Observatory*, vol. 42, 1919, pp. 119-122.

HALLEY, E., «Astronomiæ cometicæ synopsis», *Philosophical Transactions of Royal Society of London*, vol. 24, 1705, pp. 1882-1889, trad. inglesa publicada en *A synopsis of the astronomy of comets*, Londres, John Senex, 1705.

KEPLER, J., *De cometis libelli très*, Augsburgo, Andrea Apergeri, 1619.

Capítulo 12

CAMPBELL, W. W. y Trumpler, R., «Observations on the Deflection of Light in Passing Through the Sun's Gravitational Field, Made During the Total Solar Eclipse of September 21, 1923», *Publications of the Astronomical Society of the Pacific*, vol. 35, 1923, pp. 158-163.

— «Observations made with a pair of five- foot cameras on the light- deflections in the Sun's gravitational field at the total eclipse of September 21, 1922», *Lick Observatory bulletin*, vol. 397, 1928, pp. 130-160.

DYSON, F. W., Eddington, A. S. y Davidson, C., «A Determination of the Deflection of Light by the Sun's Gravitational Field, from Observations Made at the Total Eclipse of May 29, 1919», *Philosophical Transactions of the Royal Society of London. Series A, Containing Papers of a Mathematical or Physical Character*, vol. 220, 1920, pp. 291-333.

FREUNDLICH, E., Klüber, H. V. y Brunn, A. V., «Ergebnisse der Potsdamer Expedition zur Beobachtung der Sonnenfinsternis von 1929, Mai 9, in Takengon (Nordsumatra). 5. Mitteilung. Über die Ablenkung des Lichtes im Schwerefeld der Sonne», *Zeitschrift für Astrophysik*, vol. 3, 1931, pp. 171-198.

The New York Times, 10 de noviembre de 1919.

The Times, 7 de noviembre de 1919.

Capítulo 13

FRIEDMANN, A., «Über die Krümmung des Raumes», *Zeitschrift für Physik*, vol. 10, 1922, pp. 377-386.

—, «Über die Möglichkeit einer Welt mit konstanter negativer Krümmung des Raumes», *Zeitschrift für Physik*, vol. 21, 1924, pp. 326-332.

HUBBLE, E., «Cepheids in spiral nebulæ», *The Observatory*, vol. 48, 1925, pp. 139-142.

—, «NGC 6822, a remote stellar system», *Astrophysical Journal*, vol. 62, 1925, pp. 409-433.

—, «A spiral nebula as a stellar system: Messier 33», *Astrophysical Journal*, vol. 63, 1926, pp. 236-274.

—, «A spiral nebula as a stellar system. Messier 31», *Contributions from the Mount Wilson Observatory*, vol. 376, 1929, pp. 1-55.

—, «A Relation between Distance and Radial Velocity among Extra-Galactic Nebulae», *Proceedings of the National Academy of Sciences of the United States of America*, vol. 15, 1929, pp. 168-173.

—, *The Realm of the Nebulæ*, New Haven, Yale University Press, 1936.

HUBBLE, E. y Humason, M., «The Velocity- Distance Relation among Extra-Galactic Nebulae», Astrophysical Journal, vol. 74, 1931, pp. 43-80.

HUMASON, M., «Apparent velocity-shifts in the spectra of faint nebulae», *Contributions from the Mount Wilson Observatory*, vol. 426, 1931, pp. 1-8.

LEAVITT, H., «1777 variables in the Magellanic Clouds», *Annals of Harvard College Observatory*, vol. 60, 1908, pp. 87-108.

LEAVITT, H. y Pickering, E., «Periods of 25 Variable Stars in the Small Magellanic Cloud», *Harvard College Observatory Circular*, vol. 173, 1912, pp. 1-3.

LEMAÎTRE, G., «Un Univers homogène de masse constante et de rayon croissant rendant compte de la vitesse radiale des nébuleuses extragalactiques», *Annales de la Société Scientifique de Bruxelles*, vol. A47, 1927, pp. 49-59.

— «A homogeneous universe of constant mass and increasing radius accounting for the radial velocity of extragalactic nebulæ», *Monthly Notices of the Royal Astronomical Society*, vol. 91, 1931, pp. 483-490.

SLIPHER, V., «Spectrographic Observations of Nebulae», *Popular Astronomy*, vol. 23, 1915, pp. 21-24.

Capítulo 14

ASPECT, A., Dalibard, J. y Roger, G., «Experimental Test of Bell's Inequalities Using Time-Varying Analyzers», *Physical Review Letters*, vol. 49, 1982, pp. 1804-1807.

ASPECT, A., Grangier, P. y Roger, G., «Experimental Tests of Realistic Local Theories via Bell's Theorem», *Physical Review Letters*, vol. 47, 1981, pp. 460-463.

— «Experimental Realization of Einstein-Podolsky-Rosen-Bohm *Gedankenexperiment*: A New violation of Bell's inequalities», *Physical Review Letters*, vol. 49, 1982, pp. 91-97.

BELL, J. S., «On the Einstein-Podolsky-Rosen paradox», *Physics Physique Fizika*, vol. 1, 1964, pp. 195-200.

BENNETT, D. P. *et al.*, «Identification of the OGLE-2003-BLG-235/MOA-2003-BLG-53 Planetary Host Star», *The Astrophysical Journal Letters*, vol. 647, 2006, pp. L171-L174.

BENNETT, D. P. *et al.*, «MOA-2011-BLG-262Lb: A Sub-Earth-Mass Moon Orbiting a Gas Giant Primary or a High Velocity Planetary System in the Galactic Bulge», *The Astrophysical Journal*, vol. 785, 2014, pp. 155-167.

BOND, I. A. *et al.*, «OGLE 2003-BLG-235/MOA 2003-BLG-53: A Planetary Microlensing Event», *The Astrophysical Journal Letters*, vol. 606, 2004, pp. L155-L158.

CASSAN, A. *et al.*, «One or more bound planets per Milky Way star from microlensing observations», *Nature*, vol. 481, 2012, pp. 167-169.

CHWOLSON, O., «Über eine mögliche Form fiktiver Doppelsterne», *Astronomische Nachrichten*, vol. 221, 1924, p. 329.

HUCHRA, J. *et al.*, «2237+0305: a new and unusual gravitational lens», *Astronomical Journal*, vol. 90, 1985, pp. 691-696.

MAO, S. y Paczyski, B., «Gravitational Microlensing by Double Stars and Planetary Systems», *The Astrophysical Journal Letters*, vol. 374, 1991, pp. L37-L40.

REFSDAL, S., «The gravitational lens effect», *Monthly Notices of the Royal Astronomical Society*, vol. 128, 1964, pp. 2953-06.

—, «On the possibility of determining Hubble's parameter and the masses of galaxies from the gravitational lens effect», *Monthly Notices of the Royal Astronomical Society*, vol. 128, 1964, pp. 307-310.

UDRY, S. *et al.*, «The HARPS search for southern extra-solar planets. XI. Super- Earths (5 and 8 $M_\oplus$) in a 3-planet system», *Astronomy and Astrophysics*, vol. 469, 2007, pp. L43-L47.

VAN RAAN, A. F. J., «Sleeping Beauties in science», *Scientometrics*, vol. 59, 2004, pp. 467-472.

WALSH, D., Carswell, R. F. y Weymann, R. J., «0957+561 A, B: twin quasistellar objects or gravitational lens?», *Nature*, vol. 279, 1979, pp. 381-384.

Capítulo 15

CHANDRASEKHAR, S., «Stellar configurations with degenerate cores», *The Observatory*, vol. 57, 1934, pp. 373-377.

EDDINGTON, A., *Space, Time and Gravitation – An Outline of the General Relativity Theory*, Cambridge, Cambridge University Press, 1920.

—, «On «relativistic degeneracy»», *Monthly Notices of the Royal Astronomical Society*, vol. 95, 1935, pp. 194-206.

ÖPIK, E., «The Densities of Visual Binary Stars», *Astrophysical Journal*, vol. 44, 1916, pp. 292-302.

OPPENHEIMER, J. R. y Snyder, H., «On Continued Gravitational Contraction», *Physical Review*, vol. 56, 1939, pp. 455-459.

OPPENHEIMER, J. R. y Volkoff, G. M., «On Massive Neutron Cores», *Physical Review*, vol. 55, 1939, pp. 374-381.

SCHWARZSCHILD, K., «Über das Gravitationsfeld eines Massenpunktes nach der Einsteinschen Theorie», *Sitzungsberichte der Königlich Preußischen Akademie der Wissenschaften zu Berlin*, 1916, 1, pp. 189-196.

SCHWARZSCHILD, K., «Über das Gravitationsfeld einer Kugel aus inkompressibler Flüssigkeit nach der Einsteinschen Theorie», *Sitzungsberichte der Königlich Preußischen Akademie der Wissenschaften zu Berlin*, 1916, pp. 424-434.

Capítulo 16

BAADE, W. y Zwicky, F., «On Super-novae», *Contributions from the Mount Wilson Observatory*, vol. 3, 1934, pp. 73-78.

—, «Cosmic Rays from Super-novae», *Proceedings of the National Academy of Sciences of the United States of America*, vol. 20, 1934, pp. 259-263.

BETHE, H. A., «Energy Production in Stars», *Physical Review*, vol. 55, 1939, pp. 434-456.

BIOT, É., «Catalogue des Comètes observées en Chine depuis l'an 1230 jusqu'à l'an 1640 de notre ère», *Connaissance des Temps*, vol. 168, 1843, pp. 44-59.

—, «Catalogue des Étoiles extraordinaires observées en Chine depuis les temps anciens jusqu'à l'an 1203 de notre ère», *Connaissance des Temps*, vol. 168, 1843, pp. 60-68.

—, «Recherches faites dans la grande collection des Historiens de la Chine, sur les anciennes apparitions de la Comète de Halley», *Connaissance des Temps*, vol. 168, 1843, pp. 69-84.

CHADWICK, J., «The existence of a neutron», *Proceedings of the Royal Society of London A*, vol. 136, 1932, pp. 692-708.

GOLD, T., «Rotating Neutron Stars as the Origin of the Pulsating Radio Sources», *Nature*, vol. 218, 1968, pp. 731-732.

HEWISH, A. *et al.*, «Observation of a Rapidly Pulsating Radio Source», *Nature*, vol. 217, 1968, pp. 709-713.

HUBBLE, E., «Novae or Temporary Stars», *Astronomical Society of the Pacific Leaflets*, vol. 1, 1928, pp. 55-58.

LAMPLAND, C. O., «Observed Changes in the Structure of the «Crab» Nebula (N. G. C. 1952)», *Publications of the Astronomical Society of the Pacific*, vol. 33, 1921, pp. 79-84.

LUNDMARK, K. A., «Suspected New Stars Recorded in Old Chronicles and Among Recent Meridian Observations»,

Publications of the Astronomical Society of the Pacific, vol. 33, 1921, pp. 225-239.

PACINI, F., «Energy Emission from a Neutron Star», *Nature*, vol. 216, 1967, pp. 567-568.

PILKINGTON, J. D. H. *et al.*, «Observations of some further Pulsed Radio Sources», *Nature*, vol. 218, 1968, pp. 126-129.

ROSSE, Earl of, «Observations on Some of the Nebulae», *Philosophical Transactions of the Royal Society of London*, vol. 134, 1844, pp. 321-324.

STAELIN, D. H. y Reifenstein, E. C., «Pulsating Radio Sources near the Crab Nebula», *Science*, vol. 162, 1968, pp. 1481-1483.

Capítulo 17

BOLTON, C. T., «Identification of Cygnus X-1 with HDE 226868», *Nature*, vol. 235, 1972, pp. 271-273.

—, «Dimensions of the Binary System HDE 226868 = Cygnus X-1», *Nature*, vol. 240, 1972, pp. 124-127.

BOWYER, S. *et al.*, «Cosmic X- ray Sources», *Science*, vol. 147, 1965, pp. 394-398.

GHEZ, A. M. *et al.*, «High Proper- Motion Stars in the Vicinity of Sagittarius A*: Evidence for a Supermassive Black Hole at the Center of Our Galaxy», *Astrophysical Journal*, vol. 509, 1998, pp. 678-686.

GIACCONI, R. y Gursky, H., «Observation of X- Ray Sources Outside the Solar System», *Space Science Reviews*, vol. 4, 1965, pp. 151-175.

GIACCONI, R. *et al.*, «Evidence for X Rays From Sources Outside the Solar System», *Physical Review Letters*, vol. 9, 1962, pp. 439-443.

GURSKY, H. *et al.*, «A Measurement of the Angular Size of the X-Ray Source Sco X-1», *Astrophysical Journal*, vol. 144, 1966, p. 1249.

SANDAGE, A. *et al.*, «On the optical identification of Sco X-1», *Astrophysical Journal*, vol. 146, 1966, pp. 316-323.

SHAPIRO, S. L. y Teukolsky, S. A., *Black Holes, White Dwarfs and Neutron Stars – The Physics of Compact Objets*, Hoboken, John Wiley & Sons, 1983.

WADE, C. M. y Hjellming, R. M., «Position and Identification of the Cygnus X-1 Radio Source», *Nature*, vol. 235, 1972, pp. 271-273.

Capítulo 18

ABBOTT, B. P. *et al.* (LIGO Scientific Collaboration and Virgo Collaboration), «Observation of Gravitational Waves from a Binary Black Hole Merger», *Physical Review Letters*, vol. 116, 061102, 2016.

EDDINGTON, A., «The Propagation of Gravitational Waves», *Proceedings of the Royal Society of London. Series A*, vol. 102, 1922, pp. 268-282.

HULSE, R. A. y Taylor, J. H., «Discovery of a pulsar in a binary system», *The Astrophysical Journal Letters*, vol. 195, 1975, pp. L51-L53.

ROBERTSON, H. P., «On the Foundations of Relativistic Cosmology», *Proceedings of the National Academy of Sciences of the United States of America*, vol. 15, 1929, pp. 822-829.

—, «Relativistic Cosmology», *Reviews of Modern Physics*, vol. 5, 1933, pp. 62-90.

TAYLOR, J. H. y Weisberg, J. M., «A new test of general relativity – Gravitational radiation and the binary pulsar PSR 1913+16», *Astrophysical Journal*, vol. 253, 1982, pp. 908-920.

Capítulo 19

AKIYAMA, K. *et al.* (Event Horizon Telescope Collaboration), «First M87 Event Horizon Telescope Results. I. The Shadow of the Supermassive Black Hole», *The Astrophysical Journal Letters*, vol. 875, 2019, L1.
—, (Event Horizon Telescope Collaboration), «First M87 Event Horizon Telescope Results. II. Array and Instrumentation», *The Astrophysical Journal Letters*, vol. 875, 2019, L2.
—, (Event Horizon Telescope Collaboration), «First M87 Event Horizon Telescope Results. III. Data Processing and Calibration», *The Astrophysical Journal Letters*, vol. 875, 2019, L3.

Capítulo 20

ECO, U., *El péndulo de Foucault*, Ed. Lumen, 1989.
HAWKING, S. W., «Particle creation by black holes», *Communications in Mathematical Physics*, vol. 43, 1975, pp. 199-220.
HAWKING, S. W. y Penrose, R., «The singularities of gravitational collapse and cosmology», *Proceedings of the Royal Society of London A*, vol. 314, 1970, pp. 529-548.
PENROSE, R., «Gravitational Collapse and Space-Time Singularities», *Physical Review Letters*, vol. 14, 1965, pp. 57-59.
SHAW, J. B., Discurso en honor de Albert Einstein pronunciado el 27 de octubre de 1930.

TOUBOUL, P. *et al.*, «Space test of the equivalence principle: first results of the MICROSCOPE mission», *Classical and Quantum Gravity*, vol. 36, 225006, 2019.

VERNE, J., *Viaje al centro de la Tierra,* Alianza Editorial, Madrid, 2012.

Capítulo 21

PENZIAS, A. A. y WILSON, R. W., «A Measurement of Excess Antenna Temperature at 4080 Mc/s», *Astrophysical Journal*, vol. 142, 1965, pp. 419-421.

Epílogo

ADAMS, D., *Guía del autoestopista galáctico*, Ed. Anagrama, 2005.

BOULLE, P., *El planeta de los simios*, Plaza y Janés, Barcelona, 1977.

Algunos artículos del maestro

Las obras completas de Einstein se pueden consultar en versión original y en inglés en el sitio http://einsteinpapers. press. princeton.edu.

Capítulo 4

EINSTEIN, A., «Über einen die Erzeugung und Verwandlung des Lichtes betreffenden heuristischen Gesichtspunkt», *Annalen der Physik*, vol. 17, 1905, pp. 132-148.

—, «Über die von der molekularkinetischen Theorie der Wärme geforderte Bewegung von in ruhenden Flüssigkeiten suspendierten Teilchen», *Annalen der Physik*, vol. 17, 1905, pp. 549-56.

Capítulo 5

EINSTEIN, A., «Zur Elektrodynamik bewegter Körper», *Annalen der Physik*, vol. 17, 1905, pp. 891-921.

Capítulo 7

EINSTEIN, A., «Ist die Trägheit eines Körpers von seinem Energieinhalt abhängig?», *Annalen der Physik*, vol. 18, 1905, pp. 639-641.

Capítulo 10

EINSTEIN, A., «Über das Relativitätsprinzip und die aus demselben gezogenen Folgerungen», *Jahrbuch der Radioaktivität*, vol. 4, 1907, pp. 411-462.
—, «Theorie der Opaleszenz von homogenen Flüssigkeiten und Flüssigkeitsgemischen in der Nähe des kritischen Zustandes», *Annalen der Physik*, vol. 33, 1910, pp. 1275-1298.
—, «Zur allgemeinen Relativitätstheorie», *Sitzungsberichte der Königlich Preußischen Akademie der Wissenschaften zu Berlin*, 1915, 2, pp. 778-786.
—, «Zur allgemeinen Relativitätstheorie (Nachtrag)», *Sitzungsberichte der Königlich Preußischen Akademie der Wissenschaften zu Berlin*, 1915, 2, pp. 799-801.

—, «Erklärung der Perihelbewegung des Merkur aus der allgemeinen Relativitätstheorie», *Sitzungsberichte der Königlich Preußischen Akademie der Wissenschaften zu Berlin*, 1915, 2, pp. 831-839.

—, «Feldgleichungen der Gravitation», *Sitzungsberichte der Königlich Preußischen Akademie der Wissenschaften zu Berlin*, 1915, 2, pp. 844-847.

—, «Die Grundlage der allgemeinen Relativitätstheorie», *Annalen der Physik*, vol. 47, 1916, pp. 769-822.

EINSTEIN, A. y Grossmann, M., «Entwurf einer verallgemeinerten Relativitätstheorie und eine Theorie der Grvitation. I. Physikalischer Teil von A. Einstein II. Mathematischer Teil von M. Grossmann», *Zeitschrift für Mathematik und Physik*, vol. 62, 1913, pp. 225-244 y pp. 245-261.

Capítulo 11

EINSTEIN, A., «Über den Einfluß der Schwerkraft auf die Ausbreitung des Lichtes», *Annalen der Physik*, vol. 35, 1911, pp. 898-908.

Capítulo 13

EINSTEIN, A., «Kosmologische Betrachtungen zur allgemeinen Relativitätstheorie», *Sitzungsberichte der Königlich Preußischen Akademie der Wissenschaften zu Berlin*, 1917, 1, pp. 142-152.

—, «Bemerkung zu der Arbeit von A. Friedmann: «Über die Krümmung des Raumes»», *Zeitschrift für Physik*, vol. 11, 1922, p. 326.

—, «Notiz zu der Arbeit von A. Friedmann «Über die Krümmung des Raumes»», *Zeitschrift für Physik*, vol. 16, 1923,

pp. 228, https://pictures.abebooks.com/inventory/30243
075140.jpg

EINSTEIN, A. y de Sitter, W., «On the relation between the expansion and the mean density of the universe», *Proceedings of the National Academy of Sciences*, vol. 18, 1932, pp. 213-214.

EINSTEIN, A. y Straus, E. G., «The Influence of the Expansion of Space on the Gravitation Fields Surrounding the Individual Stars», *Reviews of Modern Physics*, vol. 17, 1945, pp. 120-124.

EINSTEIN, A. y Straus, E. G., «Corrections and Additional Remarks to our Paper: The Influence of the Expansion of Space on the Gravitation Fields Surrounding the Individual Stars», *Reviews of Modern Physics*, vol. 18, 1946, pp. 148-149.

Capítulo 14

EINSTEIN, A., «Strahlungs- Emission und Absorption nach der Quantentheorie», *Deutsche Physikalische Gesellschaft, Verhandlungen*, vol. 18, 1916, pp. 318-323.

—, «Quantentheorie des einatomigen idealen Gases», *Sitzungsberichte der Preussischen Akademie der Wissenschaften, Physikalisch- mathematische Klasse*, 1924, pp. 261-267.

—, «Quantentheorie des einatomigen idealen Gases – Zweite Abhandlung», *Sitzungsberichte der Preussischen Akademie der Wissenschaften, Physikalisch-mathematische Klasse*, 1925, pp. 3-14.

—, «Lens-Like Action of a Star by the Deviation of Light in the Gravitational Field», *Science*, vol. 84, 1936, pp. 506-507.

EINSTEIN A., Podolsky, B. y Rosen, N., «Can quantum mechanical description of physical reality be considered complette?», *Physical Review*, vol. 47, 1935, pp. 777-780.

Capítulo 15

EINSTEIN, A., «On a stationary system with spherical symmetry consisting of many gravitating masses», *Annals of Mathematics*, vol. 40, 1939, pp. 922-936.

Capítulo 16

EINSTEIN, A., «Grundgedanken und Probleme der Relativitätstheorie», discurso pronunciado ante la Asamblea de Naturalistas Nórdicos en Gotemburgo el 11 de julio de 1923, https://einsteinpapers.press.princeton.edu/vol14-trans/104 (traducción inglesa).

Capítulo 18

EINSTEIN, A., «Näherungsweise Integration der Feldgleichungen der Gravitation», *Sitzungsberichte der Königlich Preußischen Akademie der Wissenschaften zu Berlin*, 1916, 1, pp. 688-696.
—, «Über Gravitationswellen», *Sitzungsberichte der Königlich Preußischen Akademie der Wissenschaften (Berlin)*, vol. 1, 1918, pp. 154-167.
EINSTEIN, A., Infeld, L. y Hoffmann, B., «The Gravitational Equations and the Problem of Motion», *The Annals of Mathematics Second Series*, vol. 39, 1938, pp. 65-100.

EINSTEIN, A. y Rosen, N., «On Gravitational Waves», *Journal of the Franklin Institute*, vol. 223, 1937, pp. 43-54.

Capítulo 20

EINSTEIN, A., *Motive des Forschens*, discurso con motivo del 60.º aniversario de Max Planck, pronunciado a finales de abril de 1918.

Índice onomástico